科技大讲堂丛书

Database Principles and Applications

数据库原理与应用

（Oracle 19c版）微课视频版

杨 晨◎主编　　陈恒 李林瑛 姚世选 巩庆志◎副主编
Yang Chen　　Chen Heng　Li Linying　Yao Shixuan　Gong Qingzhi

U0341143

清华大学出版社

北京

内 容 简 介

本书以 Oracle 19c for Windows 10 为实践平台，以"学生-课程"数据库、"员工-部门"数据库和"用户-招聘信息"数据库为实践案例，重点介绍了数据库的基本原理、设计与实现方法，对传统的数据库理论进行了精炼，保留了核心与实用部分，并将抽象的理论知识用丰富的图解和通俗易懂的语言讲解。全书共 8 章，分别介绍了数据库系统绪论、关系运算理论、关系数据库标准语言 SQL、规范化理论与数据库设计、数据库安全性与完整性、数据库备份与恢复、数据库并发控制、数据库应用的综合案例等。

本书内容循序渐进、取舍合理、深入浅出、概念清晰、注重实用，每一章均给出大量实例并进行解释说明，在各章的最后还配有课后习题和上机实验练习。同时，对重要的知识点和实践操作内容还制作了相关讲解的微视频（全书共提供 37 个知识点，500 分钟的微视频讲解）。

为方便读者学习和教师授课，本书还提供了教学课件、电子教案、综合案例的实践代码、上机实验练习参考答案、作业系统平台，方便教师教学和读者自学自测。本书可作为高等院校计算机及相关专业的教学用书，也可作为从事相关专业的工程技术人员和科研人员的参考资料。

图书在版编目(CIP)数据

数据库原理与应用：Oracle 19c 版：微课视频版/杨晨主编.—北京：清华大学出版社，2021.2
（2022.9重印）
（清华科技大讲堂丛书）
ISBN 978-7-302-56988-6

Ⅰ．①数…　Ⅱ．①杨…　Ⅲ．①关系数据库系统　Ⅳ．①TP311.138

中国版本图书馆 CIP 数据核字(2020)第 231947 号

策划编辑：魏江江
责任编辑：王冰飞　李　燕
封面设计：刘　键
责任校对：焦丽丽
责任印制：杨　艳

出版发行：清华大学出版社
　　　　网　　　址：http://www.tup.com.cn，http://www.wqbook.com
　　　　地　　　址：北京清华大学学研大厦 A 座　　　　　邮　　编：100084
　　　　社 总 机：010-83470000　　　　　　　　　　　邮　　购：010-62786544
　　　　投稿与读者服务：010-62776969，c-service@tup.tsinghua.edu.cn
　　　　质量反馈：010-62772015，zhiliang@tup.tsinghua.edu.cn
　　　　课件下载：http://www.tup.com.cn,010-83470236
印 装 者：三河市铭诚印务有限公司
经　　销：全国新华书店
开　　本：185mm×260mm　　印　张：17.5　　　　　　字　　数：422 千字
版　　次：2021 年 3 月第 1 版　　　　　　　　　　　印　　次：2022 年 9 月第 4 次印刷
印　　数：5001～6500
定　　价：59.80 元

产品编号：089891-01

前　言

随着计算机网络通信技术的发展,数据库技术已成为信息社会中对大量数据进行组织与管理的重要技术手段,是网络信息化管理系统的基础。在众多数据库系统中,Oracle 数据库是性能最优异的数据库系统之一,广泛应用于各行各业,如政府、交通、公安、电信、金融、能源等,并已逐渐成为企业信息化建设的重要数据库平台,始终处于数据库领域的领先地位。

本书以 Oracle 19c for Windows 10 为实践平台,重点介绍了数据库的基本原理、设计与实现方法,对传统的数据库理论进行了精炼,保留了核心与实用部分,并将抽象的理论知识用丰富的图解和通俗易懂的语言进行描述。本书采用案例教学的方式撰写,合理地组织学习单元,在实例的设置上侧重实用性和启发性。

全书包含 8 个章节的理论讲解、12 个上机实验和 3 个附录,本书最后提供了招聘信息管理系统的综合案例,可作为项目实训的内容,培养学生开发简单应用系统的能力。

本书中的所有案例均来自附录 A 样本数据库中的"学生-课程"数据库、"员工-部门"数据库、"用户-招聘信息"数据库。附录 B 给出了 Oracle 19c 数据库的安装和卸载过程。附录 C 给出了上机实验练习的参考答案。

本书具有以下特色:

(1) 讲解准确、简练。对传统的数据库理论进行了精炼,强调知识的层次性和技能培养的渐进性,深入浅出、通俗易懂。同时,本书还提供了 37 个知识点,500 分钟的微视频讲解(扫描书中二维码)。

(2) 理论与实践相结合。以"学生-课程"数据库、"员工-部门"数据库、"用户-招聘信息"数据库案例为主线,讲解数据库的基本原理、设计与实现方法,使教学更具有针对性。

(3) 实例丰富。突出面向应用的特点,对读者的起点要求低,以培养学生解决实际问题的能力为重点,强化案例教学。本书通过一个典型的招聘信息管理系统综合案例,讲述如何使用 MVC(JSP+JavaBean+Servlet)模式来开发一个 Web 应用程序,使读者不仅掌握 Java 访问 Oracle 数据库的方法,还熟悉了 Java Web 开发的基本流程。

本书在编写过程中得到了大连外国语大学校企合作教材编写组的大力支持,是校企合作的成果之一。同时,也得到了大连外国语大学软件学院的领导与计算机教研室所有老师的鼎力支持,尤其是祁瑞华教授对本书的编写提出了许多宝贵的意见,在此深表谢意。本书的出版也得到了辽宁省高等学校基本科研项目(2017JYT09)的支持和 2020 年度大连外国语大学学科建设专项经费的资助。

由于编者水平有限,书中难免有疏漏和不妥之处,恳请广大读者批评指正。

编　者
2021 年 1 月

目 录

源码资源下载

第1章

数据库系统绪论

数据库技术产生于 20 世纪 60 年代末 70 年代初,其主要目的是有效地管理和存取大量的数据资源。数据库技术至今已走过了 40 多年的历程,特别是近 20 年,数据库技术及其应用得到了迅猛的发展。数据库系统从早期的层次数据库和网状数据库,发展到目前占主流地位的关系数据库,已形成了较为完整的理论体系。

随着计算机技术与网络通信技术的发展,数据库技术已成为信息社会中对大量数据进行组织与管理的重要技术手段,是网络信息化管理系统的基础。数据库系统已经成为现代计算机系统的重要组成部分。

1.1 数据库的基本概念

视频

1.1.1 信息、数据和数据处理

信息是对现实世界中存在的客观实体、现象和关系进行描述的具有特定意义的数据,是经过加工处理的数据。

信息和数据是两个关系紧密的概念。从广义上讲,数据实际上就是描述客观事物的符号记录,例如,记录(张三,女,1996,辽宁)就是数据。文字、图形、图像、声音等都是数据。从狭义上讲,能够进入计算机并且能由计算机进行处理的信息就是数据。尽管数据与信息在概念上不尽相同,但在使用上人们并不需要严格地区分它们。

所谓数据处理,就是从已有数据出发,经过适当加工处理得到新的所需要的数据。数据加工处理一般分为数据计算和数据管理两部分。数据计算相对简单,而数据管理却比较复杂。在实践应用中,人们逐步认识到对数据的有效处理离不开对数据进行结构化的管理,数据管理是数据处理过程的主要内容与核心部分,数据处理在本质上可以看作数据管理。

数据管理主要是指数据收集、整理、组织、存储、维护、检索和传送等相应操作,这些操作都是数据处理业务中重要且必不可少的基本环节。

1.1.2 数据库

数据库(Database,DB)这一术语有很多种解释:从字面上来看,数据库就是存放数据的仓库;从本质上讲,数据库是一个长期存储在计算机内、有组织的和可共享的大量数据的集合。数据库本身可以看作一个具有高度数据集成性质的电子文件柜,它是基于计算机系统的持久性数据的"仓库"或者"容器"。

1.1.3 数据库管理系统

数据库管理系统(Database Management System,DBMS)是位于用户应用程序与操作系统之间的一层数据管理软件。DBMS是数据库管理的中枢机构,是数据库系统具有数据共享、并发访问和数据独立性的根本保证。对数据库的所有管理,包括定义、查询、更新和各种运行都需要通过DBMS实现。DBMS通过提供相应的数据子语言(Data Sublanguage)来实现上述重要功能。

1. DBMS中的数据子语言

DBMS提供的数据子语言可以分为如下三类。

(1) 数据定义语言(Data Definition Language,DDL):负责数据的模式定义与数据的物理存取构建。

(2) 数据操纵语言(Data Manipulation Language,DML):负责数据的操纵处理,例如查询、增加、删除和修改等。

(3) 数据控制语言(Data Control Language,DCL):负责数据完整性和安全性的定义与检查,同时具有并发控制和恢复等职能。

以上语言都是非过程性语言,它们具有如下两种表现形式。

(1) 交互型命令语言:这种方式语言结构简单,可以在终端上实时操作,又称为自主型语言。

(2) 宿主型语言:应用这种方式,一般是将其嵌入在某些宿主语言(Host Language)当中,如FORTRON、C、C++等高级过程性语言中。

2. DBMS的基本功能

DBMS主要实现对数据的有效组织、管理和存取,因此DBMS具有以下基本功能。

(1) 数据的定义:DBMS提供数据定义语言,定义数据库结构,它们用来刻画数据库框架,并被保存在数据字典中。

(2) 数据的存取:DBMS提供数据操纵语言,实现对数据库数据的基本存取操作:检索、插入、修改和删除。

(3) 数据库的运行管理:DBMS提供数据控制功能,通过保证数据的安全性、完整性和并发控制等,实现对数据库的有效控制和管理,以确保数据正确有效。

(4) 数据库的建立和维护:包括数据库初始数据的装入,数据库的转储、恢复、重组织,系统性能监视、分析等功能。

(5) 数据库的传输：DBMS 提供处理数据的传输,实现用户程序与 DBMS 之间的通信,通常与操作系统协调完成。

1.1.4　数据库系统

　　数据库系统(Database System,DBS)是指引入数据库技术后的整个计算机系统,能够实现有组织地、动态地存储大量相关数据,提供数据处理和信息资源共享的核心系统。

　　数据库系统是具有数据库管理功能的计算机系统。作为一个系统,DBS 实际上是一个在计算机上可运行的,为应用系统提供数据并进行数据存储、维护和管理的系统,是存储介质、处理对象和管理系统的集合体。这里所说的"集合体"主要包括 3 部分：计算机系统(软件、硬件和人)、数据库、数据库管理系统,即 DBS=计算机系统+DB+DBMS,如图 1.1 所示。

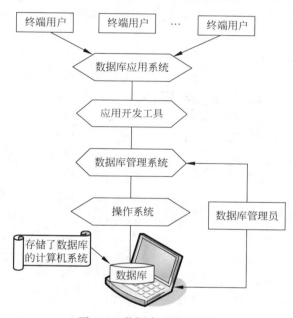

图 1.1　数据库系统的组成

1. 软件支持平台

　　软件支持平台主要包括操作系统、各种主语言和应用开发支撑软件等。首先,DBMS 只有在操作系统的支持下才能工作；其次,为了开发应用系统,需要各种主语言,如程序设计语言(C、Java、C++),以及与 Internet 有关的 HTML(HyperText Mark-up Language,超文本标记语言)和 XML(eXtensible Mark-up Language,可扩展标记语言)等；再次,就是为应用开发人员提供的高效、多功能的交互式程序设计系统,如可视化开发工具.NET 等。

2. 硬件支持系统

　　硬件支持系统是指数据存储和数据处理所必不可少的硬件设施,它们主要有如下几种。

　　(1) 中央处理器和相应的主存储设备：主要用于支持数据库系统软件的执行。

　　(2) 二级存储设备：其中包括相关的 I/O 设备(磁盘驱动器等)、设备控制器和 I/O 通道、必要的后备存储设备等。二级存储设备(大部分为磁盘)用来存放数据。

(3) 网络:过去数据库一般建在单机之上,现在较多建在网络之中,从发展趋势来看,数据库系统今后以建在网络中为主,其结构形式又以客户/服务器(Client/Server,C/S)方式和浏览器/服务器(Browser/Server,B/S)方式为主。

3. 用户系统

数据库用户系统由如下三类人员组成。

(1) 应用程序员:负责编写数据库应用程序,这些程序通过向 DBMS 发出数据库操作语句请求访问数据库。它们通常是具有批处理特征或者联机特征的应用程序,目的是允许最终用户通过联机工作站或者终端访问数据库。

(2) 最终用户:通过联机工作站或者终端与数据库系统进行交互。实行交互的应用软件为数据库系统本身固有的,无须用户自己编写。

(3) 数据库管理员:由于数据库的共享性,数据库的规划、设计、维护和监视须由专人管理,这就是数据库管理员(Database Administer,DBA)。从数据库技术运行的角度来说,数据库管理员是三类用户中的灵魂人物。DBA 需要根据企业的数据情况与要求,制定数据库建设与维护的策略,并对这些策略的执行提供技术支持。数据库管理员负责技术层的全局控制。

数据库系统中的数据库,可看成为若干性质不同的数据文件的联合和统一的数据整体,可为多个不同的用户所共享。在数据库中,相互关联的且具有最小冗余的数据按照一定物理组织结构存放,并且从用户和数据库管理系统角度来看,这些数据又是按一定逻辑结构组织的。这种物理组织结构和逻辑组织结构在最大程度上与用户所编制的应用程序相互独立。

数据系统中的数据库管理系统,一方面负责对数据库中的数据进行管理和维护;一方面为用户操作数据库中的数据提供一种公用的操作方法,接收用户的操作命令,帮助完成对数据库的操作并保障数据库的安全。目前,常见的数据库管理系统有 Oracle、SQL Server、MySQL 等。

综上所述,数据库、数据库管理系统和数据库系统是三个不同的概念。数据库强调的是数据,数据库管理系统是系统软件,而数据库系统强调的是整个系统。数据库系统的目的在于维护信息,并在必要时提供协助来获取这些信息。另一方面,用户的目的是使用数据库,而数据库管理系统是帮助达到这一目的的工具和手段。

需要指出的是,人们常常将数据库作为数据库系统的同义词使用,将数据库系统作为数据库管理系统的同义词使用。

1.2　数据管理技术的发展阶段

从数据处理角度来看,基于计算机的数据管理技术经历了"人工管理""文件管理""数据库管理"三个阶段。

1.2.1　人工管理阶段

1. 人工管理数据的特点

数据的人工管理阶段出现在 1953—1955 年。在此期间,人们逐渐认识到,数据管理中有许多工作是机械和重复的,而机械、重复的事情当然最适合机器来完成,因此使用计算机管理数据就成为一种自然的考虑与趋势。当时的硬件状况是没有可供直接访问的磁盘等存储设备,外存只有卡片机、磁带机;没有键盘、鼠标,只有"开始""停止"等简单控制计算机的按钮。在软件环境中,没有通用的操作系统,只有汇编语言;没有数据管理方面的软件,只有数据批处理方式。

2. 人工管理数据的优势与缺陷

人工管理的优点是使用计算机管理数据,速度快、效率高。

人工管理的特征是数据的外在物理结构与用户观点的逻辑结构完全一致,也就是说,数据的存储与数据的使用直接对应,基于物理方式存取数据,没有物理手段以外的其他访问方法和技术,用户必须掌握数据在计算机中确切的存储地址和存取方式。

人工管理数据是人们借助计算机进行数据管理的首次尝试,在计算机应用发展上具有重要的意义。当然,从现今的观点看,人工管理技术还存在不少缺陷,这主要表现为以下几方面。

(1) 数据不保存,没有持久性。由于数据主要用于科学计算,一般不需要将数据长期保存。计算某一问题时将数据输入,计算完毕之后就将数据删除,对于用户提供的数据是如此处理,对于系统软件运行过程中产生的数据也是如此处理。

(2) 数据依赖程序,缺乏独立性。由于没有相应软件系统完成数据的管理工作,所以应用程序不仅要规定好数据的逻辑结构,还要设计出数据的物理结构,如存储结构、存取路径和输入方法等。

(3) 数据无共享,冗余度大。由于数据面向应用程序,一组数据只能对应一个程序。在出现多个不同程序涉及相同数据这一常见现象时,必须各自定义,否则难以相互参照利用,造成程序之间大量数据冗余。

(4) 程序管理数据,加重用户负担。由于应用程序管理数据,当数据的逻辑结构和物理结构变动时,必须对应用程序进行相应改变,加重用户的负担。

人工管理阶段应用程序与数据间的对应关系如图 1.2 所示。

图 1.2　人工管理程序与数据的关系

1.2.2　文件系统管理阶段

采用文件系统处理数据是从 20 世纪 50 年代中期至 20 世纪 60 年代中期。在这一时期,计算机不仅用于科学计算,同时也开始用于信息处理。由于信息量逐渐增加,数据存储、检索和维护已经成为实际应用中的紧迫需要,随之而来的就是数据结构和数据管理技术的兴起与发展。在这个阶段,硬件有了很大的改进,出现了磁盘、磁鼓等直接存储设备。软件方面,高级语言和操作系统相继出现,而且在操作系统中也有了专门的数据管理软件,一般将其称为文件系统。数据处理不仅有了批处理的作业方式,还有了共享的实时处理方式。

1. 文件系统管理技术基本特征

文件系统管理技术的基本特征是改变了数据与用户的直接对应关系；文件的物理结构与文件的逻辑结构实现了初步分离；在文件物理结构中增加了链接和索引形式；可以对文件中的记录进行顺序和随机访问；提供各种应用程序对文件进行查询、修改、插入和删除等操作。文件管理技术是为操作系统组成部分中的文件管理软件提供了从逻辑文件到物理文件的"访问手段"，这种新的访问手段带来了数据管理的新特点。

(1) 数据长期保存。由于大量使用计算机进行数据处理，而其中一个关键问题就是需要反复进行查询、更新(插入、删除和修改)等基本操作，因此，数据就以文件形式被长期保存在计算机外部存储设备当中。

(2) 数据组织成相互独立的数据文件。改变了人工管理阶段"按(地)址存取"的方式，实现了"按(文件)名存取"。

(3) 应用程序与数据文件间存在多对多的关系。一个应用程序可以使用多个数据文件，一个数据文件也可以被多个应用程序所使用。

(4) 具有一定的共享性。此时文件共享只是对于某一类应用而言，范围不够广泛，与人们对数据处理所期望的共享性尚有距离。

2. 文件系统的缺陷

在文件系统管理阶段，由于设备具有独立性，当改变存储设备时，可以不改变应用程序，出现了数据管理的初级阶段。但此时还未真正实现在用户观点下的数据内在逻辑结构独立于数据外部物理结构的要求，数据物理结构变动时，用户的数据应用程序仍然需要改变，应用程序具有"程序—数据依赖性"，有关物理表示的知识与访问技术还没有直接体现在应用程序的编码中。因此，文件系统管理技术存在着如下不足之处。

(1) 文件内有结构，整体无结构。文件内部记录之间具有必要联系，但各个文件之间无联系，因此，局部有结构，整体无结构。

(2) 数据共享性差，存在较大冗余。由于文件之间没有结构，缺乏联系，所以每个应用程序都有自己对应的数据文件，同样数据有可能在多个文件中重复存储。

(3) 数据依赖应用，缺乏独立性。由于文件只能存储数据，不能存储文件记录的结构表述，数据文件的基本操作都要依靠应用程序实现。

文件系统阶段中应用程序与数据之间的关系如图 1.3 所示。

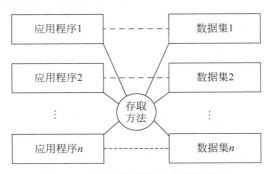

图 1.3　文件系统程序与数据的关系

1.2.3   数据库管理阶段

进入 20 世纪 60 年代,随着计算机应用领域的日益拓展,计算机用于数据管理的规模越来越大,基于文件系统的数据管理技术无法满足实际应用广泛而又迫切的需求。在这一时期,计算机硬件技术得到了飞速发展,大容量磁盘、磁盘阵列等基本的数据存储技术日益成熟,有效的存储硬件陆续进入市场,价格却在不断下降。同时,许多厂家和公司竞相投入到数据管理技术的开发与研制当中,软件环境迅速完善。在迫切的实际需求和良好的硬件、软件环境中,数据库系统应运而生。

基于数据库系统的数据管理技术的本质是数据物理结构与数据逻辑结构的"完全"分离,通过数据库管理系统的统一监督和管理,使得所有应用程序中使用的数据汇集起来,按照一定结构进行组织和集成。与人工管理和文件系统管理阶段相比,数据库管理阶段具有如下主要特点。

1. 数据高度结构化

数据结构化是数据库系统与文件管理系统的根本区别。数据库系统不仅要考虑数据项之间的联系,还要考虑数据类型之间的联系。例如,在一个企业中通常会有人事系统、工资系统、库存系统、销售系统等。如果采用文件系统进行管理,那么相应的数据都必须存放在相互分离的文件中。显然上述各个系统之间是有客观联系的,而使用数据库管理系统就人为地将它们割裂开来,使得其相互之间的关联性只有通过应用程序才能体现出来。

数据库系统实现了整体数据的结构化,这是数据库的主要特征。在数据库系统中,数据不再针对某一项应用,而是面向应用的整体。

2. 数据共享性高、冗余度降低

数据库中的数据是高度共享的,也就是说,同一个用户可以以不同的应用目的访问同一数据;不同用户可以同时访问同一数据,即所谓的"并发访问"。数据的共享程度直接关系到数据的冗余程度。数据库系统是从整体构架来描述数据的,数据不再面向某个特定的应用程序而是面向整个系统,由此可以大大减少数据冗余,节省存储空间。

3. 高度的数据独立性

用户只需关注数据库名称、数据文件名称和文件中的属性名称等逻辑概念,而不用过多考虑数据的实际物理存储,也就是不需关心实际数据究竟存储在磁盘的什么位置。这样一来,数据与应用程序之间就具有了独立性,数据的定义和描述就可以从应用程序中分离出来。而且由于具有数据独立性,就有可能开发出专门用于数据管理的系统软件,即数据库管理系统,通过这个系统具体处理数据的存取路径等技术细节,从而简化了应用程序编写,减少了应用程序的维护和修改开销。

4. 具有专门的管理系统

数据库是一个多级系统结构,需要一组软件提供相应的工具进行数据的管理和控制,以达到保证数据安全性和一致性的基本要求,这样一组软件就是数据库管理系统。DBMS 的功能随着系统的不同而有所差异,但一般都具有数据的并发控制、数据的安全性保护、数据的完整性检查和数据库恢复等功能。

数据库系统阶段应用程序与数据间对应关系如图 1.4 所示。

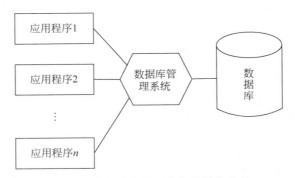

图 1.4　数据库系统程序与数据的关系

视频

1.3　数据库系统结构

1.3.1　数据库系统内部的体系结构

在数据模型中有"型"和"值"的概念。型是指对某一数据的结构和属性的说明,值是型的一个具体值。例如,学生(学号,姓名,性别,年龄,系别)是型,而(10172001,陈一,男,17,计算机系)是值。

模式(Schema)是数据库中全体数据的逻辑结构和特征的描述,它只涉及型的描述,不涉及具体的值。模式是相对稳定的,而值是不断更新的。模式的一个具体值称为模式的一个实例(Instance)。同一个模式可以有多个实例。

从数据库管理系统的角度看,绝大多数数据库系统都采用三级模式结构,并提供两级映像功能。这是数据库系统内部的体系结构。

1. 三级模式结构

数据库系统的三级模式由内模式(Internal Schema)、模式(Schema)和外模式(External Schema)构成,其结构如图 1.5 所示。

1) 内模式

(1) 内模式(也称存储模式)是数据在数据库系统的内部表示,即对数据的物理结构/存储方式的描述,是低级描述,一般由 DBMS 提供的语言或工具完成。

(2) 通常我们不关心内模式的具体技术实现,而是从一般组织的观点(即概念模式)或用户的观点(外模式)来讨论数据库的描述。但我们必须意识到基本的内模式和存储数据库的存在。

(3) 一个数据库只有一个内模式。

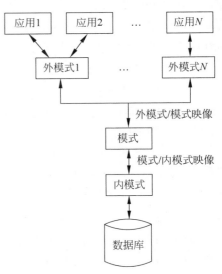

图 1.5　数据库系统的三级模式结构

2）模式

（1）模式（也称逻辑模式）是数据库中全体数据的逻辑结构和特性的描述，是所有用户的公共数据视图。

（2）DBMS 提供数据定义语言 DDL 来描述逻辑模式，严格定义数据的名称、特征、相互关系、约束等。

（3）一个数据库只有一个模式。

3）外模式

（1）外模式（也称用户模式）是模式的子集或变形，是与某一应用有关的数据的逻辑表示。

（2）不同用户需求不同，看待数据的方式也可以不同，对数据保密的要求也可以不同，使用的程序设计语言也可以不同，因此不同用户的外模式的描述可以是不同的。

（3）一个数据库有多个外模式。

2．两级映像功能

数据库系统的三级模式是对数据的三个抽象级别，为了能够实现这三个抽象层次的联系和转换，数据库管理系统在这三级模式之间提供了两级映像：外模式/模式映像、模式/内模式映像。这两级映像保证了数据库系统的逻辑独立性和物理独立性。

1）外模式/模式映像

模式描述的是数据的全局逻辑结构，外模式描述的是数据的局部逻辑结构。对应于同一个模式可以有任意多个外模式。对于每一个外模式，数据库系统都有一个外模式/模式映像，它定义了该外模式与模式之间的对应关系。

2）模式/内模式映像

内模式描述的是数据的物理结构和存储方式，数据库中只有一个模式，也只有一个内模式，所以模式/内模式映像是唯一的，它定义了数据全局逻辑结构与存储结构之间的对应关系。

3．数据独立性

数据独立性指应用程序和数据之间相互独立，不受影响。数据独立性分为逻辑独立性和物理独立性两级。

1）逻辑独立性

逻辑独立性是通过外模式/模式映像实现的。外模式/模式映像定义了数据的全局逻辑结构和局部逻辑结构之间的对应关系。

当数据库的模式改变时（例如，增加新的数据类型、数据项、关系等），只需要数据库管理员对各个外模式/模式映像做相应改变，可以使外模式保持不变。因为应用程序都是根据外模式编写的，外模式保持不变，则应用程序保持不变，从而保证了数据和应用程序的逻辑独立性。

2）物理独立性

物理独立性是通过模式/内模式映像来实现的。模式/内模式映像定义了数据的全局逻辑结构和数据的存储结构之间的对应关系。

当数据库的存储结构改变时（例如，采用了更先进的存储结构），只需要数据库管理员对模式/内模式映像做相应改变,可以使模式保持不变。由于外模式是模式的子集,模式保持不变,外模式也保持不变,则根据外模式编写的应用程序也保持不变,因此应用程序可以不必修改,从而保证了数据和应用程序的物理独立性。

数据的独立性是数据库系统最基本的特征之一,采用数据库技术使得应用程序的维护工作量大大减轻,保证了应用程序的稳定性。

1.3.2 数据库系统外部的体系结构

前面介绍的数据库系统的三级模式结构是从数据库管理系统的角度来看数据库系统结构。若从数据库最终用户的角度看,又可分为单用户结构的数据库系统、多用户结构的数据库系统、分布式结构的数据库系统、客户/服务器结构的数据库系统、浏览器/服务器结构的数据库系统等。这是数据库系统外部的体系结构。

1. 单用户结构的数据库系统

单用户结构的数据库系统是最简单的数据库系统。整个数据库系统,包括应用系统、数据库管理系统、数据库等都装在一台计算机上,由一个用户独占,不同机器之间无法实现数据共享。采用该体系结构的应用系统通常会造成大量数据的冗余。

2. 多用户结构的数据库系统

多用户结构的数据库系统是指一个主机带多个终端的多用户结构的数据库系统。在这种结构下,应用程序、数据库管理系统、数据库等都集中存放在主机上,所有处理任务都由主机来完成,各个用户通过主机的终端并发地存取数据库中的数据,达到共享数据资源的目的。

多用户结构的数据库系统的优点是数据易于管理与维护。缺点是对用户数量有限制,因为当主机的任务过于繁重时,主机可能成为瓶颈,从而使系统性能大幅度下降。另外,由于集中管理,当主机出现故障时,整个系统将瘫痪,因此对系统的可靠性要求较高。

3. 分布式结构的数据库系统

分布式结构的数据库系统是指数据库中的数据在逻辑上是一个整体,但物理地分布在计算机网络的不同节点上。网络中的每个节点都可以独立处理本地数据库中的数据,执行局部应用。同时也可以同时存取和处理多个异地数据库中的数据,执行全局应用。

分布式结构的数据库系统的优点是适应了地理上分散的公司、团体和组织对于数据库应用的需求。缺点是数据的分布式存放给数据的处理、管理与维护带来困难。当用户需要经常访问远程数据时,系统效率会明显受到网络传输的制约。

4. 客户/服务器结构的数据库系统

在客户/服务器结构的数据库系统中,数据处理任务被划分为两部分:一部分运行在客户端,另一部分运行在服务器端。划分的方案可以有多种,一种常用的方案是:客户端负责应用处理,数据库服务器完成 DBMS 的核心功能。

在客户/服务器结构中,客户端软件和服务器端软件可以运行在一台计算机上,但大多是分别运行在网络中不同的计算机上。客户端软件一般运行在个人计算机(Personal Computer,PC)上,服务器端软件可以运行在从 PC 到大型机等各类计算机上。数据库服务器把数据处理任务分开在客户端和服务器上运行,因而充分利用了服务器的高性能数据库处理能力以及客户端灵活的数据表示能力。通常从客户端发往数据库服务器的只是查询请求,从数据库服务器传回给客户端的只是查询结果,不需要传送整个文件,从而大大减少了网络上的数据传输量。

客户/服务器结构的数据库系统的优点是显著减少了网络上的数据传输量,提高了系统的性能、吞吐量和负载能力。另外,客户/服务器结构的数据库往往支持多种不同的硬件和软件平台,应用程序具有更强的可移植性,可以减少软件维护的开销。

5. 浏览器/服务器结构的数据库系统

上述客户/服务器结构是一个简单的两层模型,一端是客户机,另一端是服务器。这种模型中,客户机上都必须安装应用程序和工具,这使得客户端过于庞大、负担太重,而且系统的安装、维护、升级和发布变得困难,从而影响效率。

随着 Internet 的迅速普及,出现了三层客户/服务器模型:客户机→应用服务器→数据库服务器。这种结构的客户端只需安装浏览器就可以访问应用程序,这种系统称为浏览器/服务器系统。浏览器/服务器结构克服了客户/服务器结构的缺点,是客户/服务器的继承和发展。

1.4 数据模型

1.4.1 数据模型的概念

视频

模型(Model)是现实世界特征的模拟和抽象。例如,火车模型是对生活中火车的一种模拟和抽象,它可以模拟火车的启动、加速、减速和停车,它抽象了火车的基本特征——车头、车身、车尾。

数据模型(Data Model)也是一种模型,用来描述数据、组织数据和对数据进行操作。

由于计算机不可能直接处理现实世界中的具体事物,所以人们必须事先把具体事物转换成计算机能够处理的数据。也就是首先要数字化,把现实世界中具体的人、物、活动、概念用数据模型这个工具来抽象、表示和处理。人们首先把现实世界抽象为信息世界,然后将信息世界转换为机器世界。这一过程如图 1.6 所示。

(1)现实世界:客观存在的事物及联系。

(2)信息世界:对现实世界的认识和抽象描述,按用户的观点对数据和信息进行建模,用于数据库设计。

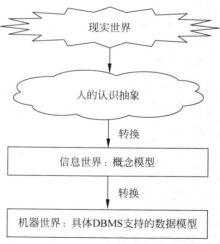

图 1.6 现实世界中客观对象的抽象过程

(3)机器世界:建立在计算机上的数据模型,按计算机系统的观点对数据进行建模,用于 DBMS 的实现。

数据模型是现实世界数据特征的抽象,它应满足如下三方面要求。

(1) 能比较真实地模拟现实世界。

(2) 容易为人所理解。

(3) 便于在计算机上实现。

一种数据模型要很好地满足上述三方面的要求在目前还比较困难。在数据库系统中针对不同的使用对象和应用目的,采用不同的数据模型。因此,可以将数据模型划分为两类,它们分属于两个不同的层次:第一类是概念模型,第二类是逻辑模型和物理模型。

第一类概念模型,也称信息模型,它是按用户的观点来对数据和信息进行建模,主要用于数据库设计。

第二类中的逻辑模型主要包括层次模型(Hierarchical Model)、网状模型(Network Model)、关系模型(Relational Model)等,它是按计算机系统的观点对数据进行建模,主要用于 DBMS 的实现。

第二类中的物理模型是对数据最低层的抽象,它描述数据在系统内部的表示方式和存取方法,在磁盘或磁带上的存储方式和存取方法,是面向计算机系统的。物理模型的具体实现是 DBMS 的任务,数据库设计人员要了解和选择物理模型,一般用户则不必考虑物理级的细节。

数据模型是数据库系统的核心和基础。各种机器上实现的 DBMS 软件都是基于某种数据模型的。

从现实世界到概念模型的转换是由数据库设计人员完成的,这个转换并不依赖于具体的计算机系统,而是概念级的模型;从概念模型到逻辑模型的转换可以由数据库设计人员完成,这种转换依赖于计算机上 DBMS 所支持的数据模型;从逻辑模型到物理模型的转换一般是由 DBMS 完成的。

1.4.2 数据模型的三要素

数据模型通常由数据结构、数据操作和数据的完整性约束三部分组成。

1. 数据结构

数据结构用于描述系统的静态特征,是数据库的组成对象以及对象之间联系的描述。数据结构是刻画一个数据模型性质最重要的方面。因此,在数据库系统中,人们通常按照其数据结构的类型来命名数据模型。例如层次结构、网状结构和关系结构的数据模型分别命名为层次模型、网状模型和关系模型。

2. 数据操作

数据操作用于描述系统的动态特性,是指对数据库中各种对象所允许执行的操作的集合,包括操作及有关的操作规则。数据库主要有检索和更新(包括插入、删除、修改)两大类操作。数据模型必须定义这些操作的确切含义、操作符号、操作规则(如优先级)以及实现操作的语言。

3. 数据的完整性约束

数据的约束条件是一组完整性规则的集合。完整性规则是给定的数据模型中数据及其联系所具有的制约和依存规则,用以限定符合数据模型的数据库状态以及状态的变化,以保证数据的正确、有效、相容。

数据模型应该反映和规定本数据模型必须遵守的、基本的、通用的完整性约束条件。例如,在关系模型中,任何关系必须满足实体完整性和参照完整性两个条件。

此外,数据模型还应该提供定义完整性约束条件的机制,以反映具体应用所涉及的数据必须遵守的特定的语义约束条件。例如,在学校的数据库中规定学生的考试成绩在 0～100 分,学生的入学年龄为 16～35 岁等。

1.4.3 概念模型

概念模型用于信息世界的建模,是现实世界到信息世界的第一层抽象,是数据库设计人员和用户之间进行交流的语言。

1. 基本概念

1) 实体

客观存在并可相互区别的事物称为实体(Entity)。实体可以是具体的人、事、物,也可以是抽象的概念或联系,例如,一个学生、一门课程、一次选课、一个部门、一个职工、公司与员工的雇佣关系等都是实体。

2) 实体集

同型实体的集合称为实体集(Entity Set)。例如,全体学生就是一个实体集。

3) 实体型

具有相同属性的实体必然具有共同的特征和性质。用实体名及其属性名集合来抽象和刻画同类实体,称为实体型(Entity Type)。例如,学生(学号,姓名,性别,年龄,系别)就是一个实体型。

4) 属性

实体所具有的某一特性称为属性(Attribute)。一个实体可以由若干个属性来刻画。例如,学生实体可以由学号、姓名、性别、年龄、院系等属性组成,(10172001,陈一,男,17,计算机系)这些属性组合起来表示了一个学生。

5) 域

属性的取值范围称为该属性的域(Domain)。例如,姓名的域为字符串,年龄的域为小于 35 的整数,性别的域为(男,女)。

6) 码

唯一标识实体的属性集称为码(Key)。例如,学号是学生实体的码(学号可以唯一标识一个学生实体)。学号与课程号的组合是选修实体的码(学号与课程号的组合可以唯一标识一个学生与一门课程的一次选修关系)。

7) 联系

在现实世界中,事物内部以及事物之间是有联系的,这些联系在信息世界中反映为实体内部的联系和实体之间的联系(Relationship)。实体内部的联系通常是指组成实体的各属性之间的联系。实体之间的联系通常是指不同实体集之间的联系。

两个实体集之间的联系可以分为如下三类。

（1）一对一联系（1∶1）。

如果对于实体集 A 中的每一个实体，实体集 B 中至多有一个（也可以没有）实体与之联系，反之亦然，则称实体集 A 与实体集 B 具有一对一联系，记为 1∶1。

例如，一个班级只有一个班长，而一个班长只属于一个班级，则班级与班长之间具有一对一联系。

（2）一对多联系（1∶n）。

如果对于实体集 A 中的每一个实体，实体集 B 中有 n 个实体（$n \geqslant 0$）与之联系，反之，对于实体集 B 中的每一个实体，实体集 A 中至多只有一个实体与之联系，则称实体集 A 与实体集 B 具有一对多联系，记为 1∶n。

例如，一座城市拥有多条街道，而每条街道只能属于一座城市，则城市与街道之间具有一对多联系。

（3）多对多联系（m∶n）。

如果对于实体集 A 中的每一个实体，实体集 B 中有 n 个实体（$n \geqslant 0$）与之联系，反之，对于实体集 B 中的每一个实体，实体集 A 中也有 m 个实体（$m \geqslant 0$）与之联系，则称实体集 A 与实体集 B 具有多对多联系，记为 m∶n。

例如，一个学生可以选修多门课程，而每门课程可以被多个学生所选修，则学生与课程之间具有多对多联系。

可以用图形来表示两个实体集之间的三类联系，如图 1.7 所示。

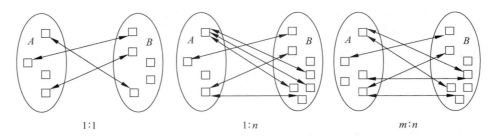

图 1.7　两个实体集之间的三类联系

2. 概念模型的 E-R 图表示

E-R 模型是由 P. P. S. Chen（美籍华人陈平山）于 1976 年提出的实体-联系方法（Entity-Relationship Approach）。由于它简单易学，因而在数据库系统应用的设计中得到了广泛应用。该方法主要用 E-R 图（E-R Diagram）来描述现实世界的概念模型。E-R 图提供了表示实体、属性和联系的方法。

（1）实体：用矩形表示，矩形框内写明实体名。

例如，学生实体和教师实体，用 E-R 图表示即如图 1.8 所示。

图 1.8　学生实体及教师实体的 E-R 图表示

（2）属性：用椭圆形表示，并用无向边将其与相应的实体连接起来。

例如，学生实体具有学号、姓名、年龄、性别、院系等属性，用 E-R 图表示即如图 1.9 所示。

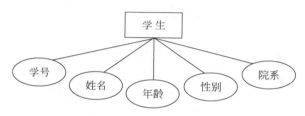

图 1.9　学生实体及属性的 E-R 图表示

（3）联系：用菱形表示，菱形框内写明联系名，并用无向边分别与有关实体连接起来，同时在无向边旁标上联系的类型（$1:1,1:n,m:n$）。如图 1.10 所示为用 E-R 图表示的三种基本联系。

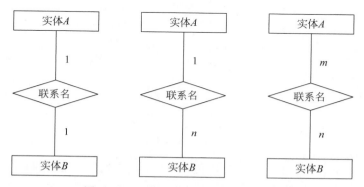

图 1.10　三种基本联系的 E-R 图表示

例如，学生实体与课程实体之间有选修的联系，此联系为 $m:n$ 类型，用 E-R 图表示即如图 1.11 所示。

图 1.11　学生实体与课程实体之间联系的 E-R 图表示

（4）直线：用无向边表示。需要注意的是，如果一个联系具有属性，则这些属性也要用无向边与该联系连接起来。

例如，如果用"成绩"来描述联系"选修"的属性，表示某个学生选修了某门课程的成绩。那么这两个实体及其之间联系的 E-R 图表示即如图 1.12 所示。

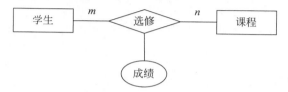

图 1.12　两个实体及其之间联系的 E-R 图表示

建立 E-R 图的步骤总结如下。

（1）确定实体类型。

（2）确定联系类型。

（3）实体类型和联系类型组合成 E-R 图。

（4）确定实体类型和联系类型的属性。

（5）确定实体类型的码,并在属性名下画一条横线。

例题 1.1 假设学校管理规定:每个学生可以选修多门课程,每门课程可以有若干学生选修;每个教师可以讲授多门课程,每门课程只有一个教师讲授;每个学生选修一门课程,只有一个成绩。学生的属性有学号、学生姓名,教师的属性有教师编号、教师姓名,课程的属性有课程号、课程名。根据上述语义画出 E-R 图,要求在图中画出实体的属性、联系的类型以及实体的码。

下面给出学生选课系统的 E-R 图,如图 1.13 所示。

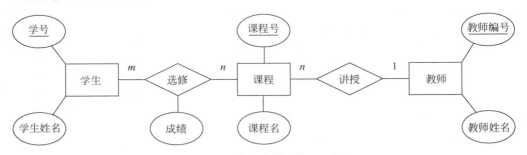

图 1.13 学生选课系统 E-R 图

例题 1.2 某个企业集团有若干工厂,每个工厂生产多种产品,且每个产品可以在多个工厂生产,每个工厂按照固定的计划数量生产产品;每个工厂聘用多名职工,且每个职工只能在一个工厂工作,工厂聘用职工有聘用期和工资。工厂的属性有工厂编号、厂名、地址,产品的属性有产品编号、产品名、规格,职工的属性有职工号、姓名。根据上述语义画出 E-R 图。在 E-R 图中需注明实体的属性、联系的类型以及实体的码。

下面给出工厂管理系统的 E-R 图,如图 1.14 所示。

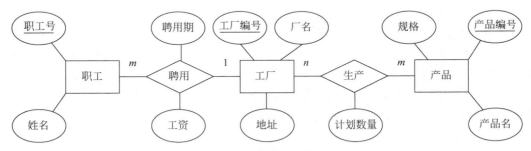

图 1.14 工厂管理系统 E-R 图

1.4.4 常用的数据模型

目前,数据库领域中主要的逻辑数据模型有:层次模型、网状模型、关系模型、面向对象数据模型（Object Oriented Data Model）、对象关系数据模型（Object Relational Data Model）、半结构化数据模型（Semi-structure Data Model）、非结构化数据模型（Unstructured Data

Model)和图模型(Graph Model)等,其中层次模型和网状模型统称为非关系模型。

1. 层次模型

层次模型用树形结构来表示各类实体及实体间的联系。层次模型必须满足以下三个条件。

(1) 有且只有一个节点没有双亲节点,这个节点称为根节点;

(2) 根以外的其他节点有且只有一个双亲节点;

(3) 上一层节点和下一层节点间联系是 $1:n$ 联系。

图 1.15 是层次模型的一个例子,其中 R_1 为根节点;R_2 和 R_3 为兄弟节点,是 R_1 的子女节点;R_4 和 R_5 是兄弟节点,是 R_2 的子女节点;R_3、R_4 和 R_5 为叶子节点。从图中可以看出层次模型是一棵倒立的树,节点的双亲是唯一的,所以层次模型也称为树状结构图。

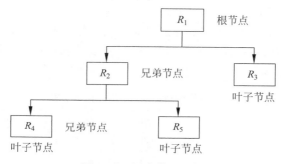

图 1.15 层次模型示例

层次模型对具有一对多的层次关系的部门描述得非常自然、直观、容易理解,如现实世界中的家庭和组织结构关系等适合用层次模型表示。

层次模型的优点是查询数据很简便,无须设计特别的算法,因为查询路径是唯一的,查询效率高;缺点是只能表示 $1:n$ 联系,无法描述事物之间复杂的联系。同时由于树状结构层次顺序要求严格并且复杂,对数据插入和删除操作的限制比较多。

2. 网状模型

网状模型是用有向图表示实体及实体间联系的数据模型。网状模型必须满足以下三个条件。

(1) 有向图中的有向边表示从箭尾一端的节点到箭头一端的节点间的 $1:n$ 类型。将箭尾一端称为双亲节点,箭头一端称为子女节点;

(2) 允许一个以上的节点无双亲节点;

(3) 一个节点可以有多于一个的双亲节点,也可以有多于一个的子女节点。

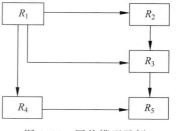

图 1.16 网状模型示例

网状模型的例子如图 1.16 所示,任一节点可以有多个双亲节点,也可以有多个子女节点。

网状模型的优点是查询效率高,并能实现 $m:n$ 联系(每个 $m:n$ 联系可以分解成两个 $1:n$ 联系)。相比于层次模型,网状模型适合于描述较为复杂的现实世界;缺点是由于数据结构太复杂,不利于用户掌握。同时在有向图中可以到达某一个节点的路径有多条,因此应用开发者必须选择相对较优的路径来进行搜索以提高查询效率,这对应用开发人员的要求是较高的。

3. 关系模型

关系模型是目前最重要的一种数据模型。关系数据库系统采用关系模型作为数据的组织方式。

1970年美国IBM公司San Jose研究室的研究员E.F.Codd首次提出了数据库系统的关系模型,开创了数据库关系方法和关系数据理论的研究,为数据库技术奠定了理论基础。由于E.F.Codd的杰出工作,他于1981年获得ACM图灵奖。

20世纪80年代以来,计算机厂商新推出的数据库管理系统几乎都支持关系模型,非关系系统的产品也大都加上了关系接口。数据库领域当前的研究工作也都以关系方法为基础。

1) 关系模型的数据结构

关系模型与以往的模型不同,关系模型主要是用二维表格结构表达实体及实体间联系的数据模型,在用户看来,关系模型中数据的逻辑结构(即数据结构)就是一张二维表,它由行和列组成,如表1.1所示。

表1.1 关系模型的数据结构(学生表)

学　　号	姓名	性别	年龄	系　　别
10172001	陈一	男	17	计算机系
10172002	姚二	女	20	计算机系
10172003	张三	女	19	计算机系
10172004	李四	男	22	日语系
…	…	…	…	…

2) 关系模型的基本术语

(1) 关系(Relation):一个关系对应一张表,如学生表。

(2) 元组(Tuple):表中的一行即为一个元组。

(3) 属性(Attribute):表中的一列即为一个属性,给每一个属性起一个名称即属性名。如学生表对应五个属性:学号,姓名,年龄,性别和院系。

(4) 主码(Primary Key):表中的某个属性组,它可以唯一确定一个元组,学生表中的学号,可以唯一确定一个学生,也就成为本关系的主码(或主键)。

(5) 域(Domain):属性的取值范围,如大学生年龄属性的域是(14~35),性别的域是(男,女),院系的域是一个学校所有院系的集合。

(6) 分量:元组中的一个属性值。

(7) 关系模式:对关系的描述,一般用如下方式表示。

关系名(属性1,属性2,…,属性n)

在关系模型中,实体以及实体间的联系都是用关系(即二维表)来表示。例如学生、课程、学生与课程之间的多对多联系在关系模型中可以有如下表示。

学生(学号,姓名,年龄,性别,院系)
课程(课程号,课程名,学分)

选修(学号,课程号,成绩)

3) 关系数据模型的优缺点

关系数据模型的优点是与非关系数据模型不同,它是建立在严格的数学概念的基础上的;关系模型的概念单一,无论实体还是实体之间的联系都用关系(即二维表)表示,对数据的检索结果也是关系(即二维表),所以其数据结构简单、清晰,用户易懂易用;关系模型的存取路径对用户透明,从而具有更高的数据独立性、更好的安全保密性,也简化了程序员数据库开发的工作。

当然,关系数据模型也有缺点,其中最主要的缺点是,由于存取路径对用户透明,查询效率往往不如非关系数据模型。因此为了提高性能,必须对用户的查询请求进行优化,从而增加了开发数据库管理系统的难度。

正是由于上述的一些特点,关系数据库已经成为当代数据库技术的主流。而面向对象模型和对象关系模型相对比较复杂,涉及的面较广,因此,目前面向对象和对象关系的数据库没有关系数据库那样普及。

1.5 本章小结

本章首先介绍了数据库的基本概念,包括信息、数据、数据处理、数据库、数据库管理系统和数据库系统的定义。简述了数据库、数据库管理系统和数据库系统之间的关系。通过对数据管理技术发展历程的回顾,阐述了发展到数据库系统阶段的必然性。

其次,介绍了数据库系统的结构。从 DBMS 角度看,数据库系统具有三级模式和两级映像结构。从数据库最终用户的角度看,数据库系统的结构分为单用户结构、多用户结构、分布式结构、客户/服务器结构、浏览器/服务器结构等,这是数据库系统的外部体系结构。

最后,介绍了数据模型,数据模型是数据库系统的核心和基础。数据模型是对现实世界进行抽象的工具,主要包括概念模型、逻辑模型和物理模型。组成数据模型的三个要素是数据结构、数据操作和完整性约束。

概念模型也称信息模型,用于信息世界的建模,E-R 模型是这类模型的典型代表,E-R 方法简单、清晰,应用广泛。

常用的逻辑数据模型有层次模型、网状模型、关系模型、面向对象模型、对象关系模型等。由于层次数据库和网状数据库已经逐渐被关系数据库代替,所以本书只在本章简单介绍了层次模型和网状模型的数据结构。目前,关系数据库已经成为当代数据库技术的主流,关系模型在本章也只是简单介绍,在后续章节中将详细介绍。

1.6 课后习题

1. 声音、文字、图形、病人的医疗记录、火车票的剩余情况等,这些都是(　　　　)。
   A. 信息　　　　　　　B. 数据　　　　　　　C. 数据库　　　　　D. 数据项
2. 数据库(DB)、数据库系统(DBS)和数据库管理系统(DBMS)之间的关系是(　　　　)。
   A. DBMS 包括 DB 和 DBS　　　　　　　B. DBS 就是 DB,也就是 DBMS
   C. DB 包括 DBS 和 DBMS　　　　　　　D. DBS 包括 DB 和 DBMS

3. 在数据管理技术发展所经历的三个阶段中,数据独立性最低的是( )。

    A. 人工管理阶段   B. 文件管理阶段

    C. 计算机管理阶段   D. 数据库管理阶段

4. 在数据管理技术发展所经历的三个阶段中,数据独立性最高的是( )。

    A. 人工管理阶段   B. 文件管理阶段

    C. 计算机管理阶段   D. 数据库管理阶段

5. 数据库系统的数据独立性体现在( )。

    A. 不会因为数据的变化而影响应用程序

    B. 不会因为数据存储结构与数据逻辑结构的变化而影响应用程序

    C. 不会因为存储策略的变化而影响存储结构

    D. 不会因为某些存储结构的变化而影响其他的存储结构

6. 数据库系统的体系结构为三级模式两级映像,其中三级模式由外到内分别是( )。

    A. 模式、外模式、内模式   B. 内模式、模式、外模式

    C. 外模式、模式、内模式   D. 模式、内模式、外模式

7. 关系数据模型的三个组成部分中,不包括( )。

    A. 并发控制   B. 数据结构

    C. 完整性规则   D. 数据操作

8. 用有向图结构表示实体类型以及实体类型之间联系的数据模型是( )。

    A. 关系数据模型   B. 层次数据模型

    C. 网状数据模型   D. 面向对象数据模型

9. 在 E-R 图中,主要成分包括实体和( )。

    A. 节点、记录   B. 属性、主码   C. 属性、联系   D. 文件、关联

10. 学生社团可以接纳多名学生参加,但每个学生只能参加一个社团,从社团到学生之间的联系类型是( )。

    A. 一对一   B. 一对多   C. 多对一   D. 多对多

11. 简述数据库(DB)、数据库系统(DBS)、数据库管理系统(DBMS)的概念、区别和联系。

12. 简述目前通用的关系数据库有哪些(列举三个例子)。

13. 简述什么是数据与程序的逻辑独立性,什么是数据与程序的物理独立性,为什么数据库系统具有数据与程序的独立性。

14. 在一个医院中,有若干病人和若干医生,每个病人对应一个医疗记录,一个医生可以治疗若干病人,一个病人对应一个医生。医生的属性有医生编号和医生姓名,病人的属性有病人编号和病人姓名,医疗记录的属性有记录编号和记录日期。试用 E-R 图加以描述,并标出实体的码。

15. 某工厂生产若干产品,每种产品由不同的零件组成,有的零件可用在不同的产品上。这些零件由不同的原材料制成,不同零件所用的材料可以相同。这些零件按所属的不同产品分别放在不同的仓库中,原材料按照类别放在若干不同仓库中。产品的属性有产品编号、产品数量和产品名,零件的属性有零件编号和零件名,材料的属性有材料编号和材料名,仓库的属性有仓库编号、仓库名和地点。请用 E-R 图画出此工厂产品、零件、材料、仓库的概念模型,并注明实体的属性、联系的类型以及实体的码。

第2章

关系运算理论

2.1 关系数据结构

2.1.1 关系的定义

1. 域

域是一组具有相同数据类型的值的集合。

例如,整数、实数、介于某个取值范围的日期。

2. 笛卡儿积

给定一组域 $D_1, D_2, \cdots, D_n$,这些域中可以有相同的。$D_1, D_2, \cdots, D_n$ 的笛卡儿积 (Cartesian Product)为:$D_1 \times D_2 \times \cdots \times D_n = \{(d_1, d_2, \cdots, d_n) \mid d_i \in D_i, i = 1, 2, \cdots, n\}$。

所有域的所有取值的任意组合,不能重复。

1)元组

笛卡儿积中每一个元素$(d_1, d_2, \cdots, d_n)$叫作一个 n 元组(n-tuple)或简称元组。

2)分量

笛卡儿积元素$(d_1, d_2, \cdots, d_n)$中的每一个值 d_i 叫作一个分量(Component)。

3)基数

若 $D_i(i = 1, 2, \cdots, n)$为有限集,其基数(Cardinal Number)为 $m_i(i = 1, 2, \cdots, n)$,则 $D_1 \times D_2 \times \cdots \times D_n$ 的基数 M 为:$M = \prod_{i=1}^{n} m_i$(即为元组的个数)。

4)笛卡儿积的表示方法

笛卡儿积可表示为一个二维表。表中的每行对应一个元组,表中的每列对应一个域。

例如,给出如下 3 个域。

D_1：院系集合 DEPARTMENT＝{计算机系,日语系}

D_2：班级集合 CLASS＝{1 班,2 班}

D_3：学生集合 STUDENT＝{张三,李四,王五}

其中：(计算机系,1 班,张三)、(计算机系,2 班,李四)等都是元组,计算机系、1 班、2 班、张三、李四等都是分量。

该笛卡儿积的基数为 $2×2×3＝12$,即 $D_1×D_2×D_3$ 共有 12 个元组。这 12 个元组可列成一张二维表,如表 2.1 所示。

表 2.1　D_1、D_2、D_3 的笛卡儿积

DEPARTMENT	CLASS	STUDENT
计算机系	1 班	张三
计算机系	1 班	李四
计算机系	1 班	王五
计算机系	2 班	张三
计算机系	2 班	李四
计算机系	2 班	王五
日语系	1 班	张三
日语系	1 班	李四
日语系	1 班	王五
日语系	2 班	张三
日语系	2 班	李四
日语系	2 班	王五

3. 关系

$D_1×D_2×\cdots×D_n$ 的子集叫作在域 $D_1,D_2,\cdots,D_n$ 上的关系(Relation),表示为：

$$R(D_1,D_2,\cdots,D_n);$$

其中：R 为关系名,n 为关系的目或度(Degree)。

1）元组

关系中的每个元素是关系中的元组,通常用 t 表示。

2）单元关系与二元关系

当 $n＝1$ 时,称该关系为单元关系(Unary Relation)。

当 $n＝2$ 时,称该关系为二元关系(Binary Relation)。

3）关系的表示

关系也是一个二维表,表的每行对应一个元组,表的每列对应一个域,如表 2.2 所示。

表 2.2 是在表 2.1 的笛卡儿积中取出有意义的元组,形成的一个子集。

表 2.2　DCS 关系

DEPARTMENT	CLASS	STUDENT
计算机系	1 班	张三
日语系	2 班	李四
日语系	1 班	王五

4）属性

关系中不同列可以对应相同的域,为了加以区分,必须对每一个列起一个名字,称为属性(Attribute)。

5）码

（1）候选码(Candidate Key)。

若关系中的某一属性组的值能唯一地标识一个元组,而其任何真子集都不能再标识一个元组,则称该属性组为候选码,在最简单的情况下,候选码只包含一个属性。

例如,存在一个学生关系,包括学号、姓名、年龄、身份证号四个属性,其中学号可以唯一地标识一个学生元组,身份证号也可以唯一地标识一个学生元组,所以学号和身份证号可以作为学生关系的候选码。

（2）全码(All-Key)。

在最极端的情况下,关系的所有属性组是这个关系的候选码,称为全码。

例如,存在一个音乐会关系,包括演奏者、音乐作品、观众三个属性,其中三个属性组合在一起才可以唯一地标识一个音乐会元组,所以关系的所有属性组是这个关系的候选码,即为全码。

（3）主码(Primary Key)。

若一个关系有多个候选码,则选定其中一个为主码(或主键)。

例如,在学生关系中,根据具体情况,学号可以更好地标识一个学生元组,所以学号作为学生关系的主码。当然身份证号也可以作为学生关系的主码。

（4）主属性(Prime Attribute)与非主属性(Non-key Attribute)。

候选码的诸属性称为主属性。不包含在任何候选码中的属性称为非主属性。

例如,在学生关系中,学号和身份证号为主属性,姓名和年龄为非主属性。

2.1.2　关系的性质

关系数据库中的关系必须具有下列一些性质。

（1）列是同质的(Homogeneous),即每一列中的分量是同一类型的数据,来自同一个域。

（2）不同的列可出自同一个域,其中的每一列称为一个属性,不同的属性要给予不同的属性名。

（3）列的顺序无所谓,即列的次序可以任意交换。在许多实际关系数据库产品中,增加新属性时,永远是插至最后一列。

（4）任意两个元组的候选码不能相同。

（5）行的顺序无所谓,行的次序可以任意交换。在许多实际关系数据库产品中,插入一个元组时永远插至最后一行。

（6）分量必须取原子值,即每一个分量都必须是不可分的数据项。这是规范条件中最基本的一条。

2.1.3　关系模式

关系模式是对关系的描述。关系模式在形式上可以表示为：

$$R(U,D,\text{DOM},F)$$

其中：R 为关系名；U 为组成该关系的属性名集合；D 为属性组 U 中属性所来自的域；DOM 为属性向域的映像集合；F 为属性间的数据依赖关系集合。

1. 关系模式的表示

关系模式通常可以简记为：

$$R(U) \quad 或 \quad R(A_1,A_2,\cdots,A_n)$$

其中：R 为关系名；$A_1,A_2,\cdots,A_n$ 为属性名。而域名及属性向域的映像常常直接说明为属性的类型、长度。

2. 关系模式与关系

关系模式是对关系的描述，关系模式是静态的、稳定的。关系是关系模式在某一时刻的状态或内容，关系是动态的、随时间不断变化的。关系模式和关系往往统称为关系，通过上下文加以区别。

2.1.4　关系数据库

在关系模型中，实体以及实体间的联系都是用关系来表示的。在一个给定的应用领域中，所有实体及实体之间联系的关系的集合（也可以简单地理解为表的集合）构成一个关系数据库。

2.2　关系数据操作

2.2.1　关系的基本操作

关系模型中常用的关系操作包括查询操作和插入、删除、修改操作两大部分。

关系的查询表达能力很强，是关系操作中最主要的部分。查询操作可以分为：选择（Select）、投影（Project）、连接（Join）、除（Divide）、并（Union）、交（Intersection）、差（Except）和笛卡儿积等。

其中，选择、投影、并、差、笛卡儿积是五种基本操作，其他操作是可以用基本操作来定义和导出的。

2.2.2　关系操作的特点

关系操作的特点是集合操作方式，即操作的对象和结果都是集合。这种操作方式也称为一次一集合的方式，这里提到的"一个集合"也可以理解为"一个关系"或"一个二维表"。

相应地,非关系数据模型的数据操作方式称为一次一记录的方式。

2.2.3　关系数据语言

1) 按照完成的功能分类

关系数据语言按照完成的功能可分为三类：DDL、DML 和 DCL。

(1) DDL 负责数据库的描述,提供一种数据定义机制,用来描述数据库的特征或数据的逻辑结构。

(2) DML 负责数据库的操作,提供一种数据处理操作的机制。DML 语言包括数据查询和数据的增加、删除、修改等功能,其中查询的表达方式是 DML 的主要部分。

(3) DCL 负责控制数据库的完整性和安全性,提供一种检验完整性和保证安全的机制。

2) 按照查询方式分类

关系数据语言按照查询方式的不同可分为三类：关系代数语言(如 ISBL)、关系演算语言(如 APLHA)、具有关系代数与关系演算双重特点的语言(如 SQL)。

(1) 关系代数语言是用关系的集合运算来表达查询方式的语言。

(2) 关系演算语言是用谓词演算来表达查询方式的语言。关系演算又可按谓词变元的基本对象是元组变量还是域变量分为元组关系演算和域关系演算。

关系代数、元组关系演算和域关系演算三种语言在表达能力上是完全等价的。三者均是抽象的查询语言,这些抽象语言与具体的 DBMS 中实现的实际语言并不完全一样,但它们是实际 DBMS 软件产品中实现的具体查询语言的理论基础。

(3) 另外还有一种介于关系代数和关系演算之间的结构化查询语言(Structured Query Language,SQL)。SQL 不仅具有丰富的查询功能,而且具有数据定义和数据控制功能,是集查询、DDL、DML 和 DCL 于一体的关系数据语言。它充分体现了关系数据语言的特点和优点,是关系数据库的标准语言。

2.3　关系的完整性

视频

关系模型中有三类完整性约束：实体完整性、参照完整性和用户定义完整性。

(1) 实体完整性和参照完整性是关系模型必须满足的完整性约束条件,被称作是关系的两个不变性,一般由关系数据库管理系统(RDBMS)默认支持。

(2) 用户自定义完整性是应用领域需要遵循的约束条件,体现了具体领域中的语义约束,一般在定义关系模式时由用户自己定义。

2.3.1　实体完整性

1. 实体完整性规则

若属性 A 是基本关系 R 的主属性,则属性 A 不能取空值。

2. 实体完整性规则规定

基本关系的所有主属性都不能取空值。

例如：学生实体中"学号"是主码，则"学号"不能取空值；课程实体中"课程号"是主码，则"课程号"不能取空值；学生选课关系——选修表(学号,课程号,成绩)中，"学号、课程号"是主码，则"学号"和"课程号"两个属性都不能取空值。

3. 实体完整性的必要性

(1) 实体完整性规则是针对基本关系而言的。一个基本表通常对应现实世界的一个实体集或一个多对多联系。

(2) 现实世界中的实体和实体间的联系都是可区分的，即它们具有某种唯一性标识。相应地，关系模型中以主码作为唯一性标识。

(3) 主码中的属性即主属性不能取空值。空值就是"不知道"或"无意义"的值。主属性取空值，就说明存在某个不可标识的实体，即存在不可区分的实体，这与第(2)点相矛盾。

2.3.2　参照完整性

1. 关系间的引用

现实世界中的实体之间往往存在着某种联系，在关系模型中实体及实体间的联系都是用关系来描述的。这样就自然存在着关系与关系间的引用。

例如：学生、课程、学生与课程之间的多对多联系可以用如下三个关系表示。

学生(学号,姓名,性别,年龄,院系)
课程(课程号,课程名,学分)
选修(学号,课程号,成绩)

如上三个关系(或三张表)之间存在着属性的引用，即选修关系引用了学生关系的主码"学号"和课程关系的主码"课程号"。同样，选修关系中的"学号"值必须是确实存在的学生的学号，即学生关系中有该学生的记录；选修关系中的"课程号"值也必须是确实存在的课程的课程号，即课程关系中有该课程的记录。换句话说，选修关系中某些属性的取值需要参照其他关系的属性取值。

2. 外码

设 F 是基本关系 R 的一个或一组属性，但不是关系 R 的码。如果 F 与基本关系 S 的主码 K_S 相对应，则称 F 是基本关系 R 的外码，基本关系 R 称为参照关系(Referencing Relation)，基本关系 S 称为被参照关系(Referenced Relation)或目标关系(Target Relation)。

在上例中，选修关系中的"学号"属性与学生关系的主码"学号"相对应；选修关系的"课程号"属性与课程关系的主码"课程号"相对应，因此"学号"和"课程号"属性分别是选修关系的外码。这里学生关系和课程关系均为被参照关系，选修关系为参照关系。

3. 参照完整性规则

若属性(或属性组) F 是基本关系 R 的外码，它与基本关系 S 的主码 K_S 相对应(基本关系 R 和 S 不一定是不同的关系)，则对于 R 中每个元组在 F 上的值必须为：或取空值(F

的每个属性值均为空值）；或等于 S 中某个元组的主码值。

结合实例，按照参照完整性规则，"学号"和"课程号"属性也可以取两类值：空值或目标关系中已经存在的值。但由于"学号"和"课程号"是选修关系中的主属性，按照实体完整性规则，它们均不能取空值，并且选修关系中的"学号"和"课程号"属性实际上只能取相应被参照关系中已经存在的主码值。

2.3.3 用户定义完整性

实体完整性与参照完整性是由系统自动支持的，这是关系模型所要求的。除此之外，不同的关系数据库系统根据其应用环境的不同，往往需要一些特殊的约束条件，这就是用户定义的完整性约束条件。

（1）用户定义完整性规则是针对某一具体关系数据库的约束条件，反映某一具体应用所涉及的数据必须满足的语义要求。

（2）关系模型应提供定义和检验这类完整性的机制，以便用统一的、系统的方法处理它们，而不要由应用程序承担这一功能。

例如：学生实体中，假如规定必须给出学生姓名，则必须使用用户定义的完整性约束要求学生姓名不能取空值；假如规定学生的年龄必须小于 35 岁，则必须使用用户定义的完整性约束，把年龄的取值范围规定为 0～35 岁等。

2.4 传统的集合运算

视频

关系代数的运算对象和结果均为关系。关系代数用到的运算符包括：传统的集合运算符、专门的关系运算符、比较运算符和逻辑运算符，如表 2.3 所示。

表 2.3 关系代数运算符

运 算 符		含 义	运 算 符		含 义
传统的集合运算符	∪	并	比较运算符	＞	大于
	−	差		≥	大于或等于
	∩	交		＜	小于
	×	广义笛卡儿积		≤	小于或等于
专门的关系运算符	σ	选择		=	等于
				≠	不等于
	Ⅱ	投影	逻辑运算符	¬	非
	⋈	连接		∧	与
	÷	除		∨	或

关系代数的运算按运算符的不同可分为传统的集合运算和专门的关系运算两类。其中，传统的集合运算将关系看成元组的集合，其运算是从关系的"水平"方向，即行的角度来进行；而专门的关系运算不仅涉及行，而且涉及列。比较运算符和逻辑运算符是用来辅助专门的关系运算符进行操作的。

设关系 R 和关系 S 具有相同的目 n（即两个关系都有 n 个属性），且相应的属性取自同一个域，t 是元组变量，$t \in R$ 表示 t 是 R 的一个元组。

2.4.1 并运算

例题 2.1 在校学生关系 R 和休学学生关系 S，其中关系 R 与关系 S 都有四个属性（学号、姓名、性别、状态），若要取得所有学生关系 T，则关系 T 由属于在校学生关系 R 和休学学生关系 S 的所有元组组成（即为集合并运算），并且得到的关系 T 仍然有四个属性（学号、姓名、性别、状态）。如表 2.4 至表 2.6 所示。

表 2.4 在校学生关系 R

学号	姓名	性别	状态
10172001	陈一	男	1
10172002	姚二	女	1
10172005	王五	男	1

表 2.5 休学学生关系 S

学号	姓名	性别	状态
10172003	张三	女	0
10172007	陈七	女	0

表 2.6 所有学生关系 T

学号	姓名	性别	状态
10172001	陈一	男	1
10172002	姚二	女	1
10172005	王五	男	1
10172003	张三	女	0
10172007	陈七	女	0

由此，关系 R 与关系 S 的并记作：

$$R \cup S = \{t \mid t \in R \lor t \in S\}$$

其结果关系仍为 n 目关系，由属于 R 或属于 S 的元组组成。

2.4.2 差运算

例题 2.2 有本店商品关系 R 和不合格商品关系 S，其中关系 R 与关系 S 都有三个属性（品牌、名称、厂家），若要找出本店内合格的商品关系 T，则关系 T 由属于本店商品关系 R 而不属于不合格商品关系 S 的元组组成（即为集合差运算），并且得到的关系 T 仍然有三个属性（品牌、名称、厂家），如表 2.7 至表 2.9 所示。

表 2.7 本店商品关系 *R*

品牌	名　称	厂家
A0001	婴儿奶粉	一厂
A0002	婴儿奶粉	二厂
B0001	绵白糖	一厂
B0002	绵白糖	四厂
C0001	牛肉干	三厂
D0001	巧克力	五厂
D0002	巧克力	六厂

表 2.8 不合格商品关系 *S*

品牌	名　称	厂家
A0002	婴儿奶粉	二厂
B0001	绵白糖	一厂
B0003	绵白糖	二厂
D0001	巧克力	五厂
E0003	手指饼干	六厂

表 2.9 本店合格商品关系 *T*

品牌	名　称	厂家
A0001	婴儿奶粉	一厂
B0002	绵白糖	四厂
C0001	牛肉干	三厂
D0002	巧克力	六厂

由此,关系 *R* 与关系 *S* 的差记作:

$$R - S = \{t \mid t \in R \wedge t \notin S\}$$

其结果关系仍为 *n* 目关系,由属于 *R* 而不属于 *S* 的所有元组组成。

2.4.3 交运算

例题 2.3 在例题 2.2 中,若要找出本店内不合格的商品关系 *T*,则关系 *T* 由既属于本店商品关系 *R* 又属于不合格商品关系 *S* 的元组组成(即为集合交运算),并且得到的关系 *T* 仍然有三个属性(品牌、名称、厂家),如表 2.10 所示。

表 2.10 本店不合格商品关系 *T*

品牌	名　称	厂家
A0002	婴儿奶粉	二厂
B0001	绵白糖	一厂
D0001	巧克力	五厂

由此,关系 R 与关系 S 的交记作:
$$R \cap S = \{t \mid t \in R \wedge t \in S\}$$

其结果关系仍为 n 目关系,由既属于 R 又属于 S 的元组组成。关系的交运算可以用差运算来表示,即 $R \cap S = R - (R - S)$,或 $R \cap S = S - (S - R)$。

2.4.4　广义笛卡儿积

例题 2.4　现有学生关系 R 和必修课程关系 S,其中关系 R 有两个属性(学号、姓名),关系 S 有三个属性(课程号、课程名、学分),每个学生必须学习所有必修课程,要求形成选课关系 T。由学生选修课程形成的选课关系必须包括学生关系 R 的属性和必修课程关系 S 的属性,即关系 T 包括学号、姓名、课程号、课程名和学分五个属性,由于学生关系 R 中两个元组选修的课程都对应着必修课程关系 S 中的三个元组,所以,选课关系 T 共有六个元组,则得到的关系 T 由五个属性和六个元组组成(即为笛卡儿积运算),如表 2.11 至表 2.13 所示。

表 2.11　学生关系 R

学号	姓名
10172001	陈一
10172002	姚二

表 2.12　必修课程关系 S

课程号	课程名	学分
c1	maths	3
c2	english	5
c3	japanese	4

表 2.13　选课关系 T

学号	姓名	课程号	课程名	学分
10172001	陈一	c1	maths	3
10172001	陈一	c2	english	5
10172001	陈一	c3	japanese	4
10172002	姚二	c1	maths	3
10172002	姚二	c2	english	5
10172002	姚二	c3	japanese	4

由此,两个分别为 n 目和 m 目的关系 R 和 S 的广义笛卡儿积是一个 $(n+m)$ 列的元组的集合。元组的前 n 列是关系 R 的一个元组,后 m 列是关系 S 的一个元组。若 R 有 k_1 个元组,S 有 k_2 个元组,则关系 R 和关系 S 的广义笛卡儿积有 $k_1 \times k_2$ 个元组。记作:
$$R \times S = \{\widehat{t_r t_s} \mid t_r \in R \wedge t_s \in S\}$$

图 2.1(a)、图 2.1(b)分别为具有三个属性列的关系 R、S。图 2.1(c)为关系 R 与 S 的并。图 2.1(d)为关系 R 与 S 的交。图 2.1(e)为关系 R 和 S 的差。图 2.1(f)为关系 R 和 S

的广义笛卡儿积。

R

A	B	C
a_1	b_1	c_1
a_1	b_2	c_2
a_2	b_2	c_1

(a)

S

A	B	C
a_1	b_2	c_2
a_1	b_3	c_2
a_2	b_2	c_1

(b)

$R \cup S$

A	B	C
a_1	b_1	c_1
a_1	b_2	c_2
a_2	b_2	c_1
a_1	b_3	c_2

(c)

$R \cap S$

A	B	C
a_1	b_2	c_2
a_2	b_2	c_1

(d)

$R-S$

A	B	C
a_1	b_1	c_1

(e)

$R \times S$

A	B	C	A	B	C
a_1	b_1	c_1	a_1	b_2	c_2
a_1	b_1	c_1	a_1	b_3	c_2
a_1	b_1	c_1	a_2	b_2	c_1
a_1	b_2	c_2	a_1	b_2	c_2
a_1	b_2	c_2	a_1	b_3	c_2
a_1	b_2	c_2	a_2	b_2	c_1
a_2	b_2	c_1	a_1	b_2	c_2
a_2	b_2	c_1	a_1	b_3	c_2
a_2	b_2	c_1	a_2	b_2	c_1

(f)

图 2.1 传统的集合运算

2.5 专门的关系运算

专门的关系运算包括选择、投影、连接、除运算等。下面分别给出这些关系运算的定义。

视频

2.5.1 选择运算

设有一个"学生-课程"数据库。学生关系包括学号、姓名、性别、年龄和院系五个属性，课程关系包括课程号、课程名和学分三个属性，选修关系包括学号、课程号和成绩三个属性。关系模式表示如下：

student(<u>sno</u>, sname, sex, age, dept)
course(<u>cno</u>, cname, credit)
sc(<u>sno</u>, <u>cno</u>, grade)

如上三个关系中的具体数据如表 2.14 至表 2.16 所示。下面的许多例子将对这三个关系进行运算。

表 2.14　学生关系 student

sno	sname	sex	age	dept
10172001	陈一	男	17	计算机系
10172002	姚二	女	20	计算机系
10172003	张三	女	19	计算机系
10172004	李四	男	22	日语系

表 2.15　课程关系 course

cno	cname	credit
c1	maths	3
c2	english	5
c3	japanese	4
c4	database	3

表 2.16　选课关系 sc

sno	cno	grade
10172001	c1	75
10172001	c2	95
10172001	c3	82
10172001	c4	88
10172002	c1	89
10172002	c3	61
10172003	c1	72
10172003	c2	45
10172003	c3	66
10172004	c2	85
10172004	c3	97

例题 2.5　查询计算机系全体学生的信息。由 student 关系中满足 dept＝"计算机系"这一条件的元组组成(即为选择运算),结果如表 2.17 所示。

表 2.17　计算机系全体学生

sno	sname	sex	age	dept
10172001	陈一	男	17	计算机系
10172002	姚二	女	20	计算机系
10172003	张三	女	19	计算机系

由此可见,选择运算实际上是从关系 R 中选取使逻辑表达式值为真的元组。这是从行的角度进行的运算,如图 2.2 所示。

图 2.2　选择操作

选择又称为限制(Restriction),它是在关系 R 中选择满足给定条件的诸元组,记作:

$$\sigma_F(R) = \{t \mid t \in R \wedge F(t) = '真'\}$$

其中:F 表示选择条件,它是一个逻辑表达式,取逻辑值"真"或"假"。逻辑表达式 F 由逻辑运算符 $\vee$、$\wedge$、$\neg$ 连接各算术表达式组成。算术表达式的基本形式为:

$$X_1 \theta Y_1$$

其中:θ 表示比较运算符,它可以是 $>$、$\geqslant$、$<$、$\leqslant$、$=$ 或 $\neq$。X_1、Y_1 等是属性名,或为常量,或为简单函数;属性名也可以用它的序号来代替。

例题 2.6 查询年龄小于 20 岁的学生。

$$\sigma_{Age<20}(\text{student}) \quad 或 \quad \sigma_{4<20}(\text{student})$$

结果如表 2.18 所示。

表 2.18 年龄小于 20 岁的学生

sno	sname	sex	age	dept
10172001	陈一	男	17	计算机系
10172003	张三	女	19	计算机系

2.5.2 投影运算

例题 2.7 查询学生的学号和姓名。由 student 关系中的学号属性列和姓名属性列组成的新关系(即为投影运算),结果如表 2.19 所示。

表 2.19 学号和姓名

sno	sname	sno	sname
10172001	陈一	10172003	张三
10172002	姚二	10172004	李四

说明:形成的新关系不仅取消了原关系中的某些列,而且还可能取消某些元组,因为取消了某些属性列后,就可能出现重复行,应取消这些完全相同的行。

由此可见,投影操作是从列的角度进行的运算,如图 2.3 所示。

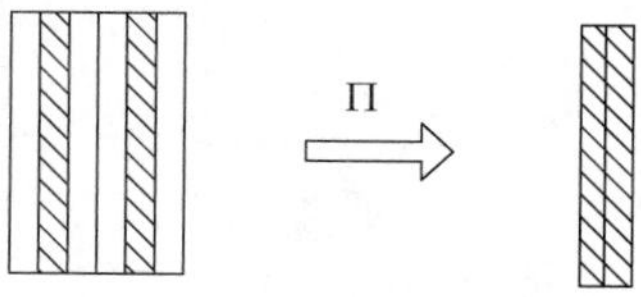

关系 R 上的投影是从 R 中选择出若干属性列组成新的关系。记作:

图 2.3 投影操作

$$\Pi_A(R) = \{t[A] \mid t \in R\}$$

其中:A 为 R 中的属性列。

例题 2.8 查询学生关系 student 中都有哪些院系,即查询关系 student 在院系属性上的投影。

$$\Pi_{dept}(\text{student})$$

结果如表 2.20 所示。

表 2.20　学生所在院系

dept
计算机系
日语系

说明：student 关系原来有四个元组,而投影结果取消了重复的计算机系元组,因此只有两个元组。

2.5.3　连接运算

连接也称为 θ 连接。它是从两个关系的笛卡儿积中选取属性间满足一定条件的元组。记作：

$$R \underset{A\theta B}{\bowtie} S = \{\widehat{t_r t_s} \mid t_r \in R \wedge t_s \in S \wedge t_r[A]\theta t_s[B]\}$$

其中：A 和 B 分别为 R 和 S 上度数相等且可比的属性组；θ 是比较运算符,连接运算从 R 和 S 的广义笛卡儿积 $R \times S$ 中选取(R 关系)在 A 属性组上的值与(S 关系)在 B 属性组上值满足比较关系 θ 的元组。

连接运算中有两种最为重要也最为常用的连接,一种是等值连接(Equal-Join),一种是自然连接(Natural-Join)。

θ 为"="的连接运算称为等值连接。它是从关系 R 与 S 的广义笛卡儿积中选取 A、B 属性值相等的那些元组,即等值连接为：

$$R \underset{A=B}{\bowtie} S = \{\widehat{t_r t_s} \mid t_r \in R \wedge t_s \in S \wedge t_r[A]=t_s[B]\}$$

自然连接是一种特殊的等值连接,它要求两个关系中进行比较的分量必须是相同的属性组,并且在结果中把重复的属性列去掉。即若 R 和 S 具有相同的属性组 B,U 为 R 和 S 的全体属性集合,则自然连接可记作：

$$R \bowtie S = \{\widehat{t_r t_s}[U-B] \mid t_r \in R \wedge t_s \in S \wedge t_r[B]=t_s[B]\}$$

一般的连接操作是从行的角度进行运算的,但自然连接还需要取消重复列,所以是同时从行和列的角度进行运算,如图 2.4 所示。

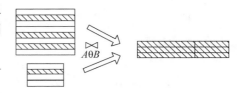

图 2.4　连接操作

两个关系 R 和 S 在做自然连接时,选择两个关系在公共属性上值相等的元组构成新的关系。此时,关系 R 中某些元组可能在 S 中不存在公共属性上值相等的元组,从而造成 R 中这些元组在操作时被舍弃了,同样,S 中某些元组也可能被舍弃,例如,在图 2.5 的自然连接中,R 中的第 4 个元组、S 中的第 5 个元组被舍掉了。

如果把舍弃的元组也保存在结果关系中,而在其他属性上填空值(NULL),那么这种连接就叫作外连接(Outer Join),外连接可记作 $R \rightbowtie S$。如果只把左边关系 R 中要舍弃的元组保留就叫作左外连接(Left Outer Join),左外连接记作 $R \rightbowtie S$。如果只把右边关系 S 中要舍弃的元组保留就叫作右外连接(Right Outer Join),右外连接记作 $R \leftbowtie S$。

图 2.5(a)和(b)分别为关系 R 和关系 S,图 2.5(c)为一般连接 $R \underset{C \leq E}{\bowtie} S$ 的结果,图 2.5(d)为等值连接 $R \underset{R.B=S.B}{\bowtie} S$ 的结果,图 2.5(e)为自然连接 $R \bowtie S$ 的结果,图 2.5(f)为外连接

$R \bowtie S$ 的结果，图 2.5(g)为左外连接 $R \bowtie S$ 的结果，图 2.5(h)为右外连接 $R \bowtie S$ 的结果。

(a) 关系R

A	B	C
a_1	b_1	5
a_1	b_2	6
a_2	b_3	8
a_2	b_4	12

(b) 关系S

B	E
b_1	3
b_2	7
b_3	10
b_3	2
b_5	2

(c) 一般连接 $R \bowtie S \atop C<E$

A	R.B	C	S.B	E
a_1	b_1	5	b_2	7
a_1	b_1	5	b_3	10
a_1	b_2	6	b_2	7
a_1	b_2	6	b_3	10
a_2	b_3	8	b_3	10

(d) 等值连接

A	R.B	C	S.B	E
a_1	b_1	5	b_1	3
a_1	b_2	6	b_2	7
a_2	b_3	8	b_3	10
a_2	b_3	8	b_3	2

(e) 自然连接

A	B	C	E
a_1	b_1	5	3
a_1	b_2	6	7
a_2	b_3	8	10
a_2	b_3	8	2

(f) 外连接

A	B	C	E
a_1	b_1	5	3
a_1	b_2	6	7
a_2	b_3	8	10
a_2	b_3	8	2
a_2	b_4	12	NULL
NULL	b_5	NULL	2

(g) 左外连接

A	B	C	E
a_1	b_1	5	3
a_1	b_2	6	7
a_2	b_3	8	10
a_2	b_3	8	2
a_2	b_4	12	NULL

(h) 右外连接

A	B	C	E
a_1	b_1	5	3
a_1	b_2	6	7
a_2	b_3	8	10
a_2	b_3	8	2
NULL	b_5	NULL	2

图 2.5　连接运算举例

2.5.4　除运算

给定关系 $R(X,Y)$ 和 $S(Y,Z)$，其中 X、Y、Z 为属性组。R 中的 Y 与 S 中的 Y 可以有不同的属性名，但必须出自相同的域集。R 与 S 的除运算得到一个新的关系 $P(X)$，P 是 R 中满足下列条件的元组在 X 属性列上的投影：元组在 X 上分量值 x 的象集 Y_x 包含 S 在 Y 上投影的集合。记作：

$$R \div S = \{t_r[X] \mid t_r \in R \wedge \Pi_Y(S) \subseteq Y_x\}$$

其中：Y_x 为 x 在 R 中的象集，$x = t_r[X]$。

除操作是同时从行和列角度进行运算，如图 2.6 所示。

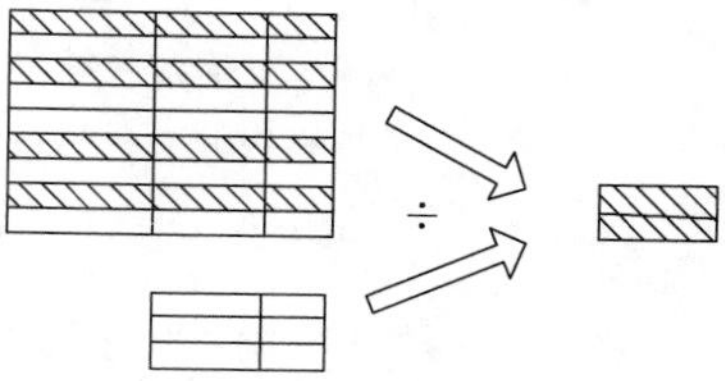

除运算如图 2.7 所示。设关系 R、S 分别为图 2.7 中的(a)和(b)，$R \div S$ 的结果为图 2.7(c)。

图 2.6　除操作

在关系 R 中，A 可以取四个值 $\{a_1, a_2, a_3, a_4\}$，其中：

a_1 的象集为 $\{(b_1, c_2), (b_2, c_3), (b_2, c_1)\}$

a_2 的象集为 $\{(b_3, c_7), (b_2, c_3)\}$

a_3 的象集为 $\{(b_4, c_6)\}$

a_4 的象集为 $\{(b_6,c_6)\}$

S 在 (B,C) 上的投影为 $\{(b_1,c_2),(b_2,c_1),(b_2,c_3)\}$

显然只有 a_1 的象集 (B,C) 包含了 S 在 (B,C) 属性组上的投影,所以 $R\div S=\{a_1\}$。

R

A	B	C
a_1	b_1	c_2
a_2	b_3	c_7
a_3	b_4	c_6
a_1	b_2	c_3
a_4	b_6	c_6
a_2	b_2	c_3
a_1	b_2	c_1

(a)

S

B	C	D
b_1	c_2	d_1
b_2	c_1	d_1
b_2	c_3	d_2

(b)

$R\div S$

A
a_1

(c)

图 2.7　除运算

例题 2.9　已知学生选课关系 R,课程关系 S,要找出选课关系中选修所有课程的学生的学号。指定的课程号和对应课程名构成的关系记为 S,则该问题可以用 $R\div S$ 表示,如表 2.21 至表 2.23 所示。

表 2.21　选课关系 R

学　　号	课程号	学　　号	课程号
10172001	c1	10172003	c1
10172001	c2	10172003	c2
10172001	c3	10172003	c3
10172001	c4	10172004	c2
10172002	c1	10172004	c3
10172002	c3		

表 2.22　课程关系 S

课程号	课程名	课程号	课程名
c1	maths	c3	japanese
c2	english	c4	database

表 2.23　关系 $R\div S$

学号
10172001

2.6　综合实例

以“学生-课程”数据库为例,给出几个综合应用多种关系代数运算进行查询的例子。

学生关系:student(sno,sname,age,sex,dept)

课程关系：course(cno,cname,credit)
选课关系：sc(sno,cno,grade)
其中：学生关系中学号 sno 为主码,课程关系中课程号 cno 为主码,选课关系中学号 sno 和课程号 cno 是外码,分别参照学生和课程关系中的主码 sno 和 cno,如图 2.8 所示。

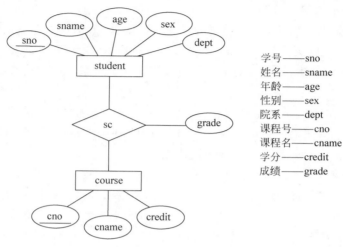

学号——sno
姓名——sname
年龄——age
性别——sex
院系——dept
课程号——cno
课程名——cname
学分——credit
成绩——grade

图 2.8 学生选课关系图

（1）查询选修课程号为 c1 的学生学号和成绩。

（2）查询学分为 3 的课程的课程号和课程名。

（3）查询年龄小于 20 岁的女学生的学号与姓名。

（4）查询选修学分为 3 的课程的学生学号。

（5）查询学号为 10172003 学生所学课程的课程名与学分。

（6）查询学习课程号为 c2 的学生学号和姓名。

（7）查询选修课程号为 c1 或 c3 的学生学号。

（8）查询至少选修课程号为 c1 和 c3 的学生学号。

（9）查询至少选修两门课程的学生学号。

（10）查询选修课程名为 maths 的学生学号和姓名。

（11）查询至少选修一门学分为 3 的课程的男学生的姓名。

（12）查询"张三"未学习的课程的课程号。

（13）查询学习全部课程的学生姓名。

（14）查询所学课程包含学生 10172004 所学课程的学生学号。

解析：

（1）查询的结果是学生的学号和成绩,所以要做投影运算,从 sc 关系中投影学号 sno 和成绩 grade 两列。另外查询的是学习课程号为 c1 的学生,必须做选择运算。综合选择和投影操作,先对关系 sc 执行选择操作,然后执行投影操作。关系代数表达式如下：

$$\Pi_{sno,grade}(\sigma_{cno='c1'}(sc))$$

（2）因为课程号、课程名和学分是 course 关系中的属性,所以只需要从 course 关系中执行选择和投影操作即可实现。关系代数表达式如下：

$$\Pi_{\text{cno, cname}}(\sigma_{\text{credit}=3}(\text{course}))$$

（3）因为学号、姓名、性别和年龄都是 student 关系中的属性，所以只需要从 student 关系中进行选择和投影操作即可实现。关系代数表达式如下：

$$\Pi_{\text{sno, sname}}(\sigma_{\text{age}<20 \wedge \text{sex}='女'}(\text{student}))$$

（4）因为要查询选修学分为 3 的课程的学生信息，所以必须做选择运算；因为查询的结果是学号，所以必须做投影运算。由于这个查询涉及关系 course 中的学分 credit 和关系 sc 中的学号 sno，因此先将关系 course 和 sc 做自然连接运算，再对连接的结果做选择，选择学习学分为 3 的课程的学生，最后再对结果进行投影操作。关系代数表达式如下：

$$\Pi_{\text{sno}}(\sigma_{\text{credit}=3}(\text{course} \bowtie \text{sc}))$$

（5）因为学分在 course 关系中，学生选修信息在 sc 关系中，所以必须先对 course 和 sc 关系做自然连接运算，再对连接的结果按学号为 10172003 进行选择，最后对选择后的结果按课程名和学分进行投影，其关系代数表达式如下：

$$\Pi_{\text{cname, credit}}(\sigma_{\text{sno}='10172003'}(\text{sc} \bowtie \text{course}))$$

（6）因为要查询学习课程号为 c2 的学生信息，所以必须做选择运算。又因为查询的结果是学号和姓名，所以必须做投影运算。由于这个查询涉及关系 student 中的学号 sno、学生姓名 sname 和关系 sc 中的课程号 cno，因此需先将关系 student 和 sc 做自然连接运算，再对连接的结果做选择，选择学习课程号为 c2 的学生，最后再对结果进行投影操作。关系代数表达式如下：

$$\Pi_{\text{sno, sname}}(\sigma_{\text{cno}='c2'}(\text{student} \bowtie \text{sc}))$$

（7）因为查询的内容是学生学号，并且是选修课程号为 c1 或 c3 的学生，由于只涉及 sc 关系，所以需要对 sc 关系进行投影和选择操作。关系代数表达式如下：

$$\Pi_{\text{sno}}(\sigma_{\text{cno}='c1' \vee \text{cno}='c3'}(\text{sc}))$$

（8）因为要查询同时选修课程号为 c1 和 c3 的学生信息，所以要将 sc 关系自身做笛卡儿积运算，运算后的结果如表 2.24 所示。要求同时选修 c1 和 c3 课程，表示笛卡儿积的结果中第 2 列值为 c1，第 5 列值为 c3，或者第 2 列值为 c3，第 5 列值为 c1 也可以，并且必须是同一个学生，所以笛卡儿积中第 1 列的值必须与第 4 列的值相等。最后对结果进行投影显示学号 sno。表达式中采用属性序号代替属性名。关系代数表达式如下：

$$\Pi_1(\sigma_{1=4 \wedge 2='c1' \wedge 5='c3'}(\text{sc} \times \text{sc}))$$

表 2.24　sc 关系自身做笛卡儿积的结果

1	2	3	4	5	6
sno	cno	grade	sno	cno	grade

（9）首先对 sc 关系进行自身的笛卡儿积运算，得到如表 2.24 所示的结果。至少选修两门课，表示笛卡儿积的结果中第 2 列的值和第 5 列的值必须不同。同一个学生选修多门课，则笛卡儿积的结果中第 1 列的学号 sno 与第 4 列的 sno 必须相同。最后按学号 sno 进行投影，关系代数表达式如下：

$$\Pi_1(\sigma_{1=4 \wedge 2 \neq 5}(\text{sc} \times \text{sc}))$$

（10）因为课程名只有在 course 关系中才能找到，而学生姓名只有在 student 关系中才能找到,选修 maths 课程的选修关系只有在 sc 关系中才能找到,所以必须先对三个关系(student、sc、course)做自然连接运算,再对连接的结果进行选择操作,最后对结果进行投影操作。关系代数表达式如下:

$$\Pi_{\text{sno,sname}}(\sigma_{\text{cname}='\text{maths}'}(\text{student} \bowtie \text{sc} \bowtie \text{course}))$$

(11) 因为要查询学生的姓名,所以需要从 student 关系中获取信息。因为涉及学分为 3 的课程,所以需要从 course 关系中获取信息。又因为涉及选修学分为 3 的课程,所以需要从 sc 关系中获取信息。所以查询涉及 student、sc、course 三个关系,先对这三个关系做自然连接运算,再对连接的结果进行选择操作,最后对结果进行投影操作。关系代数表达式如下:

$$\Pi_{\text{sname}}(\sigma_{\text{sex}='\text{男}' \wedge \text{credit}=3}(\text{student} \bowtie \text{sc} \bowtie \text{course}))$$

(12) 首先用投影操作从 course 关系中选取所有的课程号,然后求出"张三"选修的所有课程号,最后对这两个结果集进行集合差运算,即可求得"张三"同学不学的课程号。求"张三"选修的所有课程号时,因为只有 student 关系才有学生的姓名,只有 sc 关系中才有选修信息,所以涉及 student 和 sc 关系,先对这两个关系做自然连接运算,再对连接的结果进行选择操作,最后对选择的结果进行投影操作。关系代数表达式如下:

$$\Pi_{\text{cno}}(\text{course}) - \Pi_{\text{cno}}(\sigma_{\text{sname}='\text{张三}'}(\text{student} \bowtie \text{sc}))$$

(13) 首先用 $\Pi_{\text{sno,cno}}(\text{sc})$ 投影操作从 sc 关系中获取学生选课情况,然后用 $\Pi_{\text{cno}}(\text{course})$ 投影操作从 course 关系中获取全部课程信息,学习全部课程的学生学号可以用除操作 $\Pi_{\text{sno,cno}}(\text{sc}) \div \Pi_{\text{cno}}(\text{course})$ 实现,操作的结果是学习全部课程的学生的学号 sno。由于需要取的结果是学生姓名,所以必须根据得到的学号从 student 关系中取出对应的姓名。可以将关系 student 与除操作的结果进行自然连接运算,得到的结果按学生姓名进行投影即可。关系代数表达式如下:

$$\Pi_{\text{sname}}(\text{student} \bowtie (\Pi_{\text{sno,cno}}(\text{sc}) \div \Pi_{\text{cno}}(\text{course})))$$

(14) 首先用 $\Pi_{\text{sno,cno}}(\text{sc})$ 操作从 sc 关系中获取全部学生的选课情况,然后用 $\Pi_{\text{cno}}(\sigma_{\text{sno}='10172004'}(\text{sc}))$ 操作从 sc 关系中选取学生 10172004 所学的全部课程。求包含学生 10172004 所学的全部课程的学生学号,可以用除操作实现。关系代数表达式如下:

$$\Pi_{\text{sno,cno}}(\text{sc}) \div \Pi_{\text{cno}}(\sigma_{\text{sno}='10172004'}(\text{sc}))$$

2.7 本章小结

本章首先介绍了关系数据结构的基本概念、数学定义,包括:关系的定义、关系的 6 个性质、关系模式的表示和关系数据库的相关概念。

其次,介绍了关系模型由数据结构、关系操作、关系完整性约束三部分组成。关系模型必须遵循实体完整性规则、参照完整性规则和用户定义的完整性规则。

最后,介绍了关系代数传统的集合运算和专门的关系运算。其中并、差、笛卡儿积、投影、选择这五种运算为基本的运算,它们组成关系代数完备的运算集。其他三种运算,即交、连接、除运算都可以用这五种基本运算组合而成。

2.8 课后习题

1. 设关系 R 的属性列数以及元组个数分别为 2 和 3,关系 S 的属性列数以及元组个数分别为 3 和 5,关系 T 是 R 和 S 的笛卡儿积,即 $T=R\times S$,则关系 T 的属性列数以及元组个数为(　　)。

  A. 5、8   B. 5、15   C. 6、8   D. 6、15

2. 在基本的关系中,下列说法正确的是(　　)。

  A. 行列顺序有关   B. 属性名允许重名

  C. 任意两个元组不允许重复   D. 列是非同质的

3. 关系中的"主码"不允许取空值是指(　　)规则。

  A. 数据完整性   B. 引用完整性

  C. 用户自定义完整性   D. 实体完整性

4. 在关系模式 R 中,若属性或属性组 X 不是关系 R 的关键字,但 X 是其他关系模式的关键字,则称 X 为关系 R 的(　　)。

  A. 主码   B. 超码   C. 外码   D. 候选码

5. 关系操作的对象和结果都是(　　)。

  A. 元组   B. 集合   C. 属性   D. 以上均不对

6. 关系操作中的五个基本操作是(　　)。

  A. 并、差、交、选择、笛卡儿积

  B. 并、差、交、投影、选择

  C. 并、差、交、选择、除

  D. 并、差、笛卡儿积、投影、选择

7. 参加差运算的两个关系(　　)。

  A. 属性个数可以不相同   B. 属性名必须相同

  C. 属性个数必须相同   D. 一个关系包含另一个关系的属性

8. 设两个关系 R 和 S,分别包含 15 和 10 个元组,则在 $R\cup S$、$R\cap S$、$R-S$ 中,可能出现的元组数目情况是(　　)。

  A. 18、7、8   B. 15、5、10   C. 21、11、4   D. 25、15、0

9. 取出关系的某些列,并取消重复元组的关系代数运算称为(　　)。

  A. 交运算   B. 选择运算   C. 连接运算   D. 投影运算

10. 在连接运算中如果两个关系中进行比较的分量必须是相同的属性组,那么这个连接是(　　)。

    A. 有条件的连接   B. 等值连接   C. 自然连接   D. 完全连接

11. 存在关系 R 和 S,$R\cap S$ 的运算可用哪个等价的表达式来替换?

12. 假设关系 R 和 S 是具有相同属性列的关系,它们分别有 m 个元组和 n 个元组(假设 $m>n$),分别写出下列表达式中可能的最小和最大的元组数量。

$$R\cap S,R\cup S,R-S,R\bowtie S$$

13. 简述关系模型的完整性规则的分类及各完整性的含义。

14. 试述等值连接与自然连接的区别和联系。

15. 某数据库中包含商店信息、商品信息和销售信息三张基本表。

商店信息表：shop(sid,sname,address)，表中属性列依次是商店编号、商店名称和地址。

商品信息表：commodity(cid,cname,spec,price)，表中属性列依次是商品编号、商品名称、规格和单价。

销售信息表：sale(sid,cid,quantity)，表中属性列依次是商店编号、商品编号和销售量。

试用关系代数运算完成如下检索：

(1) 查询商店名称为"旺达超市"所在的地址。

(2) 查询单价介于 100～150 元的商品编号。

(3) 查询销售商品名称为"旺仔牛奶"的商店名称。

(4) 查询没有销售商品单价超过 5000 元的商店编号。

(5) 查询至少销售商品编号为 C1 和 C2 的商店编号。

第3章

关系数据库标准语言SQL

视频

3.1 SQL 概述

3.1.1 SQL 简介

结构化查询语言(SQL)是一种通用的、功能极强的关系数据库标准语言,用于存取数据以及查询、更新和管理关系数据库系统。同时它也是数据库脚本文件的扩展名。

SQL 功能丰富,不仅具有数据定义、数据操纵、数据控制功能,还有着强大的查询功能,而且语言简洁,容易学习,易于使用。现在 SQL 已经成为关系数据库的国际标准语言,各个数据库厂家纷纷推出各自的 SQL 软件或 SQL 的接口软件。这就使大多数数据库均用 SQL 作为共同的数据存取语言和标准接口,使不同数据库系统之间的相互操作有了共同的基础,这个意义是十分重大的。

目前,很多数据库产品都对 SQL 语句进行了再开发与扩展,如 Oracle 提供的 PL/SQL (Procedure Language/SQL,过程化 SQL)就是对 SQL 的一种扩展。

3.1.2 SQL 发展历程及标准化

1. SQL 的发展

SQL 随着数据库技术的发展而不断更新、丰富,其发展主要经历以下几个阶段:

(1) 1970 年,E. F. Codd 发表了关系数据库理论(Relational Database Theory);

(2) 1972 年,IBM 在 System R 中实现了 SQUARE 语言;

(3) 1974 年,Boyce 和 Chamberlin 在 SQUARE 语言的基础上进行改进,开发了 SEQUEL,并重命名为"结构化查询语言";

(4) 1981 年,IBM 公司在 SYSTEM R 的基础上推出了商品化的关系数据库管理系统

SQL/DS,并且用 SQL 代替 SEQUEL;

（5）当今,SQL 广泛应用于各种大、中型数据库,如 Oracle、SQL server、DB2、Sybase、MySQL 等;也用于各种小型数据库,如 Access、FoxPro、SQLite 等。

2. SQL 标准化

SQL 功能强大,简单易学,一经推出就受到用户和计算机工业界的欢迎,因而,从 1982 年起,美国国家标准协会开始着手 SQL 的标准化工作,30 多年来已制定了多个 SQL 标准。

（1）1982 年,美国国家标准协会（American National Standard Institute,ANSI）开始制定 SQL 标准;

（2）1986 年,ANSI 公布了 SQL 的第一个标准 SQL—86;

（3）1987 年,国际标准化组织（International Organization for Standardization,ISO）将 SQL—86 标准采纳为国际标准;

（4）1989 年,ISO 对 SQL—86 标准进行了补充,增加了引用完整性,推出了 SQL—89 标准;

（5）1992 年,ISO 推出了 SQL92 标准（也称 SQL2）;

（6）1999 年,ISO 推出了 SQL99 标准（也称 SQL3）,它增加了对象数据、递归和触发器等支持功能;

（7）2003 年,ISO 推出了 ISO/IEC 9075:2003 标准,简称 SQL:2003（也称 SQL4）;

（8）2008 年,ISO 推出了 ISO/IEC 9075:2008 标准,简称 SQL:2008;

（9）2011 年,ISO 推出了 ISO/IEC 9075:2011 标准,简称 SQL:2011;

（10）2016 年,ISO 推出了 ISO/IEC 9075:2016 标准,简称 SQL:2016。

3.1.3　SQL 特点

SQL 是一个综合的、通用的、功能极强的、简学易用的语言,所以能够被用户和业界广泛接受,并成为国际标准。主要有如下特点。

1. 综合统一

SQL 集数据定义语言、数据操纵语言、数据查询语言、数据控制语言的功能于一体,语言风格统一,可以独立完成数据库生命周期中的全部活动,包括定义关系模式、插入数据、建立数据库、查询、更新、维护、数据库重构、数据库安全性控制等一系列操作要求,这些为数据库应用系统的开发提供了良好的环境。

SQL 的核心内容包括如下数据语言。

（1）数据定义语言,用于定义数据库的逻辑结构,包括基本表、视图及索引的定义。

（2）数据操纵语言,用于对关系模式中的具体数据进行增、删、改等操作。

（3）数据查询语言,用于实现各种不同的数据查询。

（4）数据控制语言,用于数据访问权限的控制。

2. 高度非过程化

SQL 是非过程化的语言,用户只需提出"做什么",而不必指明"怎么做",也不需要了解存取路径的选择,SQL 就可以将要求交给系统,自动完成全部工作。这不但大大减轻了用户负担,而且有利于提高数据独立性。

3. 面向集合的操作方式

非关系数据模型采用的是面向记录的操作方式,操作对象是一条记录。而 SQL 采用集合操作方式,不仅操作对象、查找结果可以是元组的集合,而且一次插入、删除、修改操作的对象也可以是元组的集合。

4. 以同一种语法结构提供两种使用方式

SQL 既是独立的语言,又是嵌入式语言。作为独立的语言,它能够独立地用于联机交互的使用方式,用户可以在终端键盘上直接输入 SQL 命令对数据库进行操作。作为嵌入式语言,SQL 语句能够嵌入高级语言(例如 C、COBOL、FORTRAN、C++、Java 等)程序中,供程序员设计程序时使用。现在很多数据库应用开发工具,都将 SQL 直接融入到自身的语言中,使用起来更加方便。尽管 SQL 的使用方式不同,但 SQL 的语法基本上是一致的。这种统一的语法结构提供两种不同的使用方式,为用户提供了极大的灵活性与方便性。

5. 语言简洁、易学易用

SQL 功能极强,但其语言十分简洁,完成数据定义、数据操纵、数据控制的核心功能只用了 9 个动词:CREATE、DROP、ALTER、SELECT、INSERT、UPDATE、DELETE、GRANT、REVOKE,如表 3.1 所示。而且 SQL 语法简单,接近英语口语,因此易学易用。

表 3.1　SQL 的动词

SQL 功能	命 令 动 词	SQL 功能	命 令 动 词
数据查询	SELECT	数据操纵	INSERT、UPDATE、DELETE
数据定义	CREATE、DROP、ALTER	数据控制	GRANT、REVOKE

视频

3.2　数据定义

通过 SQL 的数据定义功能,可以完成基本表、视图、索引的创建、修改和删除。但 SQL 不提倡修改视图和索引的定义,如果想修改视图和索引的定义,只能先将它们删除,然后再重建。SQL 常用的数据定义语句如表 3.2 所示。

表 3.2　SQL 的数据定义语句

操 作 对 象	操 作 方 式		
	创　　建	删　　除	修　　改
表	CREATE TABLE	DROP TABLE	ALTER TABLE
视图	CREATE VIEW	DROP VIEW	
索引	CREATE INDEX	DROP INDEX	

由于视图的定义与查询操作有关,本节只介绍基本表和索引的数据定义。

3.2.1　基本数据类型

由于基本表的每个属性列都有自己的数据类型,所以首先介绍 SQL 支持的数据类型。各个厂家的 SQL 支持的数据类型不完全一致,这里只介绍 SQL—99 规定的主要数据类型。

1．数值型

（1）INTEGER 定义数据类型为整数类型，它的精度（总有效位）由执行机构确定。INTEGER 可简写成 INT。

（2）SMALLINT 定义数据类型为短整数类型，它的精度由执行机构确定。

（3）NUMERIC(p,s)定义数据类型为数值型，并给定精度 p（总的有效位，不包含符号位及小数点）或标度 s（十进制小数点右边的位数）。

（4）FLOAT(p)定义数据类型为浮点数值型，p 为指定的精度。

（5）REAL 定义数据类型为浮点数值型，它的精度由执行机构确定。

（6）DOUBLE PRECISION 定义数据类型为双精度浮点型，它的精度由执行机构确定。

2．字符类型

（1）CHAR(n)定义指定长度的字符串，n 为字符数的固定长度。

（2）VARCHAR(n)定义可变长度的字符串，其最大长度为 n，n 不可省略。

由于 VARCHAR 是标准 SQL 提供的数据类型，有可能随着 SQL 标准的变化而改变，所以 Oracle 提供了独特的字符类型 VARCHAR2，Oracle 保证在任何版本中该数据类型可以向上和向下兼容。

3．位串型

（1）BIT(n)定义数据类型为二进制位串，其长度为 n。

（2）BIT VARYING(n)定义可变长度的二进制位串，其最大长度为 n，n 不可省略。

4．时间型

（1）DATE 用于定义日期，包含年、月、日，格式为 YYYY-MM-DD。

（2）TIME 用于定义时间，包含时、分、秒，其格式为 HH:MM:SS。

5．布尔型

BOOLEAN 定义布尔型，其值可以是 TRUE(真)、FALSE(假)。

对于数值型数据，可以执行算术运算和比较运算，但其他类型数据，只可以执行比较运算，不能执行算术运算。我们在这里只介绍了常用的一些数据类型，许多 SQL 产品还扩充了其他一些数据类型，用户在实际使用中应查阅数据库系统的参考手册。

3.2.2　约束条件

在 SQL 中，约束是一些规则，约束在数据库中不占存储空间。根据约束所完成的功能不同，表达完整性约束的规则有主码约束、外码约束、属性约束等几类。

1．主码约束

主码(PRIMARY KEY)约束体现了实体完整性。要求某一列的值既不能为空，也不能重复。主码约束也称主键约束。

2．外码约束

外码(FOREIGN KEY)约束体现参照完整性。外码的取值或者为空，或者参考父表的主码。外码约束也称外键约束。

3．属性约束

属性约束体现了用户定义的完整性。属性约束主要限制某一属性的取值范围。属性约束可分为以下几类。

(1) 非空(NOT NULL)约束：要求某一属性的值不允许为空值。

(2) 唯一(UNIQUE)约束：要求某一属性的值不允许重复。

(3) 检查(CHECK)约束：可以对某一个属性列的值加以限制。限制就是给某一列设定条件，只有满足条件的值才允许插入。

基本表的完整性约束可定义为两级：表级约束和列级约束。表级约束可以约束表中的任意一列或多列，而列级约束只能约束其所在的某一列。

上述几种约束条件均可作为列级完整性约束条件，但非空约束不可以作为表级完整性约束条件，而其他约束可以作为表级完整性约束条件。

3.2.3　基本表的定义

表是数据库中最基本的操作对象，是实际存放数据的地方。其他的数据库对象的创建及各种操作都是围绕表进行的，可以将表看作含列和行的表单。

SQL 使用 CREATE TABLE 语句定义基本表。其一般格式为：

```
CREATE TABLE <基本表名>
    (  <列名>   <数据类型>  [列级完整性约束]
    [,<列名>   <数据类型>  [列级完整性约束]]
        …
    [,表级完整性约束]);
```

说明：

(1) 其中，<　>中的内容是必选项，[　]中的内容是可选项。本书以下各章节也遵循这个规定。

(2) <基本表名>：规定了所定义的基本表的名字，在一个用户中不允许有两个相同的基本表名字。

(3) <列名>：规定了该列(属性)的名称，一个表中不能有两个相同的列名字。

(4) 表名或列名命名规则：第一个字符必须是字母，后面可以跟字母、数字、三个特殊符号(_、$、#)；表名或列名中不可以包含空格；表名和列名不区分大小写，但显示出来都是大写；保留字不能用作表名或列名。

(5) <数据类型>：规定了该列的数据类型。

(6) <列级完整性约束>：是指对某一列设置的约束条件。

(7) <表级完整性约束>：规定了关系主码、外码和用户自定义完整性约束。

例题 3.1　创建一个学生表(student)，要求所有约束条件均为列级完整性约束，学生表的结构如表 3.3 所示。

表 3.3　学生表(student)

字　段　名	字　段　类　型	是否为空	说　　明	字　段　描　述
sno	CHAR(8)	NOT NULL	主码	学生学号
sname	VARCHAR2(20)		唯一	学生姓名
sex	CHAR(4)	NOT NULL	非空	性别
age	INT		年龄大于 16 岁	年龄
dept	VARCHAR2(20)			学生所在的系别名称

学生表(student)的创建语句如下：

```
CREATE TABLE student
(
    sno CHAR(8) PRIMARY KEY,              /* 主码约束 */
    sname VARCHAR2(20) UNIQUE,            /* 唯一约束 */
    sex CHAR(4) NOT NULL,                 /* 非空约束 */
    age INT CHECK(Age > 16),              /* 检查约束 */
    dept VARCHAR2(20)
);
```

例题 3.2 创建一个课程表(course)，要求所有约束条件均为列级完整性约束，课程表的结构如表3.4所示。

表 3.4　课程表(course)

字 段 名	字段类型	是否为空	说 明	字段描述
cno	CHAR(8)	NOT NULL	主码	课程编号
cname	VARCHAR2(20)	NOT NULL	非空	课程名称
tname	VARCHAR2(20)			授课教师名
cpno	CHAR(8)		外码(参照课程表中的课程编号)	先修课程号
credit	NUMBER			学分

课程表(course)的创建语句如下：

```
CREATE TABLE course
(
    cno CHAR(8) PRIMARY KEY,              /* 主码约束 */
    cname VARCHAR2(20) NOT NULL,          /* 非空约束 */
    tname VARCHAR2(20),
    cpno CHAR(8) REFERENCES course(cno),  /* 外码约束 */
    credit NUMBER
);
```

例题 3.3 创建一个选课表(sc)，要求所有约束条件均为表级完整性约束，选课表的结构如表3.5所示。

表 3.5　选课表(sc)

字 段 名	字段类型	是否为空	说 明	字段描述
sno	CHAR(8)	NOT NULL	外码(参照学生表中的学生编号)	学生学号
cno	CHAR(8)	NOT NULL	外码(参照课程表中的课程编号)	课程编号
grade	NUMBER			选修成绩

其中，(sno,cno)属性组合为主码。

选课表(sc)的创建语句如下：

```
CREATE TABLE sc
(
    sno CHAR(8),
```

```
        cno CHAR(8),
        grade NUMBER,
        PRIMARY KEY(sno,cno),                    /* 主码约束 */
        FOREIGN KEY(sno) REFERENCES student(sno),  /* 外码约束 */
        FOREIGN KEY (cno) REFERENCES course(cno)   /* 外码约束 */
    );
```

3.2.4　基本表的修改

随着应用环境和实际需求的变化,经常需要修改基本表的结构,包括修改属性列的数据类型及其精度、增加新的属性列或删除属性列、增加新的约束条件或删除原有的约束条件。SQL 通过 ALTER TABLE 命令对基本表的结构进行修改,其一般格式为:

```
ALTER TABLE <基本表名>
    [ADD <新列名> <数据类型> [列级完整性约束]]
    [DROP COLUMN <列名>]
    [MODIFY <列名> <新的数据类型>]
    [ADD CONSTRAINT <完整性约束>]
    [DROP CONSTRAINT <完整性约束>];
```

说明:

(1) ADD:为一个基本表增加新的属性列,但新的属性列的值必须允许为空(除非有默认值)。

(2) DROP COLUMN:删除基本表中原有的一列。

(3) MODIFY:修改基本表中原有属性列的数据类型。

(4) ADD CONSTRAINT 和 DROP CONSTRAINT 分别表示添加完整性约束和删除完整性约束。

(5) 以上的命令格式在实际的数据库管理系统中可能有所不同,用户在使用时应参阅实际数据库系统的参考手册。

例题 3.4　向 student 表中增加一个身高(height)属性列,数据类型为 INT。

```
ALTER TABLE student ADD height INT;
```

新增加的属性列总是表的最后一列。不论表中是否已经有数据,新增加的列值为空。所以新增加的属性列不能有 NOT NULL 约束,否则就会产生矛盾。

例题 3.5　将 student 表中的 height 属性列的数据类型改为 REAL。

```
ALTER TABLE student MODIFY height REAL;
```

修改原有的列定义有可能会破坏已有数据,所以在修改时需要注意:可以增加列值的宽度及小数点的长度,只有当某列所有行的值为空或整张表是空时,才能减少其列值宽度,或改变其列值的数据类型。

例题 3.6　给 student 表中 height 属性列增加一个检查约束,约束的名字为 CHK_HEIGHT,要求学生的身高需超过 140cm。

```
ALTER TABLE student ADD CONSTRAINT CHK_HEIGHT CHECK(height > 140);
```

例题 3.7　删除 height 属性列上的 CHECK 约束。

```
ALTER TABLE student DROP CONSTRAINT CHK_HEIGHT;
```

例题 3.8　删除 student 表中新增加的 height 属性列。

```
ALTER TABLE student DROP COLUMN height;
```

3.2.5　基本表的删除

当数据库某个基本表不再使用时,可以使用 DROP TABLE 语句删除它,其一般格式为:

```
DROP TABLE <表名> [CASCADE CONSTRAINTS];
```

删除基本表时要注意以下几点:

(1) 表一旦被删除,则无法恢复。

(2) 如果表中有数据,则表的结构连同数据一起删除。

(3) 在表上的索引、约束条件、触发器,以及表上的权限也一起被删除。

(4) 当删除表时,涉及该表的视图、存储过程、函数、包被设置为无效。

(5) 只有表的创建者或者拥有 DROP ANY TABLE 权限的用户才能删除表。

(6) 如果两张表之间有主外码约束条件,则必须先删除子表,然后再删除主表。

(7) 如果加上 CASCADE CONSTRAINTS,在删除基本表的同时,相关的依赖对象也一起被删除。

例题 3.9　删除学生选课表(sc)。

```
DROP TABLE sc;
```

基本表定义一旦被删除,表中的数据、此表上建立的索引和视图都将被自动删除。因此执行删除基本表的操作时一定要格外小心。但在有的系统(如 Oracle)中,删除基本表后建立在此表上的视图定义仍然保留在数据字典中,但是,当用户引用时就会报错。

3.2.6　索引的定义和删除

基本表建立并存放数据后,如果数据相当多,DBMS 则会在顺序扫描上耗费很长的时间,这样将大大影响查询效率。为了解决查询速度问题,需要在针对数据表的查询字段上定义索引。索引提供了一种直接、快速访问记录的方式,可以大大提高数据查询速度。

索引是根据表中一列或若干列按照一定顺序建立的列值与记录行之间的对应关系表。索引属于物理存储的路径概念,而不是用户使用的逻辑概念。建立在多个列上的索引被称为复合索引。系统在存取数据时会自动选择合适的索引作为存取路径,用户不必也不能显式地选择索引。

有两种重要的索引:聚簇索引(Clustered Index)和非聚簇索引(Non-Clustered Index)。

聚簇索引确定表中数据的物理顺序,它类似于按姓氏排列数据的电话簿。由于聚簇索引规定数据在表中的物理存储顺序,因此一个表只能包含一个聚簇索引。建立聚簇索引后,更新索引列数据时,往往会导致表中记录的物理顺序变更,代价较大,因此对于经常更新的列不宜建立聚簇索引。

非聚簇索引是数据存储在一个地方,索引存储在另一个地方,索引带有指针指向数据的存储位置。索引中的项目按索引码值的顺序存储,而表中的信息按另一种顺序存储。

1. 索引的定义

在 SQL 中,建立索引使用 CREATE INDEX 语句,其一般格式为:

```
CREATE [UNIQUE] [CLUSTER] INDEX <索引名>
ON <基本表名> (<列名> [<次序>][,<列名> [<次序>]]…);
```

说明:

(1) UNIQUE:规定此索引为唯一性索引。每一个索引值只对应于表中唯一的记录。

(2) CLUSTER:规定此索引为聚簇索引。省略 CLUSTER 则表示创建的索引为非聚簇索引。

(3) <次序>:建立索引时指定列名的索引表是 ASC(升序)或 DESC(降序)。若不指定,默认为升序。

例题 3.10 为 student、course、sc 三张表建立索引。其中 student 表按学号(sno)升序建唯一索引,course 表按课程号(cno)降序建唯一索引,sc 表按学号(sno)升序和课程号(cno)降序建唯一索引。

```
CREATE UNIQUE INDEX   index_stu ON student(sno ASC);
CREATE UNIQUE INDEX   index_cou ON course(cno DESC);
CREATE UNIQUE INDEX   index_sc  ON sc(sno ASC,cno DESC);
```

2. 索引的删除

索引可以加快查询速度,但如果数据的增、删、改操作很频繁,系统就会花许多时间来维护索引,导致系统开销增加。

索引一经建立,就由系统使用和维护,不需用户干预。建立索引是为了减少查询操作的时间,但如果数据增、删、改频繁,系统会花费许多时间来维护索引。过多的索引甚至会导致索引碎片,降低系统效率。因此不必要的索引应该及时删除。

删除索引的格式为:

```
DROP INDEX <索引名>;
```

例题 3.11 删除 course 表的 index_cou 索引。

```
DROP INDEX index_cou;
```

删除索引时,系统会同时从数据字典中删除有关该索引的描述。

3.3　数据查询

视频

3.3.1　SELECT 语句格式

SQL 中最重要、最核心的操作就是数据查询。关系代数的运算在关系数据库中主要由

SQL 数据查询来体现。SQL 提供 SELECT 语句进行数据库的查询,该语句具有灵活的使用方式和丰富的功能。其基本格式为:

```
SELECT [ALL|DISTINCT] <目标列表达式>[,<目标列表达式>] …
FROM <表名或视图名>[,<表名或视图名>] …
[WHERE <条件表达式>]
[GROUP BY <列名 1> [HAVING <组条件表达式>]]
[ORDER BY <列名 2> [ASC|DESC]];
```

说明:

(1) SELECT 子句说明要查询的数据。ALL 表示筛选出数据库表中满足条件的所有记录,一般情况下省略不写。DISTINCT 表示输出结果中无重复记录。

(2) FROM 子句说明要查询的数据来源。可以是数据库中的一个或多个表或视图,各项之间用逗号分隔。

(3) WHERE 子句指定查询条件。查询条件中会涉及 SQL 函数和 SQL 操作符。

(4) GROUP BY 子句表示在查询时,可以按照某个或某些字段分组汇总,各分组选项之间用逗号分隔。HAVING 子句必须跟随 GROUP BY 一起使用,表示在分组汇总时,可以根据组条件表达式筛选出满足条件的组记录。

(5) ORDER BY 子句表示在显示结果时,按照指定字段进行排序。ASC 表示升序,DESC 表示降序,省略不写的默认情况下是 ASC。

整个 SELECT 语句的含义是:根据 WHERE 子句的条件表达式,从 FROM 子句指定的表或视图中找出满足条件的元组,再按照 SELECT 子句中的目标列表达式,选出元组中的属性值形成结果表。如果有 GROUP BY 子句,则将结果按<列名 1>的值进行分组,该属性列值相等的元组为一个组。通常会在每组中使用聚集函数。如果 GROUP BY 子句带有 HAVING 子句,则只有满足指定条件的组才能够输出。如果有 ORDER BY 子句,则结果表还需要按<列名 2>的值的升序或者降序排列。查询子句的顺序是不可以前后调换的。

由于 SELECT 语句的形式多样,可以完成单表查询、多表连接查询、嵌套查询和集合查询等,想要熟练地掌握和运用 SELECT 语句必须要下一番工夫。下面将通过大量的例子来介绍 SELECT 语句的功能。

下面,以学生选课系统为例说明 SELECT 语句的各种用法。学生选课系统中包含如下三张表。

(1) 学生表: student(sno, sname, sex, age, dept),表中属性列依次是学生学号、姓名、性别、年龄、学生所在的系别名称,其中 sno 为主码,表中数据如表 3.6 所示。

表 3.6 学生基本信息

sno	sname	sex	age	dept
10172001	陈一	男	17	计算机系
10172002	姚二	女	20	计算机系
10172003	张三	女	19	计算机系
10172004	李四	男	22	日语系
10172005	王五	男	22	日语系

续表

sno	sname	sex	age	dept
10172006	赵六	男	19	日语系
10172007	陈七	女	23	信息系
10172008	刘八	男	21	信息系
10172009	张九	女	18	管理系
10172010	孙十	女	21	管理系

（2）课程表：course(cno,cname,tname,cpno,credit)，表中属性列依次是课程编号、课程名称、授课教师名、先修课程号和学分，其中 cno 为主码，表中数据如表 3.7 所示。

表 3.7　课程基本信息

cno	cname	tname	cpno	credit
c1	maths	曹老师		3
c2	english	赵老师		5
c3	japanese	刘老师		4
c4	database	杨老师	c1	3
c5	java	陈老师	c1	3
c6	jsp_design	陈老师	c5	2

（3）选课表：sc(sno,cno,grade)，表中属性列依次是学号、课程号和成绩，其中属性组合(sno,cno)为主码，表中数据如表 3.8 所示。

表 3.8　选课基本信息

sno	cno	grade
10172001	c1	94
10172001	c2	96
10172001	c4	92
10172002	c1	50
10172002	c2	88
10172002	c4	76
10172002	c5	55
10172003	c1	65
10172003	c2	72
10172003	c3	90
10172003	c4	85
10172003	c5	93
10172003	c6	86
10172004	c2	50
10172004	c3	45
10172005	c2	88
10172005	c3	85
10172007	c1	80
10172007	c2	73

续表

sno	cno	grade
10172007	c3	66
10172007	c4	
10172007	c5	
10172008	c1	82
10172008	c2	77
10172008	c3	85
10172008	c4	87
10172008	c5	82
10172008	c6	94
10172009	c1	86
10172009	c2	
10172010	c1	73
10172010	c2	

3.3.2 单表无条件查询

单表查询是指查询的数据只来自一张表,此时,SELECT 语句中的 FROM 子句只涉及一张表的查询。

1. 选择表中若干列

选择表中的全部列或部分列,这就是投影运算。

1)查询指定的列

例题 3.12 查询全体学生的学号、姓名和年龄。

```
SELECT sno,sname,age
FROM student;
```

结果如下:

```
SNO         SNAME        AGE
───────     ──────────   ───────────
10172001    陈一         17
10172002    姚二         20
10172003    张三         19
10172004    李四         22
10172005    王五         22
10172006    赵六         19
10172007    陈七         23
10172008    刘八         21
10172009    张九         18
10172010    孙十         21
```

例题 3.13 查询全部课程的课程名称和授课教师名。

```
SELECT cname,tname
```

```
FROM course;
```

结果如下：

```
CNAME        TNAME
----------   -------
maths        曹老师
english      赵老师
japanese     刘老师
database     杨老师
java         陈老师
jsp_design   陈老师
```

2）查询全部列

例题 3.14　查询全部课程的详细记录。

```
SELECT   *
FROM course;
```

结果如下：

```
CNO        CNAME         TNAME         CPNO        CREDIT
--------   -----------   -----------   ---------   -----------
c1         maths         曹老师                    3
c2         english       赵老师                    5
c3         japanese      刘老师                    4
c4         database      杨老师         c1          3
c5         java          陈老师         c1          3
c6         jsp_design    陈老师         c5          2
```

当所查询的列是关系的所有属性时，可以使用" * "来表示所显示的列。

3）查询经过计算的值

例题 3.15　查询全体学生的姓名、性别及其出生年份。

```
SELECT sname, sex, 2020 - age
FROM student;
```

结果如下：

```
SNAME      SEX        2020 - AGE
--------   --------   -----------
陈一        男         2003
姚二        女         2000
张三        女         2001
李四        男         1998
王五        男         1998
赵六        男         2001
陈七        女         1997
刘八        男         1999
张九        女         2002
孙十        女         1999
```

4) 指定别名来改变查询结果的列标题

从前面的查询结果中可以看出,显示的每一个属性列的标题就是列名,有时候列名就是拼音代码,意义不是很清楚,为了解决这个问题,我们可以给属性列提供一个别名。方法就是:在列名的后面加上一个空格或as,然后写上它的别名。在查询结果显示时就会用别名代替列名了。

例题 3.16 查询全体学生的姓名、性别及其出生年份。

```
SELECT sname, sex, 2020 - age 出生年份
FROM student;
```

结果如下:

```
SNAME      SEX       出生年份
--------  --------  -----------
陈一       男        2003
姚二       女        2000
张三       女        2001
李四       男        1998
王五       男        1998
赵六       男        2001
陈七       女        1997
刘八       男        1999
张九       女        2002
孙十       女        1999
```

2. 选择表中若干行

选择表中若干行,这就是选择运算。这里介绍无条件的选择运算,后面再介绍有条件的选择运算,需要注意的是:消除取值重复的行。

例题 3.17 查询所有选修了课程的学生学号。

```
SELECT sno
FROM sc;
```

结果如下:

```
SNO
-------
10172001
10172001
10172002
10172002
10172002
10172002
10172003
10172003
10172003
10172003
10172003
10172003
```

```
10172004
10172004
10172005
10172005
10172007
10172007
10172007
10172007
10172007
10172008
10172008
10172008
10172008
10172008
10172008
10172009
10172009
10172010
10172010
```

由于存在一名同学选修多门课程的情况,所以查询的结果中包含了许多重复的行。如果想去掉重复的行,必须指定 DISTINCT 关键字。

```
SELECT DISTINCT sno
FROM sc;
```

结果如下:

```
SNO
-------
10172001
10172002
10172003
10172004
10172005
10172007
10172008
10172009
10172010
```

3.3.3 单表有条件查询

单表查询时,若需满足某些条件则可以通过 WHERE 子句来实现。使用 WHERE 子句时,应该注意以下几点。

(1) 如果该列数据类型为字符型,则需要使用单引号把字符串括起来。如 WHERE cname = 'java',单引号内的字符串大小写是有区别的。

(2) 如果该列数据类型为日期型,则需要使用单引号把日期括起来。

(3) 如果该列数据类型为数值型,则不必用单引号,如 WHERE age>20。

（4）在 WHERE 子句中可以使用列名或表达式，但不能使用它的别名。

WHERE 子句常用的查询条件如表 3.9 所示。

表 3.9 常用的查询条件

查 询 条 件	谓 词
比较	=、>、<、>=、<=、!=、<>、!>、!<、NOT 等比较运算符
确定范围	BETWEEN AND、NOT BETWEEN AND
确定集合	IN、NOT IN
字符匹配	LIKE、NOT LIKE
空值	IS NULL、IS NOT NULL
多重条件	AND、OR

1. 比较大小

例题 3.18 查询信息系全体学生的姓名。

```
SELECT sname
FROM student
WHERE dept = '信息系';
```

结果如下：

```
SNAME
-------
陈七
刘八
```

例题 3.19 查询年龄超过 20 岁的学生姓名及年龄。

```
SELECT sname,age
FROM student
WHERE age > 20;
```

结果如下：

```
SNAME      AGE
-------  -------
李四         22
王五         22
陈七         23
刘八         21
孙十         21
```

例题 3.20 查询考试成绩有不及格的学生的学号。

```
SELECT DISTINCT sno
FROM sc
WHERE grade < 60;
```

结果如下：

```
SNO
-------
10172004
10172002
```

语句中使用了 DISTINCT 关键字,目的是当某一个学生有多门课程不及格时,他的学号只显示一次。

2. 确定范围(谓词 BETWEEN AND)

例题 3.21　查询年龄为 16~20 岁(包括 16 岁和 20 岁)的学生姓名和年龄。

```
SELECT sname,age
FROM student
WHERE age BETWEEN 16 AND 20;
```

结果如下:

```
SNAME       AGE
-------  -------
陈一         17
姚二         20
张三         19
赵六         19
张九         18
```

例题 3.22　查询年龄不是 16~20 岁的学生姓名和年龄。

```
SELECT sname,age
FROM student
WHERE age NOT BETWEEN 16 AND 20;
```

结果如下:

```
SNAME       AGE
-------  -------
李四         22
王五         22
陈七         23
刘八         21
孙十         21
```

3. 确定集合(谓词 IN)

例题 3.23　查询计算机系、信息系和管理系的学生姓名和性别。

```
SELECT sname,sex
FROM student
WHERE dept IN ('计算机系','信息系','管理系');
```

结果如下:

```
SNAME       SEX
-------  -------
陈一         男
```

姚二	女
张三	女
陈七	女
刘八	男
张九	女
孙十	女

例题 3.24 查询既不是计算机系、信息系，也不是管理系的学生姓名和性别。

```
SELECT sname, sex
FROM student
WHERE dept NOT IN ('计算机系','信息系','管理系');
```

结果如下：

```
SNAME      SEX
———————   ———————
李四        男
王五        男
赵六        男
```

4. 字符匹配

谓词 LIKE 可以用来进行字符串的匹配。基本格式为：

```
[NOT] LIKE '<匹配串>' [ESCAPE '<换码字符>']
```

其含义是查找指定的属性列值与<匹配串>相匹配的元组。<匹配串>可以是一个完整的字符串，也可以是含有通配符"％"和"_"。其中"％"（百分号）代表任意长度（长度可以为 0）的字符串；"_"（下横线）代表任意单个字符。

例题 3.25 查询所有姓张的学生姓名、年龄和系别名称。

```
SELECT sname, age, dept
FROM student
WHERE sname LIKE '张％';
```

结果如下：

```
SNAME      AGE      DEPT
———————   ———————  ——————————————
张三        19       计算机系
张九        18       管理系
```

如果将 LIKE 换成 NOT LIKE，表示查询不姓张的同学。如果用户查询的匹配字符串本身就含有"％"或"_"，这时就要使用 ESCAPE'<换码字符>'短语对通配符进行转义。

例题 3.26 查询以 jsp_开头且倒数第 2 个字符为 g 的课程详细信息。

```
SELECT *
FROM course
WHERE cname LIKE 'jsp\_％g_' ESCAPE'\';
```

结果如下：

CNO	CNAME	TNAME	CPNO	CREDIT
c6	jsp_design	陈老师	c5	2

5. 涉及空值的查询

例题 3.27　查询选修了课程但没有成绩的学生学号和相应的课程号。

```
SELECT sno,cno
FROM sc
WHERE grade IS NULL;
```

结果如下：

SNO	CNO
10172007	c4
10172007	c5
10172009	c2
10172010	c2

注意：程序中的 IS 不能用等号(＝)代替。

例题 3.28　查询选修了课程并且有成绩的学生学号和相应的课程号。

```
SELECT sno,cno
FROM sc
WHERE grade IS NOT NULL;
```

结果如下：

SNO	CNO
10172001	c1
10172001	c2
10172001	c4
10172002	c1
10172002	c2
10172002	c4
10172002	c5
10172003	c1
10172003	c2
10172003	c3
10172003	c4
10172003	c5
10172003	c6
10172004	c2
10172004	c3
10172005	c2
10172005	c3
10172007	c1
10172007	c2
10172007	c3
10172008	c1

```
10172008        c2
10172008        c3
10172008        c4
10172008        c5
10172008        c6
10172009        c1
10172010        c1
```

6. 多重条件查询

逻辑运算符 AND 和 OR 可用来连接多个查询条件。AND 的优先级高于 OR,但用户可以通过括号来改变优先级。

例题 3.29 查询计算机系女同学的姓名和年龄。

```
SELECT sname,age
FROM student
WHERE dept = '计算机系' AND sex = '女';
```

结果如下:

```
SNAME           AGE
———————  ———————

姚二             20
张三             19
```

例题 3.30 查询管理系或年龄在 20 岁以下的学生姓名。

```
SELECT sname
FROM student
WHERE dept = '管理系' OR age < 20;
```

结果如下:

```
SNAME
———————
陈一
张三
赵六
张九
孙十
```

3.3.4 聚集函数

为了进一步方便用户,增强检索功能,SQL 提供了许多聚集函数,主要有如下几种。

(1) COUNT ([DISTINCT|ALL] *)　　　　统计元组个数

　　COUNT ([DISTINCT|ALL] <列名>)　　统计某一列中值的个数

(2) SUM ([DISTINCT|ALL] <列名>)　　　计算一列值的总和(此列必须是数值型)

(3) AVG ([DISTINCT|ALL] <列名>)　　　计算一列值的平均值(此列必须是数值型)

(4) MAX ([DISTINCT|ALL] <列名>)　　　求一列值中的最大值

(5) MIN（[DISTINCT|ALL] <列名>）　　　求一列值中的最小值

如果指定 DISTINCT 短语,则表示在查询时要取消指定列中的重复值。如果不指定 DISTINCT 短语或指定 ALL 短语(ALL 为默认值),则表示不取消重复值。

在聚集函数遇到空值时,除 COUNT(＊)外,都跳过空值而只处理非空值。

例题 3.31　查询学生表中的总人数。

```
SELECT COUNT( * )
FROM student;
```

结果如下:

```
COUNT( * )
--------
    10
```

例题 3.32　查询选修了课程的学生人数。

```
SELECT COUNT(DISTINCT sno)
FROM   sc;
```

结果如下:

```
COUNT(DISTINCTSNO)
--------------
        9
```

由于存在一个同学选修多门课程的情况,为了避免重复计算学生人数,所以必须添加 DISTINCT 关键字,表示在统计人数时,取消指定列中的重复值。

例题 3.33　查询选修 c3 课程的平均成绩、最高成绩和最低成绩。

```
SELECT AVG(grade),MAX(grade),MIN(grade)
FROM sc
WHERE cno = 'c3';
```

结果如下:

```
AVG(GRADE)   MAX(GRADE)   MIN(GRADE)
--------   --------   --------
    74.2         90           45
```

例题 3.34　查询学号为 10172001 的学生选修课程的成绩总和。

```
SELECT SUM(grade)
FROM sc
WHERE sno = '10172001';
```

结果如下:

```
SUM(GRADE)
--------
    282
```

3.3.5　分组查询和排序查询

1. 对查询结果分组

在 SELECT 语句中可以使用 GROUP BY 子句将查询结果按照某一列或多列的值分组,值相等的为一组,然后使用聚集函数返回每一个组的汇总信息。而且,还可以使用 HAVING 子句限制返回的结果集。

例题 3.35 查询选课表中每门课程的课程号及这门课程的选修人数。

```
SELECT cno, COUNT(sno)
FROM    sc
GROUP BY cno;
```

结果如下:

```
CNO          COUNT(SNO)
───────   ────────
c2               9
c5               4
c6               2
c4               5
c3               5
c1               7
```

该 SELECT 语句对 sc 表按 cno 的值进行分组,所有相同 cno 值的元组为一组,然后对每一组用聚集函数 COUNT 来计算,统计该组的学生人数。

在分组查询中 HAVING 子句用于分完组后,对每一组进行条件判断,只有满足条件的分组才被选出来,这种条件判断一般与 GROUP BY 子句有关。

例题 3.36 查询选修 5 门及其以上课程的学生学号。

```
SELECT sno
FROM sc
GROUP BY sno
HAVING COUNT(cno)>= 5;
```

结果如下:

```
SNO
─────────
10172003
10172007
10172008
```

使用 GROUP BY 和 HAVING 子句时需要注意以下几点:

(1)带有 GROUP BY 子句的查询语句中,在 SELECT 子句中指定的列要么是 GROUP BY 子句中指定的列,要么包含聚集函数,否则出错。

(2)可以使用多个属性列进行分组。

(3)聚集函数只能够出现在 SELECT、HAVING、ORDER BY 子句中。在 WHERE 子

句中是不能使用聚集函数的。

在一个 SELECT 语句中可以有 WHERE 子句和 HAVING 子句,这两个子句都可以用于限制查询的结果。WHERE 子句与 HAVING 子句的区别如下。

(1) WHERE 子句的作用是在分组之前过滤数据。WHERE 条件中不能包含聚集函数。使用 WHERE 条件选择满足条件的行。

(2) HAVING 子句的作用是在分组之后过滤数据。HAVING 条件中经常包含聚集函数。使用 HAVING 条件选择满足条件的组。使用 HAVING 子句时必须首先使用 GROUP BY 进行分组。

2. 对查询结果进行排序

ORDER BY 子句可指定按照一个或多个属性列的升序(ASC)或者降序(DESC)重新排列查询结果。省略不写的则默认为升序排列。由于是控制输出结果,因此 ORDER BY 子句只能用于最终的查询结果。

例题 3.37 查询选修 c3 课程的学生学号及成绩,查询结果按照成绩的降序排列。

```
SELECT sno, grade
FROM sc
WHERE cno = 'c3'
ORDER BY grade DESC;
```

结果如下:

```
SNO          GRADE
─────────  ────────
10172003          90
10172005          85
10172008          85
10172007          66
10172004          45
```

例题 3.38 查询所有学生的基本信息,查询结果按学生年龄的降序排列,年龄相同时则按学号升序排列。

```
SELECT *
FROM   student
ORDER BY   age DESC, sno ASC;
```

结果如下:

SNO	SNAME	SEX	AGE	DEPT
10172007	陈七	女	23	信息系
10172004	李四	男	22	日语系
10172005	王五	男	22	日语系
10172008	刘八	男	21	信息系
10172010	孙十	女	21	管理系
10172002	姚二	女	20	计算机系
10172003	张三	女	19	计算机系
10172006	赵六	男	19	日语系

10172009	张九	女	18	管理系
10172001	陈一	男	17	计算机系

3.3.6 连接查询

在数据库中通常存在着多个相互关联的表,用户常常需要同时从多个表中找出自己想要的数据,这就涉及多个数据表的查询。

连接查询是指通过两个或两个以上的关系表或视图的连接操作来实现的查询。连接查询是关系数据库中最主要的查询,包括等值连接、非等值连接、自然连接、自身连接、外连接和复合条件连接等。

连接查询中用来连接两个表的条件称为连接条件或连接谓词,其格式为:

[<表名 1>.]<列名 1> <比较运算符> [<表名 2>.]<列名 2>

其中比较运算符主要有:=、>、<、>=、<=、!=。

此外连接谓词还可以使用下面形式:

[<表名 1>.]<列名 1> BETWEEN [<表名 2>.]<列名 2> AND [<表名 2>.]<列名 3>

连接条件中的列名称为连接字段。连接条件中的各连接字段类型必须是可比的,但名字不必相同。

1. 等值连接

当连接运算符为"="时,称为等值连接。使用其他运算符时,称为非等值连接。

例题 3.39 查询每个同学基本信息及其选修课程的情况。

```
SELECT student. * , sc. *
FROM student, sc
WHERE student. sno = sc. sno;
```

结果如下:

SNO	SNAME	SEX	AGE	DEPT	SNO	CNO	GRADE
10172001	陈一	男	17	计算机系	10172001	c1	94
10172001	陈一	男	17	计算机系	10172001	c2	96
10172001	陈一	男	17	计算计系	10172001	c4	92
10172002	姚二	女	20	计算机系	10172002	c1	50
10172002	姚二	女	20	计算机系	10172002	c2	88
10172002	姚二	女	20	计算机系	10172002	c4	76
10172002	姚二	女	20	计算机系	10172002	c5	55
10172003	张三	女	19	计算机系	10172003	c1	65
10172003	张三	女	19	计算机系	10172003	c2	72
10172003	张三	女	19	计算机系	10172003	c3	90
10172003	张三	女	19	计算机系	10172003	c4	85
10172003	张三	女	19	计算机系	10172003	c5	93
10172003	张三	女	19	计算机系	10172003	c6	86
10172004	李四	男	22	日语系	10172004	c2	50

10172004	李四	男	22	日语系	10172004	c3	45
10172005	王五	男	22	日语系	10172005	c2	88
10172005	王五	男	22	日语系	10172005	c3	85
10172007	陈七	女	23	信息系	10172007	c1	80
10172007	陈七	女	23	信息系	10172007	c2	73
10172007	陈七	女	23	信息系	10172007	c3	66
10172007	陈七	女	23	信息系	10172007	c4	
10172007	陈七	女	23	信息系	10172007	c5	
10172008	刘八	男	21	信息系	10172008	c1	82
10172008	刘八	男	21	信息系	10172008	c2	77
10172008	刘八	男	21	信息系	10172008	c3	85
10172008	刘八	男	21	信息系	10172008	c4	87
10172008	刘八	男	21	信息系	10172008	c5	82
10172008	刘八	男	21	信息系	10172008	c6	94
10172009	张九	女	18	管理系	10172009	c1	86
10172009	张九	女	18	管理系	10172009	c2	
10172010	孙十	女	21	管理系	10172010	c1	73
10172010	孙十	女	21	管理系	10172010	c2	

说明:

(1) student. sno = sc. sno 是两个关系表的连接条件,student 表和 sc 表中的记录只有满足这个条件才能连接。

(2) 在 student 表和 sc 表中存在相同的属性名 sno,因此存在属性的二义性问题。SQL 通过在属性前面加上关系名及一个小圆点来解决这个问题,表示该属性来自这个关系。

2. 自然连接

如果是按照两个表中的相同属性进行等值连接,并且在结果中去掉了重复的属性列,称为自然连接。

例题 3.40 用自然连接来完成查询每个同学基本信息及其选修课程的情况。

```
SELECT   student. sno,sname,sex,age,dept,cno,grade
FROM   student,sc
WHERE   student. sno = sc. sno;
```

结果如下:

SNO	SNAME	SEX	AGE	DEPT	CNO	GRADE
10172001	陈一	男	17	计算机系	c1	94
10172001	陈一	男	17	计算机系	c2	96
10172001	陈一	男	17	计算机系	c4	92
10172002	姚二	女	20	计算机系	c1	50
10172002	姚二	女	20	计算机系	c2	88
10172002	姚二	女	20	计算机系	c4	76
10172002	姚二	女	20	计算机系	c5	55
10172003	张三	女	19	计算机系	c1	65
10172003	张三	女	19	计算机系	c2	72
10172003	张三	女	19	计算机系	c3	90
10172003	张三	女	19	计算机系	c4	85
10172003	张三	女	19	计算机系	c5	93

10172003	张三	女	19	计算机系	c6	86
10172004	李四	男	22	日语系	c2	50
10172004	李四	男	22	日语系	c3	45
10172005	王五	男	22	日语系	c2	88
10172005	王五	男	22	日语系	c3	85
10172007	陈七	女	23	信息系	c1	80
10172007	陈七	女	23	信息系	c2	73
10172007	陈七	女	23	信息系	c3	66
10172007	陈七	女	23	信息系	c4	
10172007	陈七	女	23	信息系	c5	
10172008	刘八	男	21	信息系	c1	82
10172008	刘八	男	21	信息系	c2	77
10172008	刘八	男	21	信息系	c3	85
10172008	刘八	男	21	信息系	c4	87
10172008	刘八	男	21	信息系	c5	82
10172008	刘八	男	21	信息系	c6	94
10172009	张九	女	18	管理系	c1	86
10172009	张九	女	18	管理系	c2	
10172010	孙十	女	21	管理系	c1	73
10172010	孙十	女	21	管理系	c2	

3. 复合条件连接

上面例题中，在 WHERE 子句里除了连接条件外，还可以有多个限制条件。连接条件用于多个表之间的连接，限制条件用于限制所选取的记录要满足什么条件，这种连接称为复合条件连接。

例题 3.41 查询选修课程号为 c1，并且成绩不及格的学生学号、姓名和系别名称。

```
SELECT student. sno, sname, dept
FROM student, sc
WHERE student. sno = sc. sno          /* 连接条件 */
      AND cno = 'c1'                  /* 限制条件 */
      AND grade < 60;                 /* 限制条件 */
```

结果如下：

```
SNO         SNAME       DEPT
-------     --------    ----------
10172002    姚二         计算机系
```

连接操作除了可以用于两个表的连接外，还可以用于两个以上表的连接，称为多表连接。

例题 3.42 查询计算机系选修 maths 课程的学生姓名、授课教师名以及这门课程的成绩。

```
SELECT sname, tname, grade
FROM student, course, sc
WHERE student. sno = sc. sno          /* 连接条件 */
      AND course. cno = sc. cno       /* 连接条件 */
      AND dept = '计算机系'           /* 限制条件 */
      AND cname = 'maths';            /* 限制条件 */
```

结果如下:

```
SNAME      TNAME      GRADE
------     --------   ------
陈一        曹老师      94
姚二        曹老师      50
张三        曹老师      65
```

如果是多个表之间的连接,那么 WHERE 子句中就有多个连接条件。n 个表之间的连接至少有 $n-1$ 个连接条件。

4. 自身连接

连接操作不仅可以在两个表之间进行,也可以是一个表与其自身进行连接,称为表的自身连接。自身连接要求必须为表取别名,从而将它们当作两个不同的表来处理。

例题 3.43　在 sc 表中查询至少选修了课程号为 c3 和 c4 的学生学号。

在 sc 表中,每一条记录只显示一个学生选修一门课程的情况,在这里,一条记录不能同时显示选修两门课程的情况,因此就要将 sc 表与其自身连接。为 sc 表取两个别名:一个为 x,另一个为 y。完成查询的语句为:

```
SELECT x. sno
FROM sc x, sc y
WHERE x. sno = y. sno                /* 连接条件 */
      AND x. cno = 'c3'              /* 限制条件 */
      AND y. cno = 'c4';            /* 限制条件 */
```

结果如下:

```
SNO
-------
10172003
10172007
10172008
```

该例题中,连接条件用来实现每一条记录是同一个学生的选课信息,限制条件用来实现选修的课程至少有 c3 和 c4。

5. 外连接

在通常的连接操作中,只有满足连接条件的元组才能作为结果输出。如例题 3.39 和例题 3.40 的结果中没有 10172006 赵六学生的信息,原因在于他没有选课,在 sc 表中没有相应的元组。如果想以 student 表为主体列出每个学生的基本情况及其选课情况,若某个学生没有选课,只输出学生的基本信息,其选课信息可以为空值,此时就需要使用外连接了。

外连接的表示方法为,在连接条件的某一边加上操作符(+)(有的数据库系统中用 *)。(+)号放在连接条件中信息不完整的那一边。外连接运算符(+)出现在连接条件的右边,则称为左外连接;若出现在连接条件的左边,则称为右外连接。

例题 3.44　以 student 表为主体列出每个学生的基本情况及其选课情况,若某个学生没有选课,则只输出学生的基本信息,其选课信息为空值。

```
SELECT student. sno, sname, sex, age, dept, cno, grade
```

```
FROM student,sc
WHERE student.sno = sc.sno( + );
```

结果如下：

SNO	SNAME	SEX	AGE	DEPT	CNO	GRADE
10172001	陈一	男	17	计算机系	c1	94
10172001	陈一	男	17	计算机系	c2	96
10172001	陈一	男	17	计算机系	c4	92
10172002	姚二	女	20	计算机系	c1	50
10172002	姚二	女	20	计算机系	c2	88
10172002	姚二	女	20	计算机系	c4	76
10172002	姚二	女	20	计算机系	c5	55
10172003	张三	女	19	计算机系	c1	65
10172003	张三	女	19	计算机系	c2	72
10172003	张三	女	19	计算机系	c3	90
10172003	张三	女	19	计算机系	c4	85
10172003	张三	女	19	计算机系	c5	93
10172003	张三	女	19	计算机系	c6	86
10172004	李四	男	22	日语系	c2	50
10172004	李四	男	22	日语系	c3	45
10172005	王五	男	22	日语系	c2	88
10172005	王五	男	22	日语系	c3	85
10172007	陈七	女	23	信息系	c1	80
10172007	陈七	女	23	信息系	c2	73
10172007	陈七	女	23	信息系	c3	66
10172007	陈七	女	23	信息系	c4	
10172007	陈七	女	23	信息系	c5	
10172008	刘八	男	21	信息系	c1	82
10172008	刘八	男	21	信息系	c2	77
10172008	刘八	男	21	信息系	c3	85
10172008	刘八	男	21	信息系	c4	87
10172008	刘八	男	21	信息系	c5	82
10172008	刘八	男	21	信息系	c6	94
10172009	张九	女	18	管理系	c1	86
10172009	张九	女	18	管理系	c2	
10172010	孙十	女	21	管理系	c1	73
10172010	孙十	女	21	管理系	c2	
10172006	赵六	男	19	日语系		

3.3.7　嵌套查询

在 SQL 中，一个 SELECT-FROM-WHERE 语句称为一个查询块。将一个查询块嵌套在另一个查询块的 WHERE 子句或 HAVING 子句的条件中的查询称为嵌套查询，这也是涉及多表的查询，其中外层查询称为父查询，内层查询称为子查询。

子查询中还可以嵌套其他子查询，即允许多层嵌套查询，其执行过程是由内向外的，每一个子查询是在上一级查询处理之前完成的。这样上一级的查询就可以利用已完成的子查询的结果,将一系列简单的查询组合成复杂的查询,从而一些原来无法实现的查询也因为有了多层嵌套的子查询便迎刃而解了。

使用子查询的原则如下。

(1) 子查询必须用括号括起来。

(2) 子查询不能包含 ORDER BY 子句。

(3) 子查询可以在许多 SQL 语句中使用,如 SELECT、INSERT、UPDATE、DELETE 语句。

1. 不相关子查询

查询条件不依赖于父查询的子查询称为不相关子查询,它的执行过程为:先执行子查询,将子查询的结果作为外层父查询的条件,然后执行父查询。

不相关子查询的特点:①先执行子查询,后执行父查询;②子查询能够独立执行,不依赖于外层父查询;③子查询只执行一次。

1) 带有 IN 谓词的子查询

当子查询的结果是一个集合时,经常使用带 IN 谓词的子查询。

例题 3.45 查询选修课程号为 c4 的学生姓名。

方法一:采用前面学习的多表连接查询来完成。

```
SELECT sname
FROM student,sc
WHERE student.sno = sc.sno AND cno = 'c4';
```

结果如下:

```
SNAME
-------
陈一
姚二
张三
陈七
刘八
```

方法二:采用子查询来完成。

```
SELECT sname
FROM    student
WHERE   sno IN
          ( SELECT sno
            FROM   sc
            WHERE cno = 'c4');
```

结果如下:

```
SNAME
-------
陈一
姚二
张三
```

陈七

刘八

查询选修 c4 课程的学生学号是一个子查询,查询学生的姓名是父查询。由于可能有多个同学都选修了 c4 课程,所以子查询是一个集合,采用 IN 谓词。

上述查询的执行过程是:先执行子查询,得到选修 c4 课程的学生学号的集合;然后将该集合作为外层父查询的条件,执行父查询,从而得到集合中学号对应的学生姓名。

例题 3.46 查询既没有选修课程号 c3,也没有选修课程号 c4 的学生学号。

```
SELECT sno
FROM student
WHERE sno NOT IN
              (SELECT sno
               FROM sc
               WHERE cno = 'c3')
     AND sno NOT IN
              (SELECT sno
               FROM sc
               WHERE cno = 'c4');
```

结果如下:

```
SNO
-------
10172006
10172009
10172010
```

例题 3.47 查询选修了课程名为 database 的学生学号和姓名。

```
SELECT sno,sname
FROM student
WHERE sno IN
          (SELECT sno
           FROM sc
           WHERE cno IN
                      (SELECT cno
                       FROM course
                       WHERE cname = 'database'));
```

结果如下:

```
SNO        SNAME
--------   -----
10172003   张三
10172002   姚二
10172008   刘八
10172001   陈一
10102007   陈七
```

该例题也可以采用多表连接方法来实现,如下所示:

```
SELECT student. sno, sname
FROM    student, sc, course
WHERE   student. sno = sc. sno AND course. cno = sc. cno
        AND cname = 'database';
```

结果如下:

```
SNO         SNAME
———————     ——————
10172001    陈一
10172002    姚二
10172003    张三
10172007    陈七
10172008    刘八
```

2) 带有比较运算符的子查询

带有比较运算符的子查询是指父查询与子查询之间用比较运算符进行连接。只有当内层查询返回的是单值时,才可以用>、<、=、>=、<=、!=或<>等比较运算符。

例题 3.48 查询与学号 10172007 学生在同一系别的学生学号、姓名和系别名称。

```
SELECT sno, sname, dept
FROM student
WHERE dept = ( SELECT dept
               FROM student
               WHERE sno = '10172007');
```

结果如下:

```
SNO         SNAME    DEPT
———————     ——————   ———————
10172007    陈七     信息系
10172008    刘八     信息系
```

也可以用前面学习的 IN 谓词来实现,如下所示:

```
SELECT sno, sname, dept
FROM student
WHERE dept IN ( SELECT dept
                FROM student
                WHERE sno = '10172007');
```

结果如下:

```
SNO         SNAME    DEPT
———————     ——————   ———————
10172007    陈七     信息系
10172008    刘八     信息系
```

注意:当子查询的结果是单个值时,谓词 IN 和"="的作用是等价的。当子查询的结果是多个值时,只能用谓词 IN,而不能用"="了。

3) 带有 ANY 谓词或 ALL 谓词的子查询

使用 ANY 或 ALL 谓词前必须同时使用比较运算符,含义如表 3.10 所示。

表 3.10　ANY 和 ALL 谓词的使用含义

ANY 或 ALL 谓词前的比较运算符	含　义
> ANY	大于子查询结果集中的某个值
> ALL	大于子查询结果集中的所有值
< ANY	小于子查询结果集中的某个值
< ALL	小于子查询结果集中的所有值
>= ANY	大于或等于子查询结果集中的某个值
>= ALL	大于或等于子查询结果集中的所有值
<= ANY	小于或等于子查询结果集中的某个值
<= ALL	小于或等于子查询结果集中的所有值
= ANY	等于子查询结果集中的某个值
= ALL	等于子查询结果集中的所有值(无意义)
<> ANY	不等于子查询结果集中的某个值(无意义)
<> ALL	不等于子查询结果集中的任何一个值

注意：<> ALL 等价于 NOT IN；=ANY 等价于 IN；=ALL、<> ANY 没有意义。

例题 3.49　查询选修课程号为 c4 的学生姓名(与例题 3.45 相同,IN 与=ANY 等价)。

```
SELECT sname
FROM    student
WHERE sno = ANY
             (SELECT sno
              FROM   sc
              WHERE cno = 'c4');
```

结果如下：

```
SNAME
－－－－－－－
陈一
姚二
张三
陈七
刘八
```

若该例题换成查询没有选修课程号为 c4 的学生姓名,则只需将=ANY 换成<> ALL。因为<> ALL 与 NOT IN 等价。

例题 3.50　查询比所有男同学年龄都大的女同学的学号、姓名和年龄。

```
SELECT sno, sname, age
FROM student
WHERE sex = '女' AND age > ALL(SELECT age
                              FROM student
                              WHERE sex = '男');
```

结果如下：

```
SNO         SNAME         AGE
－－－－－－－  －－－－－－－－－－  －－－－－－－－－－－
10172007    陈七          23
```

使用聚集函数实现子查询通常比直接用 ANY 或 ALL 谓词查询效率高,ANY 或 ALL 谓词与聚集函数的对应关系如表3.11所示。

表 3.11　ANY 或 ALL 谓词与聚集函数的对应关系

比较运算符	ANY	ALL
=	IN	无意义
< >	无意义	NOT IN
<	< MAX	< MIN
<=	<= MAX	<= MIN
>	> MIN	> MAX
>=	>= MIN	>= MAX

例题 3.51　查询其他系中比日语系某一学生年龄大的学生姓名和年龄。

方法一:

```
SELECT sname,age
FROM    student
WHERE   dept <>'日语系'
        AND age > ANY ( SELECT age
                        FROM student
                        WHERE dept = '日语系');
```

结果如下:

```
SNAME       AGE
-------   -------
陈七         23
孙十         21
刘八         21
姚二         20
```

方法二:

```
SELECT sname,age
FROM student
WHERE dept <>'日语系'
      AND age > (SELECT MIN(age)
                 FROM student
                 WHERE dept = '日语系');
```

结果如下:

```
SNAME       AGE
-------   -------
姚二         20
陈七         23
刘八         21
孙十         21
```

例题 3.52 查询其他系中比日语系所有学生年龄都大的学生姓名和年龄。

方法一：

```
SELECT sname,age
FROM    student
WHERE   age > ALL ( SELECT age
                    FROM student
                    WHERE dept = '日语系');
```

结果如下：

```
SNAME           AGE
───────    ───────
陈七            23
```

方法二：

```
SELECT sname,age
FROM student
WHERE age > (SELECT MAX(age)
              FROM student
              WHERE dept = '日语系');
```

结果如下：

```
SNAME           AGE
───────    ───────
陈七            23
```

2．相关子查询

前面介绍的子查询都是不相关子查询，不相关子查询比较简单，在整个过程中子查询只执行一次，并且把结果用于父查询，即子查询不依赖于外层父查询。而更复杂的情况是子查询要多次执行，子查询的查询条件依赖于外层父查询的某个属性值，这类查询称为相关子查询。

相关子查询的特点有：①先执行父查询，后执行子查询；②子查询不能独立运行，子查询的条件依赖外层父查询中取的值；③子查询多次运行。

1）带有比较运算符的相关子查询

例题 3.53 查询所有课程成绩均及格的学生学号和姓名。

```
SELECT sno,sname
FROM    student
WHERE   60 < = (SELECT MIN(grade)
                FROM sc
                WHERE student.sno = sc.sno);
```

结果如下：

```
SNO             SNAME
────────    ─────
10172001      陈一
```

10172003	张三
10172005	王五
10172007	陈七
10172008	刘八
10172009	张九
10172010	孙十

2) 有 EXISTS 谓词的相关子查询

在相关子查询中经常使用 EXISTS 谓词。带有 EXISTS 谓词的子查询不返回任何数据,只产生逻辑真值 true 或逻辑假值 false。

若内层查询结果非空,则外层的 WHERE 子句返回真值。

若内层查询结果为空,则外层的 WHERE 子句返回假值。

由 EXISTS 引出的子查询,其目标列表达式通常都用"＊",因为带 EXISTS 的子查询只返回真值或假值,给出列名无实际意义。

例题 3.54 查询选修课程号为 c4 的学生姓名(与例题 3.45、例题 3.49 相同)。

```
SELECT sname
FROM    student
WHERE EXISTS
        (SELECT    *
         FROM   sc
         WHERE student.sno = sc.sno AND cno = 'c4');
```

结果如下:

```
SNAME
-------
陈一
姚二
张三
陈七
刘八
```

执行过程是:首先取外层查询中 student 表的第一行元组,根据它与内层查询相关属性值(sno)来处理内层查询,若内层查询结果非空,则 EXISTS 为真,就把 student 表的第一行元组中 sname 值取出放入查询结果的结果集中;然后取 student 表的第二行、第三行、……第 n 行重复上述过程,直到 student 表中所有行全部被检索完为止。

与 EXISTS 谓词相对应的是 NOT EXISTS 谓词。

若内层查询结果非空,则外层的 WHERE 子句返回假值。

若内层查询结果为空,则外层的 WHERE 子句返回真值。

例题 3.55 查询没有选修课程号为 c4 的学生姓名。

```
SELECT sname
FROM    student
WHERE NOT EXISTS
        (SELECT    *
         FROM   sc
         WHERE student.sno = sc.sno AND cno = 'c4');
```

结果如下：

```
SNAME
-------
李四
王五
赵六
张九
孙十
```

例题 3.56 查询没有选课的学生学号和姓名。

```
SELECT sno,sname
FROM    student
WHERE NOT EXISTS
      ( SELECT  *
        FROM sc
        WHERE student.sno = sc.sno);
```

结果如下：

```
SNO        SNAME
--------  -----
10172006    赵六
```

例题 3.57 查询所有课程成绩均大于 80 分的学生学号和姓名。

```
SELECT sno,sname
FROM     student
WHERE    sno IN
      (SELECT sno
       FROM sc
       WHERE   NOT EXISTS
            (SELECT    *
             FROM    sc
             WHERE student.sno = sc.sno AND grade < = 80));
```

结果如下：

```
SNO        SNAME
--------  -----
10172001    陈一
10172005    王五
10172009    张九
```

为了防止没有选课的学生 10172006 赵六出现在结果集里，所以上例中用到了两层嵌套查询。

3.3.8 集合查询

若把多个 SELECT 语句的结果合并为一个结果集，可用集合操作来完成。集合操作主要包括并操作(UNION)、交操作(INTERSECT)和差操作(MINUS)。参加集合操作的各个结果表的列数必须相同,对应项的数据类型也必须相同。各个结果表中的列名可以不同。

1. 并操作

SQL 使用 UNION 语句把查询的结果合并起来,并且去掉重复的元组。

例题 3.58　查询计算机系和信息系的学生姓名的并集。

```
SELECT sname
FROM student
WHERE dept = '计算机系'
UNION
SELECT sname
FROM student
WHERE dept = '信息系';
```

结果如下:

```
SNAME
-------
陈七
陈一
刘八
姚二
张三
```

上述集合查询语句的结果等价于:

```
SELECT sname
FROM student
WHERE dept = '计算机系' OR dept = '信息系';
```

2. 交操作

SQL 使用 INTERSECT 语句把同时出现在两个查询的结果取出,实现交操作,并且也会去掉重复的元组。

例题 3.59　查询管理系的学生和年龄大于 20 岁的学生的交集。

```
SELECT *
FROM student
WHERE dept = '管理系'
INTERSECT
SELECT *
FROM student
WHERE age > 20;
```

结果如下:

```
SNO        SNAME    SEX    AGE    DEPT
-------    -------  -----  -----  -------
10172010   孙十      女      21     管理系
```

上述集合查询语句的结果等价于:

```
SELECT *
FROM student
WHERE dept = '管理系' AND age > 20;
```

3. 差操作

SQL 使用 MINUS 语句把出现在第一个查询结果中,但不出现在第二个查询结果中的元组取出,实现差操作。

例题 3.60 查询管理系的学生和年龄大于 20 岁的学生的差集。

```
SELECT *
FROM student
WHERE dept = '管理系'
MINUS
SELECT *
FROM student
WHERE age > 20;
```

结果如下:

```
SNO         SNAME    SEX     AGE     DEPT
-------     -------  -----   -----   -------
10172009    张九     女      18      管理系
```

上述集合查询语句的结果等价于:

```
SELECT *
FROM student
WHERE dept = '管理系' AND age < = 20;
```

3.4 数据操纵

视频

3.4.1 插入数据

当基本表建立以后,就可以使用 INSERT 语句向表中插入数据了。INSERT 语句有两种插入形式:插入单个元组和插入多个元组(插入子查询结果)。

1. 插入单个元组

向基本表中插入数据的语法格式如下:

```
INSERT INTO <基本表名> [(<列名 1>,<列名 2>,…,<列名 n>)]
VALUES(<列值 1>,<列值 2>,…,<列值 n>)
```

其中,<基本表名>指定要插入元组的表的名字;<列名 1>,<列名 2>,……,<列名 n>为要添加列值的列名序列;VALUES 后则一一对应要添加列的输入值。

注意:

(1)向表中插入数据之前,表的结构必须已经创建。

(2)插入的数据及列名之间用逗号分开。

（3）在 INSERT 语句中列名是可以选择指定的,如果没有指定列名,则表示这些列按表中或视图中列的顺序和个数插入数据。

（4）插入值的数据类型、个数、前后顺序必须与表中属性列的数据类型、个数、前后顺序匹配。

例题 3.61　向学生表中插入一个新的学生记录。

方法一：省略所有列名。

```
INSERT INTO student
VALUES ('10172011','小明','男',20,'计算机系');
```

方法二：指出所有列名。

```
INSERT INTO student(sno,sname,sex,age,dept)
VALUES ('10172011','小明','男',20,'计算机系');
```

两种方法的作用是相同的。

例题 3.62　向学生表中指定的属性列插入数据。

```
INSERT INTO student(sno,sname,sex)
VALUES ('10172012','小强','女');
```

其中,没有插入数据的属性列的值均为空值。

注意：在向表中插入数据时,所插入的数据应满足定义表时的约束条件。例如,如果再次向 student 表中插入学号为 10172012 的学生记录时,系统就会给出错误提示信息：违反了主码约束。如果再插入另一个：10172013 的学生记录,但不知道此同学的性别,插入的性别属性列的值为空值,此时系统也会给出错误提示信息：违反了定义表时对于"性别"字段的非空约束。

2. 插入多个元组

向基本表中插入数据的语法格式如下：

```
INSERT INTO <基本表名> [(<列名 1>,<列名 2>,…,<列名 n>)] 子查询;
```

如果列名序列省略则子查询所得到的数据列必须和要插入数据的基本表的数据列完全一致；如果列名序列给出则子查询结果与列名序列要一一对应。

例题 3.63　如果已经创建了课程平均成绩记录表 course_avg(cno,ave),其中 ave 表示每门课程的平均成绩,向 course_avg 表中插入每门课程的课程号及其平均成绩。

```
INSERT INTO course_avg(cno,ave)
SELECT cno,AVG(grade)
FROM sc
GROUP BY cno;
```

3.4.2　修改数据

如果表中的数据出现错误,可以利用 UPDATE 命令进行修改。UPDATE 语句用以修改满足指定条件的元组信息。满足指定条件的元组可以是一个元组,也可以是多个元组。

UPDATE 语句一般语法格式为：

```
UPDATE <基本表名>
SET <列名 1> = <表达式> [,<列名 2> = <表达式>]…
[WHERE <条件>];
```

其中：UPDATE 关键字用于定位修改哪一张表；SET 关键字用于定位修改这张表中的哪些属性列；WHERE <条件>用于定位修改这些属性列当中的哪些行。

UPDATE 语句只能修改一个基本表中满足 WHERE <条件>的元组的某些列值，即其后只能有一个基本表名。这里，WHERE <条件>是可选的，如果省略不选，则表示要修改表中所有的元组。

1. 修改某一个元组的值

例题 3.64 将 maths 课程的学分改为 4 学分。

```
UPDATE course
SET credit = 4
WHERE cname = 'maths';
```

2. 修改多个元组的值

例题 3.65 将所有男同学的年龄增加 2 岁。

```
UPDATE student
SET age = age + 2
WHERE sex = '男';
```

例题 3.66 将所有课程的学分减 1。

```
UPDATE course
SET credit = credit - 1;
```

3. 带子查询的修改

在 UPDATE 语句中可以嵌套子查询，用于构造修改的条件。

例题 3.67 将所有选修 maths 课程的学生成绩改为 0 分。

```
UPDATE sc
SET grade = 0
WHERE 'maths' = (SELECT cname
                FROM course
                WHERE course.cno = sc.cno);
```

注意：在修改表中的数据时，修改后的数据应满足定义表时设定的约束条件，否则系统就会给出错误提示信息。例如，如果将某个学生的年龄修改为 14 岁，就违反了表定义时对于"年龄"字段的检查约束。

3.4.3 删除数据

如果不再需要学生选课系统中的某些数据，此时应该删除这些数据，以释放其所占用的存储空间。

DELETE 语句的一般语法格式为：

```
DELETE FROM <表名> [WHERE <条件>];
```

DELETE 语句的功能是从指定表中删除满足 WHERE <条件>的所有元组。DELETE语句只删除表中的数据,而不能删除表的结构,所以表的定义仍然在数据字典中。如果省略WHERE <条件>,表示删除表中全部的元组信息。

1. 删除某一个元组的值

例题 3.68　删除学号为 10172011 的学生记录。

```
DELETE   FROM   student
WHERE sno = '10172011';
```

2. 删除多个元组的值

例题 3.69　删除学号为 10172005 学生的选课记录。

```
DELETE FROM sc
WHERE sno = '10172005';
```

每一个学生可能选修多门课程,所以 DELETE 语句会删除这个学生的多条选课记录。

例题 3.70　删除所有学生的选课记录。

```
DELETE FROM sc;
```

3. 带子查询的删除

在 DELETE 语句中同样可以嵌套子查询,用于构造删除的条件。

例题 3.71　删除王五同学的选课记录。

```
DELETE FROM sc
WHERE '王五' = ( SELECT sname
                FROM   student
                WHERE student.sno = sc.sno);
```

注意：在删除表中的数据时,应满足定义表时设定的约束条件,否则系统会给出错误提示信息。例如,如果想删除学生表(student)中的某一个学生记录,但这个学生在选课表(sc)中存在选课记录,此时删除学生记录的操作就会出错,因为外码关联的表中数据删除顺序是先删除从表中的数据,再删除主表中的数据。所以,正确的做法是先从选课表中将这个学生的选课记录删除,再从学生表中删除这个学生的记录。

3.5　视图

视频

视图是从一个或几个基本表(或视图)导出的表,它与基本表不同,是一个虚表。视图一经定义,就可以和基本表一样被查询、删除,也可以在一个视图之上再定义新的视图,但对视图的更新(增加、删除、修改)操作则有一定的限制。

视图的特点如下：

（1）视图是从现有的一个或多个表中提取出来的，可以屏蔽表中的某些信息。

（2）视图是一个虚表，对视图的操作实际上是对基本表的操作。

（3）数据库中只存放视图的定义，不存放视图对应的数据。这些数据仍存放在原来的基本表中，所以基本表中的数据发生变化，从视图中查询的数据也就随之改变了。

（4）视图可以简化用户查询操作，隐蔽表之间的连接。

3.5.1 定义视图

建立视图的一般语法格式如下：

```
CREATE VIEW <视图名>[(<列名>[,<列名>]…)]AS (子查询)
[WITH CHECK OPTION]
[WITH READ ONLY];
```

说明：

（1）视图中的列名序列要么全部指定，要么全部省略。当列名序列省略时，直接使用子查询 SELECT 子句里的各列名作为视图列名。

下列几种情况不能省略列名序列：

① 多表连接时选出了几个同名列作为视图的字段；

② 视图列名中有常数、聚集函数或列表达式；

③ 需要用更合适的新列名做视图列的列名。

（2）WITH CHECK OPTION 是可选项，该选项表示对所建视图进行 INSERT、UPDATE 和 DELETE 操作时，系统需检查该操作的数据是否满足子查询中 WHERE 子句里限定的条件，若不满足，则系统拒绝执行。

（3）WITH READ ONLY 是可选项，该选项保证在视图上不能进行任何 DML 操作。

例题 3.72 建立计算机系学生的视图，包括学号、姓名、性别和年龄。并要求进行插入和修改操作时仍要保证此视图中只有计算机系的学生。

```
CREATE VIEW cs_student
AS
SELECT sno,sname,sex,age
FROM student
WHERE dept = '计算机系'
WITH CHECK OPTION;
```

本例中，视图列名及顺序与 SELECT 子句中一样，所以视图名 cs_student 后的列名被省略。对所建视图进行插入、修改和删除操作时，系统自动检查该操作的数据是否满足计算机系学生的条件，若不满足，则系统拒绝执行。

例题 3.73 建立计算机系学生的只读视图，包括学号、姓名、性别和年龄。

```
CREATE VIEW cs_student_only
AS
SELECT sno,sname,sex,age
FROM student
```

```
WHERE dept = '计算机系'
WITH READ ONLY;
```

本例中,视图 cs_student_only 一旦建立,就不允许在视图上进行任何 DML 操作。

例题 3.74　建立计算机系选修 maths 课程的学生视图,包括学号、姓名和成绩。

```
CREATE VIEW cs_student_maths
AS
SELECT student.sno,sname,grade
FROM   student,course,sc
WHERE  student.sno = sc.sno AND course.cno = sc.cno
       AND dept = '计算机系' AND cname = 'maths';
```

本例中,视图 cs_student_maths 是从多张基本表中提取出来的,所以,不能对视图 cs_student_maths 进行插入、修改和删除操作。

视图不仅可以建立在一个或多个基本表上,也可以建立在一个或多个已经定义好的视图上,或建立在基本表与视图上。

例题 3.75　建立计算机系年龄大于 18 岁的学生视图,包括学号和姓名。

```
CREATE VIEW cs_student_age
AS
SELECT sno,sname
FROM cs_student
WHERE age > 18;
```

本例中,视图 cs_student_age 是从已经创建的视图 cs_student 中提取出来的。有时,还可以用带有聚集函数和 GROUP BY 子句的查询来定义视图。

例题 3.76　建立一个记录每个系别学生人数的视图,包括系别名称和学生人数。

```
CREATE VIEW dept_count(dept,num)
AS
SELECT dept,COUNT(sno)
FROM student
GROUP BY dept;
```

本例中,由于 AS 子句中 SELECT 语句的目标列学生人数是通过使用聚集函数得到的,所以 CREATE VIEW 中必须明确定义组成 dept_count 视图的各个属性列名,必须使用列别名来命名表达式 COUNT(sno)。

3.5.2　查询视图

视图是从一个或多个表中导出的虚表,具有表的基本特性。从用户角度来说,基于视图的数据查询与基于基本表的数据查询一样使用 SELECT 语句,查询视图的方法与查询基本表的方法一致,所以 DBMS 执行对视图的查询实际上是根据视图的定义转换成等价的对基本表的查询。

例题 3.77　在计算机系学生的视图中查找男同学的信息。

```
SELECT *
```

```
FROM cs_student
WHERE sex = '男';
```

DBMS 对某 SELECT 语句进行处理时,若发现被查询对象是视图,则 DBMS 将进行如下操作:

(1) 从数据字典中取出视图的定义;

(2) 把视图定义的子查询和本 SELECT 语句定义的查询相结合,生成等价的对基本表的查询(此过程称为视图的消解);

(3) 执行对基本表的查询,把查询结果(作为本次对视图的查询结果)向用户显示。

因此,本例转换后的查询语句为:

```
SELECT sno, sname, sex, age
FROM student
WHERE dept = '计算机系' AND sex = '男';
```

通常,对视图的查询是不会出现问题的。但有时视图消解过程不能给出语法正确的查询条件,这可能不是查询语句的语法错误,而是转换后的语法错误。此时,用户需要自己把对视图的查询转化为对基本表的查询。

3.5.3 操纵视图

操纵视图是指通过视图来插入、删除和修改数据。同查询视图一样,由于视图是不实际存储数据的虚表,因此对视图的操纵,最终要转换为对基本表的操纵。

此外,用户通过视图操纵数据不能保证被操纵的数据符合原来视图中定义的 AS <子查询>的条件。因此,在定义视图时,若加上子句 WITH CHECK OPTION,则在对视图操纵时,系统将自动检查先前定义时的条件是否满足。若不满足,则拒绝执行。

1. 向视图中插入数据

例题 3.78　建立信息系学生的视图,包括学号、姓名、性别和系别名称。向信息系学生的视图中插入一个新的学生记录,其中学号为 10172013,姓名为"小文",性别为"女",系别为"信息系"。

视图的建立:

```
CREATE VIEW is_student
AS
SELECT sno, sname, sex, dept
FROM student
WHERE dept = '信息系';
```

视图数据的插入:

```
INSERT INTO is_student
VALUES('10172013', '小文', '女', '信息系');
```

上述语句在执行时,将转换成向学生表(student)中插入数据:

```
INSERT INTO student
```

```
VALUES('10172013','小文','女',NULL,'信息系');
```

2. 在视图中修改数据

例题 3.79 将信息系学生的视图中,学号为 10172013 的学生姓名改为"周文"。

```
UPDATE is_student
SET sname = '周文'
WHERE sno = '10172013';
```

上述语句在执行时,将转换成在学生表(student)中修改数据:

```
UPDATE student
SET   sname = '周文'
WHERE sno = '10172013'AND dept = '信息系';
```

3. 从视图中删除数据

例题 3.80 从信息系学生的视图中,删除学号为 10172013 的学生记录。

```
DELETE FROM is_student
WHERE sno = '10172013';
```

上述语句在执行时,将转换成从学生表(student)中删除数据:

```
DELETE FROM student
WHERE sno = '10172013' AND dept = '信息系'
```

并不是所有的视图操纵都能转换成有意义的对基本表的操纵。为了能够正确地执行视图操纵,各 DBMS 对视图操纵都有若干规定,由于各系统在实现方法上存在差异,这些规定也不尽相同。一般的规定如下:

(1) 通常对于由一个基本表导出的视图,如果是从基本表中去掉除码外的某些列和行,是允许操纵的。

(2) 若视图是由两个以上的基本表导出的,则此视图不允许操纵。

(3) 若视图的列是由聚集函数或计算列构成的,则此视图不允许操纵。

(4) 若视图定义中含有 DISTINCT、GROUP BY 等子句,则此视图不允许操纵。

3.5.4 删除视图

删除视图的一般语法格式如下:

```
DROP VIEW <视图名>;
```

注意:

(1) 删除视图后,视图的定义将从数据字典中删除,但基本表中的数据不受影响。

(2) 删除基本表后,由该基本表导出的所有视图并没有被删除,但均已无法使用。

例题 3.81 删除信息系学生的视图。

```
DROP VIEW is_student;
```

3.5.5 视图的优点

视图作为数据库中的一个重要的概念,有很多的优点,主要包括以下几个方面。

(1) 为用户集中数据,节省用户的查询和处理数据的时间。有时用户所需要的数据分散在多个表中,定义视图可将它们集中在一起,从而方便用户。

(2) 屏蔽数据库的复杂信息。用户不必了解复杂的数据库中表的结构,并且数据库中表的更改也不影响用户对数据库的使用。

(3) 简化用户管理的权限。只需授予用户使用视图的权限,不必指定用户只能使用表的某些特定列,增加了安全性。

(4) 便于数据共享。各用户不必都分别定义和存储自己所需的数据,可直接共享数据库的数据,同样的数据只需存储一次。

(5) 可以重新组织数据,以便输出到其他的应用程序中。

3.6 实验

3.6.1 实验1 SQL＊PLUS常用命令练习

1. 实验目的

(1) 掌握 Oracle 客户端工具 SQL＊PLUS 的交互运用。

(2) 熟悉 SQL＊PLUS 中的常用命令。

2. 实验内容

(1) 以 system 用户身份登录 SQL＊PLUS,登录后显示当前用户。

SHOW USER;

(2) 查看 system 用户下的表。

SELECT table_name FROM user_tables;

(3) 查看员工表 emp 的结构。

DESC emp;

(4) 查看 SQL＊PLUS 里的命令。

HELP INDEX;

(5) 查看 RUN 命令的使用方法及简写形式。

? RUN;

(6) 设置行宽和列宽(设置前与设置后分别运行"SELECT ＊ FROM emp;"看结果变化)。

SET LINESIZE 200;

```
SET PAGESIZE 200;
```

（7）查找缓存区内最近写过的命令。

```
list;
```

（8）执行缓存区里的命令。

```
/ , run ,r;
```

（9）替换命令，将当前行中的 old 替换为 new。

```
CHANGE/old/new;
```

错误语句：

```
SELECT * FOM emp
CHANGE/FOM/FROM;
```

（10）编辑命令，对当前的输入进行编辑（Windows 默认在记事本中编辑）。

```
EDIT;
```

错误语句：

```
SELECT table_name FROM user_table;
```

输入 ED 回车进行编辑：

```
SELECT table_name FROM user_tables;
```

保存修改后，输入/回车即可。

（11）保存最近写过的命令。

```
SAVE c:\part1; (默认保存成.sql)
SAVE c:\part1.txt;
```

（12）读入命令。

```
GET c:\part1.sql;
```

（13）读入并执行。

```
START c:\part1.sql;
```

（14）保存所有的操作。

```
SPOOL c:\part2.sql;(先创建文本,从想保存的位置开始)
SELECT * FROM emp;(写入想保存的命令,包括结果)
SPOOL OFF;(操作结束的位置)
```

3. 考核标准

本实验为选做实验，根据课时进度安排，既可以在课堂上完成，也可作为学生课外作业独立完成。要求学生在自己的计算机上成功安装 Oracle，并且能够熟练使用 SQL * PLUS 常用命令进行练习即为优秀；如果出现错误，根据错误情况灵活给分。

3.6.2 实验2 数据定义语言

1. 实验目的

(1) 掌握基本表的创建方法。

(2) 掌握基本表结构的修改方法。

(3) 掌握基本表删除的方法。

2. 实验内容

(1) 按要求采用不同的约束类型创建科室表和医生表。

① 科室表：dept(deptno,dname,loc),表中属性列依次是科室编号、科室名称、科室所在地点,如表3.12所示。

表 3.12 科室表结构

列 名	数 据 类 型	长度	完整性约束
deptno	CHAR	10	主码
dname	VARCHAR	15	唯一
loc	VARCHAR	20	无

② 医生表：doctor(docno,docname,age,sal,deptno),表中属性列依次是医生编号、医生姓名、年龄、工资、所在科室编号,如表3.13所示。

表 3.13 医生表结构

列 名	数 据 类 型	长度	完整性约束
docno	CHAR	10	主码
docname	VARCHAR	15	非空
age	INT	无	年龄为18~60岁
sal	NUMBER	无	无
deptno	CHAR	10	外码(参照dept表中deptno)

(2) 按要求对表的结构进行修改。

① 对表增加一列。

在医生表中增加一个属性列：birthday(生日),数据类型是DATE。

② 改变列的类型。

将科室表中dname属性列的类型改为VARCHAR2(20)。

③ 增加约束条件。

在医生表中添加一个名为CHK_SAL的约束,从而保证医生工资的取值总是为1000~8000,即sal BETWEEN 1000 AND 8000。

④ 删除原有的列。

删除医生表中的birthday属性列。

（3）按要求删除基本表。

删除医生表(doctor)。

3. 考核标准

本实验为必做实验，要求学生在课堂上独立完成。根据题目要求，按照实验步骤完成相应实验内容。程序语句无语法错误、书写规范、运行结果正确为优秀；如果出现错误，根据错误个数以及难易程度灵活给分。

3.6.3 实验3 数据操纵语言

1. 实验目的

（1）掌握基本表中数据的插入操作。

（2）掌握基本表中数据的修改操作。

（3）掌握基本表中数据的删除操作。

2. 实验内容

（1）创建教师信息基本表。

教师信息表：teacher(tno,tname,sex,sal,tdept)，表中属性列依次是教师编号、教师姓名、性别、工资和系别名称，如表3.14所示。

表 3.14 教师信息表

列　名	数 据 类 型	长度	完整性约束
tno	CHAR	8	主码
tname	VARCHAR2	20	非空
tsex	VARCHAR2	6	无
tsal	NUMBER	无	工资大于1800
tdept	CHAR	20	无

（2）练习向基本表中插入数据、修改数据和删除数据。

① 向教师表中插入如表3.15所示数据。

表 3.15 向教师表中插入的数据

tno	tname	tsex	tsal	tdept
T001	张老师	女	3000	计算机系
T002	王老师	男	2800	计算机系
T003	李老师			信息系
T004	张老师	男	3500	信息系
T005	刘老师	女	2200	管理系

② 将"信息系"更名为"网络工程系"。

③ 将王老师的工资更改为3300。

④ 删除教师表中所有计算机系的教师信息。

⑤ 删除教师表中的全部数据。

3．考核标准

本实验为必做实验,要求学生在课堂上独立完成。根据题目要求,按照实验步骤完成相应实验内容。程序语句无语法错误、书写规范、运行结果正确为优秀;如果出现错误,根据错误个数以及难易程度灵活给分。

3.6.4　实验4　单表查询

1．实验目的

(1) 掌握对单个基本表数据进行查询的方法。

(2) 掌握聚集函数的应用。

2．实验内容

(1) 创建员工信息表。

员工信息表:employees(eno,ename,sex,age,job,sal,dept),表中属性列依次是员工编号、员工姓名、性别、年龄、工作岗位、工资和部门名称,如表3.16所示。

表 3.16　员工信息表

列　　名	数 据 类 型	长　度	完整性约束
eno	CHAR	8	主码
ename	VARCHAR2	10	非空
sex	CHAR	6	取值只允许为男或女
age	INT	无	年龄大于18岁
job	VARCHAR2	20	无
sal	NUMBER	无	无
dept	VARCHAR2	20	无

(2) 向已创建的员工表中插入如表3.17所示的数据。

表 3.17　向员工表中插入的数据

eno	ename	sex	age	job	sal	dept
1001	张三	男	20	销售	1000	市场部
1002	李四	女	26	会计	1600	财务部
1003	王五	女	22	销售	1000	市场部
1004	赵六	男	19			
1005	张七	女	23	测试	1400	技术部
1006	赵八	男	30	研发	2000	技术部

(3) 按要求完成各种单表信息查询,并验证聚集函数的功能。

① 查询所有员工的姓名、性别和工资。

② 查询员工表中所有的部门名称(要求去掉重复的值)。

③ 查询技术部员工的姓名和出生年份。

④ 查询工资超过 1200 元的员工的姓名和年龄。

⑤ 查询年龄不为 20～25 岁的员工的姓名和工资。

⑥ 查询财务部、技术部的员工的姓名和性别。

⑦ 查询所有姓张的员工的姓名、年龄和工作。

⑧ 查询工作岗位为空的员工姓名和年龄。

⑨ 查询市场部里年龄小于 25 岁的男员工的姓名。

⑩ 查询年龄超过 20 岁的员工的姓名和工资,查询结果按照工资的降序排列。

⑪ 查询市场部的员工人数。

⑫ 查询公司中员工的最高工资。

⑬ 查询公司中员工的最低工资。

⑭ 查询技术部门员工的平均年龄。

⑮ 查询市场部中员工的工资总额。

3. 考核标准

本实验为必做实验,要求学生在课堂上独立完成。根据题目要求,按照实验步骤完成相应实验内容。程序语句无语法错误、书写规范、运行结果正确为优秀;如果出现错误,根据错误个数以及难易程度灵活给分。

3.6.5　实验 5　多表连接查询和集合查询

1. 实验目的

(1) 掌握多表连接的查询方法。

(2) 了解连接查询中的左外连接和右外连接。

(3) 熟悉集合查询的应用。

2. 实验内容

样本数据库中,学生表(student)、课程表(course)和选课表(sc)的数据信息分别如表 3.18～表 3.20 所示。

表 3.18　学生表数据

sno	sname	sex	age	dept
10172001	陈一	男	17	计算机系
10172002	姚二	女	20	计算机系
10172003	张三	女	19	计算机系
10172004	李四	男	22	日语系
10172005	王五	男	22	日语系
10172006	赵六	男	19	日语系
10172007	陈七	女	23	信息系
10172008	刘八	男	21	信息系
10172009	张九	女	18	管理系
10172010	孙十	女	21	管理系

表 3.19　选课表数据

cno	cname	tname	cpno	credit
c1	maths	曹老师		3
c2	english	赵老师		5
c3	japanese	刘老师		4
c4	database	杨老师	c1	3
c5	java	陈老师	c1	3
c6	jsp_design	陈老师	c5	2

表 3.20　选课表数据

sno	cno	grade
10172001	c1	94
10172001	c2	96
10172001	c4	92
10172002	c1	50
10172002	c2	88
10172002	c4	76
10172002	c5	55
10172003	c1	65
10172003	c2	72
10172003	c3	90
10172003	c4	85
10172003	c5	93
10172003	c6	86
10172004	c2	50
10172004	c3	45
10172005	c2	88
10172005	c3	85
10172007	c1	80
10172007	c2	73
10172007	c3	66
10172007	c4	
10172007	c5	
10172008	c1	82
10172008	c2	77
10172008	c3	85
10172008	c4	87
10172008	c5	82
10172008	c6	94
10172009	c1	86
10172009	c2	
10172010	c1	73
10172010	c2	

(1) 根据样本数据库中的表和数据,进行多表连接查询操作的练习。

① 查询选修了 c4 课程的学生的姓名及其成绩,查询结果按成绩降序排列。

② 求男同学的总人数和平均年龄。

③ 查询每名学生的学号、选课门数和平均成绩。

④ 查询平均成绩大于 80 分的学生学号以及平均成绩。

⑤ 查询选修了 java 课程的学生学号及成绩。

⑥ 查询计算机系学生的选课情况,要求列出学生的名字、所选课程的名称和成绩。

(2) 根据样本数据库中的表和数据,进行集合查询操作的练习。

① 查询计算机系和日语系学生的基本信息(集合并运算)。

② 查询信息系中选修 c4 课程的学生学号(集合交运算)。

③ 查询管理系的学生与年龄不大于 20 岁的学生的差集(集合差运算)。

3. 考核标准

本实验为必做实验,要求学生在课堂上独立完成。根据题目要求,按照实验步骤完成相应实验内容。程序语句无语法错误、书写规范、运行结果正确为优秀;如果出现错误,根据错误个数以及难易程度灵活给分。

3.6.6　实验 6　嵌套查询

1. 实验目的

(1) 掌握不相关子查询的查询方法。

(2) 掌握相关子查询的查询方法。

(3) 理解不相关子查询与相关子查询的区别。

2. 实验内容

样本数据库中,学生表(student)、课程表(course)和选课表(sc)的数据信息分别如表 3.21～表 3.23 所示。

表 3.21　学生表数据

sno	sname	sex	age	dept
10172001	陈一	男	17	计算机系
10172002	姚二	女	20	计算机系
10172003	张三	女	19	计算机系
10172004	李四	男	22	日语系
10172005	王五	男	22	日语系
10172006	赵六	男	19	日语系
10172007	陈七	女	23	信息系
10172008	刘八	男	21	信息系
10172009	张九	女	18	管理系
10172010	孙十	女	21	管理系

表 3.22 课程表数据

cno	cname	tname	cpno	credit
c1	maths	曹老师		3
c2	english	赵老师		5
c3	japanese	刘老师		4
c4	database	杨老师	c1	3
c5	java	陈老师	c1	3
c6	jsp_design	陈老师	c5	2

表 3.23 选课表数据

sno	cno	grade
10172001	c1	94
10172001	c2	96
10172001	c4	92
10172002	c1	50
10172002	c2	88
10172002	c4	76
10172002	c5	55
10172003	c1	65
10172003	c2	72
10172003	c3	90
10172003	c4	85
10172003	c5	93
10172003	c6	86
10172004	c2	50
10172004	c3	45
10172005	c2	88
10172005	c3	85
10172007	c1	80
10172007	c2	73
10172007	c3	66
10172007	c4	
10172007	c5	
10172008	c1	82
10172008	c2	77
10172008	c3	85
10172008	c4	87
10172008	c5	82
10172008	c6	94
10172009	c1	86
10172009	c2	
10172010	c1	73
10172010	c2	

（1）根据样本数据库中的表和数据，进行不相关子查询的练习。

① 查询与王五同一个系别的学生姓名和年龄。

② 查询选修了 jsp_design 课程的学生学号和姓名。

③ 查询比所有计算机系学生年龄都大的学生的基本情况。

④ 查询平均成绩最高的学生学号。

⑤ 查询李四同学不学课程的课程号。

（2）根据样本数据库中的表和数据，进行相关子查询的练习。

① 在选课信息表中查询选修 japanese 课程的学生学号和成绩。

② 查询没有选修 c2 课程的学生学号和姓名。

③ 查询所有课程成绩均大于 70 分的学生姓名。

3. 考核标准

本实验为必做实验，要求学生在课堂上独立完成。根据题目要求，按照实验步骤完成相应实验内容。程序语句无语法错误、书写规范、运行结果正确为优秀；如果出现错误，根据错误点数以及难易程度灵活给分。

3.6.7　实验 7　视图

1. 实验目的

（1）掌握视图的建立方法。

（2）掌握视图的查询方法。

（3）掌握视图的删除方法。

2. 实验内容

样本数据库中，学生表（student）的数据信息如表 3.24 所示。

表 3.24　学生表数据

sno	sname	sex	age	dept
10172001	陈一	男	17	计算机系
10172002	姚二	女	20	计算机系
10172003	张三	女	19	计算机系
10172004	李四	男	22	日语系
10172005	王五	男	22	日语系
10172006	赵六	男	19	日语系
10172007	陈七	女	23	信息系
10172008	刘八	男	21	信息系
10172009	张九	女	18	管理系
10172010	孙十	女	21	管理系

根据样本数据库中学生表的结构和数据，进行视图操作的练习。

（1）建立"日语系"学生的视图 jp_student，包括学号、姓名和年龄。

（2）查询视图 jp_student 中年龄大于 20 岁的学生姓名。

（3）将视图 jp_student 中学号为 10172004 同学的姓名改为李子。

（4）删除视图 jp_student 中姓名为"赵六"的学生信息。

（5）删除视图 jp_student。

3. 考核标准

本实验为必做实验,要求学生在课堂上独立完成。根据题目要求,按照实验步骤完成相应实验内容。程序语句无语法错误、书写规范、运行结果正确为优秀;如果出现错误,根据错误个数以及难易程度灵活给分。

3.7 本章小结

本章首先介绍了 SQL 的产生、发展和特点。SQL 称为结构化查询语言,在许多关系数据库管理系统中均可使用,其功能并非仅局限于查询,它集数据定义、数据查询、数据操纵、数据控制功能于一体。

其次,介绍了 SQL 的数据定义功能、数据查询功能和数据操纵功能。数据定义功能包括基本表、索引、视图的创建、修改和删除。数据查询功能是最丰富的,也是最复杂的。它是本章要求重点掌握的内容,包括单表查询、连接查询、嵌套查询、集合查询等。查询语句中可以使用聚集函数完成相关计算,也可以使用分组子句将查询结果按某一属性列的值分组,还可以使用排序子句将查询结果按指定的属性列进行排序输出。数据操纵功能包括数据插入、数据修改和数据删除。

最后,介绍了视图,视图是为了确保数据表的安全性和隐蔽性从一个或多个表中或其他视图中使用 SELECT 语句导出的虚表。数据库中仅存放视图的定义,而不存放视图所对应的数据,数据仍然存放在基本表中,对视图中数据的操纵实际上仍是对组成视图的基本表数据的操纵。

3.8 课后习题

1. 在关系数据库中,SQL 是指(　　)。
   A. Selected Query Language　　　B. Procedured Query Language
   C. Standard Query Language　　　D. Structured Query Language
2. SQL 的运算对象和结果都是(　　)。
   A. 数据　　　B. 属性　　　C. 关系　　　D. 数据项
3. 在创建基本表的过程中,下列说法正确的是(　　)。
   A. 在一个数据库中,两个基本表的名字可以相同
   B. 在给表命名时,第一个字符不能是数字
   C. 表名和属性列的名字区分大小写
   D. 在给表中的属性列命名时,第一个字符必须是字母或数字
4. 下列(　　)操作符号可以和 NULL 值进行比较。
   A. IS　　　B. =　　　C. LIKE　　　D. <>

5. 涉及四张表的查询时,WHERE 子句中至少有(　　)个条件表达式。

  A. 1   B. 2   C. 3   D. 4

6. 自然连接是关系数据库中重要的关系运算,下列说法正确的是(　　)。

  A. 自然连接就是连接,只是说法不同罢了

  B. 自然连接其实是等值连接,它与连接不同

  C. 自然连接是去掉重复属性的等值连接

  D. 自然连接是去掉重复元组的等值连接

7. 在关系数据库中,实现表与表之间的联系是通过(　　)。

  A. 实体完整性规则   B. 参照完整性规则

  C. 用户自定义的完整性   D. 属性的值域

8. 在 SQL 语句中,HAVING 子句用于筛选满足条件的(　　)。

  A. 行   B. 列   C. 元组   D. 分组

9. 下列不属于不相关子查询特点的是(　　)。

  A. 可以运行多次

  B. 能独立运行,子查询条件不依赖父查询

  C. 只能运行一次

  D. 先执行子查询,后执行父查询

10. 关于视图,以下说法不正确的是(　　)。

  A. 视图是虚表

  B. 数据库中只存放视图的定义,不存放视图对应的数据

  C. 使用视图可以简化用户的数据查询和处理

  D. 使用视图可以加快查询语句的执行速度

11. 简述建立索引的目的,并分析是否索引建立得越多越好。

12. 简述在 SELECT 语句中,HAVING 子句与 WHERE 子句的区别。

13. 简述基本表和视图的含义,并分析两者之间的区别和联系。

14. 某数据库中包含图书信息、读者信息和借阅信息三张基本表。

图书信息表:book(bno,bname,author,price),表中属性列依次是图书编号、图书名称、图书作者和图书价格。

读者信息表:reader(rno,rname,address),表中属性列依次是借书证号、读者姓名和读者地址。

借阅信息表:br(bno,rno,datetime),表中属性列依次是图书编号、借书证号和借书日期。

图书信息表(book)结构如表 3.25 所示。

表 3.25　图书信息表结构

列　　名	数 据 类 型	长　度	完整性约束
bno	CHAR	10	主码
bname	VARCHAR	20	非空
author	VARCHAR	20	无
price	NUMBER	无	大于 0

读者信息表(reader)结构如表 3.26 所示。

表 3.26 读者信息表结构

列　　名	数 据 类 型	长 度	完整性约束
rno	CHAR	10	主码
rname	VARCHAR	20	非空
address	VARCHAR	50	无

借阅信息表(br)结构如表 3.27 所示。

表 3.27 借阅信息表

列　　名	数 据 类 型	长 度	完整性约束
bno	CHAR	10	外码(参照 book 表中 bno)
rno	CHAR	10	外码(参照 reader 表中 rno)
datetime	DATE	无	无

主码为(bno,rno)。

(1) 用 SQL 语句实现以下基本表的创建。

① 图书信息表的创建。

② 读者信息表的创建。

③ 借阅信息表的创建。

(2) 根据各表结构,用 SQL 语句完成下列操作。

① 将图书表中图书名称属性列的数据类型改为 varchar(30)。

② 向读者表中增加年龄属性列 age,数据类型为 number。

③ 将图书编号为 b1 的图书价格改为 24。

④ 删除"张三"的借阅信息。

⑤ 查询图书价格超过 100 元的图书数量。

⑥ 查询书名中含有"数据库"的图书编号和图书价格。

⑦ 查询借阅了《时间简史》的读者姓名和借阅时间。

⑧ 查询借阅了 5 本以上图书的读者姓名。

⑨ 查询一本图书都没有借阅的借书证号和读者姓名。

⑩ 查询图书表中最贵的图书名称和价格。

15. 某数据库中包含供应商信息、零件信息、项目信息和供应情况信息四张基本表。

供应商信息表:s(sno,sn,city),表中属性列依次是供应商编号、供应商名和供应商所在城市。

零件信息表:p(pno,pn,color,weight),表中属性列依次是零件编号、零件名、颜色和重量。

项目信息表:j(jno,jn,city),表中属性列依次是项目编号、项目名称和项目所在城市。

供应情况信息表:spj(sno,pno,jno,qty),表中属性列依次是供应商编号、零件编号、项目编号和供应数量。

供应商信息表(s)结构如表 3.28 所示。

表 3.28　供应商信息表结构

列　名	数据类型	长度	完整性约束
sno	CHAR	10	主码
sn	VARCHAR	20	非空
city	VARCHAR	20	无

零件信息表(p)结构如表 3.29 所示。

表 3.29　零件信息表结构

列　名	数据类型	长度	完整性约束
pno	CHAR	10	主码
pn	VARCHAR	20	非空
color	VARCHAR	20	无
weight	NUMBER	无	大于 0

项目信息表(j)结构如表 3.30 所示。

表 3.30　项目信息表结构

列　名	数据类型	长度	完整性约束
jno	CHAR	10	主码
jn	VARCHAR	20	非空
city	VARCHAR	20	无

供应情况信息表(spj)结构如表 3.31 所示。

表 3.31　供应情况信息表结构

列　名	数据类型	长度	完整性约束
sno	CHAR	10	外码(参照 s 表中 sno)
pno	CHAR	10	外码(参照 p 表中 pno)
jno	CHAR	10	外码(参照 j 表中 jno)
qty	INT	无	无

主码为(sno,pno,jno)。

(1) 用 SQL 语句实现以下基本表的创建。

① 供应商信息表的创建。

② 零件信息表的创建。

③ 项目信息表的创建。

④ 供应情况信息表的创建。

(2) 根据各表结构,用 SQL 语句完成下列操作。

① 查询所有零件的名称、颜色和重量。

② 查询所在城市为"大连"的所有项目的详细信息。

③ 查询重量最轻的零件名称。

④ 查询为项目编号 j1 提供零件的供应商名称。

⑤ 查询由供应商编号 s1 提供的零件颜色。

⑥ 查询项目编号 j2 使用的各种零件名称及数量。

⑦ 查询供应绿色的零件编号为 p2 且供应数量超过 500 的供应商名称。

⑧ 查询每个城市的城市名称及供应商数量,查询结果按照数量的降序排列。

⑨ 查询没有使用"大连"生产的零件的项目编号。

⑩ 查询为编号 j1 和 j2 的项目提供零件的供应商编号。

第4章

规范化理论和数据库设计

视频

4.1 关系数据库规范化理论

4.1.1 问题引入

对于任何管理信息系统的应用软件开发而言,其核心技术都要涉及数据库设计方面的知识,而要设计出一个性能良好的数据库应用系统并非一件简单的工作。关系数据库设计是对数据进行组织化和结构化的过程,核心问题是关系模型的设计。关系模式设计的好坏将直接影响到数据库设计的成败,而关系数据库规范化理论则是指导关系模式设计的标准。

2.1 节已经介绍了关系模式、关系数据库的基本概念。关系数据库是由实体与实体之间联系的关系集合构成的。关系数据库设计理论所要研究的就是如何针对某一个具体问题,构造出一个适合它的数据模式,即构造几个关系模式,分析每个关系模式应该由哪些属性组成等。

下面通过实例来说明采用不同的数据库模式将产生不同的效果。

例如,某学校要建立一个数据库以描述学生选修课程的情况。由现实世界的已知事实可以得到如下对应关系:每一名学生可以选修多门课程,每一门课程可以被多名学生所选修,每一名学生选修一门课程都会有一个成绩。

针对上述情况可能设计出以下两种关系模式。

1. 只产生一个关系模式

学生选课关系模式(学号,姓名,性别,年龄,系别,课程号,课程名,教师名,学分,成绩)。

2. 产生三个关系模式

学生关系模式(学号,姓名,性别,年龄,系别);

课程关系模式(课程号,课程名,教师名,学分);

选课关系模式(学号,课程号,成绩)。

比较分析这两种关系模式,发现第一种设计方法可能带来如下问题。

1) 数据冗余

当每一个学生选修多门课程的时候,这个学生的姓名、性别、年龄和所在系别是被重复存储的,这种重复存储是毫无意义的,浪费了大量的存储器资源,是数据冗余。

2) 修改异常

由于数据冗余,当修改某些属性(如学生的年龄)时,可能有一部分相关元组被修改,而另一部分相关元组没有被修改(同一名学生可能对应两个年龄),这就造成了数据的不一致。

3) 插入异常

第一个关系模式中的主码是(学号,课程号)的属性组合,假如要插入刚入学的大一新生的信息:学号为 10172011,姓名为周三,性别为女,年龄为 18 岁,系别为计算机系;由于新生刚入学还未选课,选修课程号为空。此时,则无法将这条信息插入学生选课关系模式中。因为在插入数据时,主码是不允许为空的,而这时主码的一部分(课程号)为空,因而导致学生信息插入不成功。

4) 删除异常

如果只有陈七同学选修了 database 课程,那么在陈七同学毕业离校的时候,学校在删除陈七同学基本信息的同时,也将 database 这门课程的基本信息彻底删除了,丢失了应该保存的课程信息。

由于存在上述问题,显然第一种设计不是很好的关系模式。第二种设计方法就不存在上述问题,它消除了数据冗余,消除了修改、插入、删除异常,但这种方法也有自己的缺点,即查询效率太低。

在关系模式的多种组合中选取一个较好的关系模式的集合作为数据库模式,将会直接正面影响到整个数据库系统。那么,什么样的关系模式是相对较好的呢?人们通常依据规范化理论进行判断。

4.1.2 函数依赖

数据依赖是一个关系内部属性与属性之间的一种约束关系,这种约束关系是通过属性间值的相等与否体现出来的数据间的相互关系。数据依赖有多种类型,常用的数据依赖有函数依赖和多值依赖,其中函数依赖是一种最重要也是最基本的数据依赖。

1. 函数依赖的定义

函数依赖普遍地存在于现实生活中,它反映属性或属性组合之间相互依存、相互制约的关系。

函数依赖的定义为:设 $R(U)$ 是属性集 U 上的关系模式,X 与 Y 是 U 的子集,r 是 $R(U)$ 的任意一个可能的关系(即一个二维表)。如果对于 r 中的任意两个元组(即两个记录,或两行数据)t 和 s,由 $t[X]=s[X]$ 导致 $t[Y]=s[Y]$,则称 X 函数决定 Y,或称 Y 函数依赖于 X,记作 $X \rightarrow Y$。

函数依赖的相关术语和记号如下:

- 若 $X \rightarrow Y$,则称 X 为决定因素。

- 若 $X \to Y, Y \to X$,则记作 $X \longleftrightarrow Y$。

函数依赖是语义范畴的概念,需要根据语义来确定一个函数依赖。例如,在学生的关系模式中"学生姓名→所在系别"这个函数依赖只有在学生没有重名的条件下才成立。如果允许有相同的学生姓名存在,则所在系别就不再函数依赖于学生姓名了。

2. 函数依赖的分类

关系数据库中函数依赖主要有以下几类。

1) 平凡函数依赖和非平凡函数依赖

设 $R(U)$ 是属性集 U 上的关系模式,若对于任何 X、$Y \in U$,有 $X \to Y$ 且 Y 不包含于 X,则称 $X \to Y$ 是非平凡函数依赖。反之,如果 Y 包含于 X,则称 $X \to Y$ 是平凡函数依赖。

例如,在学生关系模式(学号,姓名,年龄,性别,所在系别)中:

- 学号→性别,(学号,姓名)→年龄,均为非平凡函数依赖。
- (学号,姓名)→姓名,为平凡函数依赖。

若不特别声明,一般总是讨论非平凡函数依赖。

2) 完全函数依赖和部分函数依赖

设 $R(U)$ 是属性集 U 上的关系模式,如果 $X \to Y$,并且对于 X 的任何一个真子集 X',都不存在 $X' \to Y$,则称 $X \to Y$ 是一个完全函数依赖,即 Y 完全函数依赖于 X,记作 $X \xrightarrow{F} Y$。

反之,如果存在 $X' \to Y$ 成立,则称 $X \to Y$ 是一个部分函数依赖,即 Y 部分函数依赖于 X,记作 $X \xrightarrow{P} Y$。

例如,在学生关系模式(学号,姓名,年龄,性别,所在系别)中,(学号,姓名)→年龄,为部分函数依赖。因为(学号,姓名)属性组合中存在真子集学号,使得"学号→年龄"也成立,所以它是部分函数依赖。学号→年龄,为完全函数依赖。

在选课关系模式(学号,课程号,成绩)中,(学号,课程号)→成绩,为完全函数依赖。

3) 传递函数依赖

设 $R(U)$ 是属性集 U 上的关系模式,如果 $X \to Y, Y \to Z$,并且不存在 $Y \to X$,则称 $X \to Z$ 是一个传递函数依赖,即 Z 传递函数依赖于 X。

例如,在职工关系模式(职工编号,姓名,所在车间,车间主任)中,职工编号→所在车间,所在车间→车间主任,并且不存在所在车间→职工编号,则车间主任传递函数依赖于职工编号。

注意上述定义中的条件不存在 $Y \to X$。如果不加上这一限制,当 $X \to Y$ 时允许 $Y \to X$,则 $X \longleftrightarrow Y$。而在 $X \longleftrightarrow Y$ 的条件下,$Y \to Z$ 就等于 $X \to Z$。这样 X 就直接函数决定 Z,而不是通过 Y 传递决定 Z 了,即非传递函数依赖。

4.1.3 范式

在关系数据库中,关系模式设计的好坏取决于它的函数依赖是否满足特定的要求。满足特定要求的模式称为范式,满足不同程度要求的为不同范式。

1971—1972 年,E. F. Codd 首先提出了规范化理论,系统地提出了第一范式(简称 1NF)、第二范式(简称 2NF)和第三范式(简称 3NF)的概念。1974 年,E. F. Codd 和 Boyce

又共同提出了一个新的范式,即修正的第三范式(Boyce-Codd Normal Form,BCNF)。1976年,Fagin 提出了第四范式,后来又有人提出了第五范式。

一般地,关系模式 R 为第几范式就可以写成 $R \in x$NF。对于各种范式之间的联系为 5NF$\subset 4$NF$\subset$BCNF$\subset 3$NF$\subset 2$NF$\subset 1$NF。

通过关系模式分解,可以将一个低一级范式的关系模式转换为若干个高一级范式的关系模式的集合,这种过程就叫规范化。

1. 第一范式

如果关系模式 R 中的每一个属性都是不可分解的,则称 R 属于第一范式,记作 $R \in 1$NF。

例如,设关系模式 R(系别名称,高级职称人数)表示某学校系别的基本信息,假设系别信息状况如表 4.1 所示。

表 4.1　系别基本信息表

系别名称	高级职称人数	
	教授人数	副教授人数
计算机系	7	12
日语系	5	10
信息系	5	8

从表 4.1 中可以看出,"高级职称人数"属性是可以分解的,所以 R 不满足 1NF。

解决问题的办法是:将"高级职称人数"属性拆开,形成关系模式 R_1(系别名称、教授人数、副教授人数),形式如表 4.2 所示。显然,此时关系模式 R_1 中的每一个属性列都是不可再分的,所以 $R_1 \in 1$NF。

表 4.2　分解后的系别基本信息表

系别名称	教授人数	副教授人数
计算机系	7	12
日语系	5	10
信息系	5	8

第一范式是对关系模式最起码的要求。不满足第一范式的数据库模式不能称为关系数据库,但是满足第一范式的关系模式并不一定是一个好的关系模式。

2. 第二范式

如果关系模式 $R \in 1$NF,且每一个非主属性都完全函数依赖于候选码,则称 R 属于第二范式,记作 $R \in 2$NF。

例如,设关系模式 R(仓库号,设备号,数量,地点)表示仓库设备的存储情况。候选码是(仓库号,设备号)属性组合,由于关系模式 R 中的每一个属性都不可再分,所以 $R \in 1$NF。因为非主属性"数量"完全函数依赖于候选码,非主属性"地点"部分函数依赖于候选码,即有(仓库号,设备号)→地点,仓库号→地点,所以 R 不满足 2NF。

关系模式 R 中存在异常,比如某一个仓库只有一种设备,当这种设备被移走后,在删除此设备信息的同时将这个仓库的信息也删除了。

解决问题的办法是:用投影分解把关系模式 R 分解为两个关系模式。将部分函数依赖关系的决定方属性和非主属性从关系模式中提出,单独构成一个关系模式;将余下属性加上码(仍要保留部分函数依赖的决定方属性)构成另一关系模式。

按照上述方法分解,将关系模式 R 分解为 R_1(仓库号,设备号,数量)和 R_2(仓库号,地点)两个关系模式。此时,R_1 和 R_2 均属于第二范式。

3. 第三范式

如果关系模式 $R \in 2NF$,且每一个非主属性都不传递函数依赖于候选码,则称 R 属于第三范式,记作 $R \in 3NF$。

例如,设关系模式 R(仓库号,仓库面积,所在城市,所在省)表示不同仓库在各省市分布情况。候选码是仓库号,由于关系模式 R 中的每一个属性都不可再分,所以 $R \in 1NF$。又因为 R 中每一个非主属性都完全函数依赖于候选码,所以 $R \in 2NF$。又因为函数依赖有仓库号→所在城市、所在城市→所在省,所以仓库号→所在省,R 中存在传递函数依赖,所以 R 不满足 3NF。

关系模式 R 中存在异常,比如要在辽宁省大连市设立一个仓库,此时想先存入有关所在城市的信息,但由于没有仓库号,主码为空,则插入是失败的。

解决问题的办法是:用投影分解把关系模式 R 分解为两个关系模式,将传递函数依赖的属性分解出来,消除传递函数依赖。

按照上述方法分解,将关系模式 R 分解为 R_1(仓库号,仓库面积,所在城市)和 R_2(所在城市,所在省)两个关系模式。此时,R_1 和 R_2 均属于第三范式。

4. 修正的第三范式

如果关系模式 $R \in 3NF$,且没有一个属性部分函数依赖或传递函数依赖于候选码,则称 R 属于修正的第三范式,记作 $R \in BCNF$。

规范化的基本思想是,逐步消除数据依赖中不合理的部分,使每一个关系模式更趋于完美。但并不是范式越高越好,范式越高,模式分解得越多,我们在进行数据查询的时候往往要进行许多张表的连接,系统开销较大,查询效率较低。所以,在进行关系模式规范化的过程中,关系模式一般分解到 3NF 就认为是比较好的了。

例题 4.1 在银行管理系统的数据库中,有一关系模式为 R(BNO,SSNO,BNAME,ADDRESS,CITY,SNAME,SEX,AGE,ACCOUNT),其中属性分别表示银行编号、身份证号、银行名称、银行所在地点、银行所在城市、顾客姓名、性别、年龄、账户号。写出该关系模式的主码,并判断此关系模式是否满足 3NF,若不满足请对其进行规范化,以达到 3NF。

解析:

该关系模式 R 的主码为(BNO,SSNO)。由于关系模式 R 中的每个分量都是不可再分的数据项,所以 R 满足 1NF。关系模式 R 中存在以下函数依赖:

(BNO,SSNO)→BNAME, BNO→BNAME,

(BNO,SSNO)→ADDRESS, BNO→ADDRESS,

(BNO,SSNO)→CITY, ADDRESS→CITY,

(BNO,SSNO)→ACCOUNT, BNO→CITY,

(BNO,SSNO)→SNAME,   SSNO→SNAME,

(BNO,SSNO)→SEX,   SSNO→SEX,

(BNO,SSNO)→AGE,   SSNO→AGE。

首先,关系模式 R 满足 1NF,但存在部分函数依赖,所以,R 不满足 2NF,将其分解为:

R_1(BNO,SSNO,ACCOUNT)∈2NF;

R_2(BNO,BNAME,ADDRESS,CITY)∈2NF;

R_3(SSNO,SNAME,SEX,AGE)∈2NF。

其次,关系模式 R_1、R_3 均已满足第三范式,但关系模式 R_2 存在传递函数依赖,R_2 不满足第三范式,将 R_2 分解为:

R_4(BNO,BNAME,ADDRESS)∈3NF;

R_5(ADDRESS,CITY)∈3NF。

最后,R_1、R_3、R_4、R_5 满足第三范式,总结为:

R_1(BNO,SSNO,ACCOUNT);

R_3(SSNO,SNAME,SEX,AGE);

R_4(BNO,BNAME,ADDRESS);

R_5(ADDRESS,CITY)。

4.2 数据库设计概述

什么是数据库设计呢? 具体地说,数据库设计是要在一个给定的应用环境中,通过合理的逻辑设计和有效的物理设计,构造较优的数据库模式,建立数据库及其应用系统,有效地存储和管理数据,满足用户的各种信息需求。因此,数据库设计是数据库在应用领域的主要研究课题。

采用合理的数据库设计方法,可以确保数据库系统的设计质量,降低系统运行后的维护代价。数据库设计是涉及多学科的综合性技术,也是一项庞大的软件开发工程。因此,一个从事数据库设计的专业人员应该具备多方面的专业技术和知识。除了具备计算机科学的基础知识之外,还必须了解软件工程的原理,掌握程序设计的技巧;除具备数据库的基本知识和数据库设计技术,同时还必须具备应用领域的专业知识,才能设计出符合具体应用领域要求的数据库应用系统。

早期数据库设计主要采用手工与经验相结合的方法。设计的质量往往与设计人员的经验与水平有直接的关系,设计质量难以保证。经常是在数据库运行一段时间后,又出现各种各样不同的问题,需要进行修改或重新设计,大大增加了后期维护的负担。所以人们努力探索,通过运用软件工程的思想和方法,提出了各种数据库设计方法,以及各种设计准则和规程,这些都属于规范设计方法。例如:

(1) 关系模式的设计方法。

(2) 新奥尔良(New Orleans)方法。

(3) 基于 E-R 模型的数据库设计方法。

(4) 第三范式的设计方法。

(5) 基于抽象语法规范的设计方法。

（6）计算机辅助数据库设计方法。

这些数据库设计方法中比较著名的是新奥尔良方法，它将数据库设计分为四个阶段：需求分析阶段(分析用户要求)、概念设计阶段(信息分析和定义)、逻辑设计阶段(设计实现)和物理设计阶段(物理数据库设计)。

从数据库应用系统设计和开发的全过程来考虑，一般将数据库设计的步骤分为七个阶段：系统规划阶段、需求分析阶段、概念结构设计阶段、逻辑结构设计阶段、物理结构设计阶段、实施阶段、运行和维护阶段。数据库设计的七个阶段的划分目前尚无统一的标准，各阶段间相互连接，而且常常需要回溯修正。

4.3　系统规划阶段

系统规划阶段是确定数据库系统在整个企业管理系统中的地位，确定系统的范围，确定开发工作所需的资源(人员、硬件和软件)，确定项目进度，估算软件开发的成本及系统可能达到的效益。

4.3.1　系统规划的任务

系统规划阶段的主要任务就是进行系统的必要性和可行性分析。包括明确应用系统的基本功能，划分数据库支持的范围；规划人力资源调配；拟定设备配置方案；选择合适的操作系统、DBMS和其他软件；在使用要求、系统性能、购置成本和维护代价各方面综合权衡设备配置方案；估算系统的开发、运行、维护成本；预测系统效益的期望值；拟定开发进度计划；同时还要对现行工作模式如何向新系统过渡做出具体安排。

4.3.2　系统规划的成果

系统规划阶段的工作成果是写出详尽的可行性分析报告和数据库应用系统规划书。内容应包括：系统的定位及功能、数据资源及数据处理能力、人力资源调配、设备配置方案、开发成本估算、开发进度计划等。

可行性分析报告和数据库应用系统规划书经审定立项后，成为后续开发工作的总纲。

4.4　需求分析阶段

4.4.1　需求分析的任务

需求分析是整个数据库设计过程中最重要的步骤之一，是后续各阶段的基础。需求分析的主要任务是通过详细调查所要处理的对象，包括某个组织、某个部门、某个企业的业务管理等，充分了解原手工或原计算机系统的工作状况以及工作流程，明确用户的各种需求，生成业务流程图和数据流图，然后在此基础上确定新系统的功能，并撰写系统说明书。新系统不能只按当前应用需求来设计数据库，必须充分考虑今后可能的扩充和改变。

在需求分析阶段,从多方面对整个组织进行调查、收集和分析各项应用对信息和处理两方面的需求。需求分析的重点是调查、收集和分析用户对数据管理中的信息要求、处理要求、安全性与完整性要求。信息要求是指用户需要从数据库中获得信息的内容与性质。由信息要求可以导出数据要求,即在数据库中需要存储哪些数据。处理要求是指用户要完成什么处理功能,对处理的响应时间有什么要求,处理方式是批处理还是联机处理。新系统的功能必须能够满足用户的多种需求。

4.4.2 需求分析的步骤

调查、收集和分析用户要求的具体步骤如下。

1. 调查组织机构情况

调查这个组织由哪些部门组成,各部门担当的职责是什么。

2. 调查各部门的业务活动情况

调查各部门所需输入和使用的数据,如何加工处理这些数据,输出什么信息,输出到哪个部门,输出结果的格式等。

3. 协助用户明确对新系统的各种要求

进一步明确用户对数据管理中的信息要求、处理要求、安全性与完整性要求。

4. 确定新系统的边界

确定哪些功能由计算机完成或将来准备让计算机完成,哪些功能由人工完成。由计算机完成的功能就是新系统应该实现的功能。

4.4.3 需求分析的调查方法

根据不同的问题和条件,调查方法也可以不同。常用的调查方法有以下几种。

1. 跟班作业

通过亲身参加业务工作来了解业务活动的情况,这种方法可以比较准确地了解用户的需求,但比较耗费时间。

2. 开调查会

通过与用户座谈的方式来了解业务活动情况及用户需求。

3. 请专人介绍

通过邀请熟悉业务的专业人士来了解业务活动情况。

4. 找专人询问

对调查中的某些问题,可以找专人询问。

5. 设计调查表请用户填写

如果调查表设计合理,这种方法易于用户接受并且会很有效。

6. 查阅记录

查阅与原系统有关的数据记录,包括原始的单据、报表等。

当需求分析完成后,最终产生阶段性的成果:系统需求说明书,包括数据流图、数据字典、数据表格、系统功能结构图和必要的说明。

4.4.4 数据流图

数据流图(Data Flow Diagram,DFD)是用图形方式来表达系统的逻辑功能,以及数据在系统内部的逻辑流向和逻辑变换过程。任何一个系统都可以抽象为图 4.1 所示的数据流图形式。

图 4.1 数据流图

1. 数据流图的基本符号

→:箭头,表示数据流;

□:方框,表示数据的源点或终点;

○:圆或椭圆,表示加工或处理;

=:双杠,表示数据存储。

(1) 数据流:是数据在系统内传播的路径,因此由一组成分固定的数据组成。例如订票单由旅客姓名、年龄、单位、身份证号、日期、目的地等数据项组成。由于数据流是流动中的数据,所以必须有流向,除了与数据存储之间的数据流不用命名外,数据流应该用名词或名词短语命名。

(2) 数据源点或终点:代表系统之外的实体,可以是人、物或其他软件系统。

(3) 对数据的加工(处理):是对数据进行处理的单元,它接收一定的数据输入,对其进行处理,并产生输出。

(4) 数据存储:表示信息的静态存储,可以代表文件、文件的一部分、数据库的元素等。

2. 在画数据流图时须注意的原则

(1) 一个加工的输出数据流不应与输入数据流同名,即使它们的组成成分相同。

(2) 保持数据守恒,即一个加工的所有输出数据流中的数据必须能从该加工的输入数据流中直接获得。

(3) 每个加工必须既有输入数据流,又有输出数据流。

(4) 所有的数据流必须以一个加工开始,或以一个加工结束。

3. 数据流图的实例

如图 4.2 所示是一个飞机机票预订系统的数据流图,它反映的功能是:旅行社把预订机票的旅客信息(姓名、年龄、性别、身份证号码、旅行时间、目的地等)输入机票预订系统,系统为旅客安排航班,打印出取票通知单(附有应交的账款)。旅客在飞机起飞的前一天凭取票通知单交款取票,系统检验无误,输出机票给旅客。

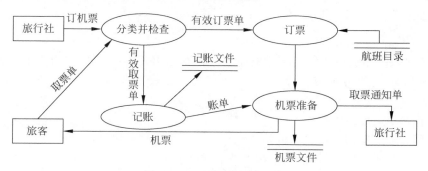

图 4.2　飞机机票预订系统

4.4.5　数据字典

数据字典是系统中各类数据描述的集合,是对数据流图中包含的所有元素定义的集合。

数据存放于物理数据库中,由数据库管理系统进行管理。数据字典有助于对这些数据进一步管理和控制,为设计人员和数据库管理员在数据库设计、实现和运行阶段控制有关数据提供一定的依据。

数据字典通常包括数据项、数据结构、数据流、数据存储和处理过程五个部分。

1. 数据项

数据项是数据的最小组成单位,是不可再分的数据单位,包括项名、含义说明、别名、数据类型、长度、取值范围、与其他数据项的逻辑关系、数据项之间的联系等。

描述:

- 项名:学号。
- 说明:唯一标识每个学生。
- 别名:学生编号。
- 数据类型:字符型。
- 长度:10。
- 取值范围:0000000000～9999999999。
- 取值含义:前四位标识该学生所在的年级,后六位按顺序编号。
- 与其他数据项的逻辑关系:该项等于另两项之和。
- 数据项之间的联系:根据语义写出数据项之间的数据依赖。

2. 数据结构

数据结构反映了数据之间的组合关系。一个数据结构可以由若干数据项组成,也可以由若干数据结构组成,或由若干数据项和数据结构混合组成。包括数据结构名、说明、组成等。

描述：
- 数据结构名：学生。
- 说明：是学籍管理子系统的主体数据结构，定义了一个学生的相关信息。
- 组成：学号、姓名、年龄、性别、所在系、年级。

3. 数据流

数据流是数据结构在系统内传输的路径。包括数据流名、说明、数据流来源、数据流去向、组成、平均流量、高峰期流量等。

描述：
- 数据流名：体检结果。
- 说明：学生参加体格检查的最终结果。
- 数据流来源：体检(说明该数据流来自哪个过程)。
- 数据流去向：批准(说明该数据流将到哪个过程去)。
- 组成：身高，体重，视力，血压等。
- 平均流量：单位时间内传输的次数。
- 高峰期流量：最高时期的数据流量。

4. 数据存储

数据存储说明数据流中需要存储的数据，包括数据存储名、说明、流入数据流、流出数据流、组成、数据量、存取频度、存取方式等。

描述：
- 数据存储名：学生登记表。
- 说明：记录学生的基本信息。
- 输入数据流：指数据来源，如报到时填的表。
- 输出数据流：指数据去向，如学生基本情况表。
- 组成：数据结构或数据项，如学号、姓名、年龄、性别、所在系、年级、专业等。
- 数据量：如每年 5000 张。
- 存取频度：指每小时/天/周存取几次、每次存取多少数据等信息。
- 存取方式：指是批处理，还是联机处理；是检索，还是更新；是顺序检索，还是随机检索。

5. 处理过程

处理过程的具体处理逻辑通常用判定表或判定树来描述。包括处理过程名、说明、输入数据流、输出数据流、处理简要说明等。

描述：
- 处理过程名：分配宿舍。
- 说明：为所有新生分配宿舍。
- 输入数据流：如学生、宿舍。
- 输出数据流：宿舍安排。
- 处理简要说明：在新生报到后，为所有新生分配宿舍，要求相同性别的学生才可以居住在同一个房间里，一个人只能有一间宿舍，每个人的居住面积大于或等于 $3m^2$，安排新生宿舍的处理时间不得超过 20min。

4.5　概念结构设计

4.5.1　概念结构设计方法

视频

概念结构设计是整个数据库设计的关键,其主要任务是在需求分析阶段产生的需求说明书的基础上,按照特定的方法把它们抽象为一个不依赖于任何具体机器的数据模型,即概念模型。

概念结构的设计方法通常有以下四种。

(1) 自顶向下:先定义全局概念结构 E-R 模型的框架,再逐步细化。

(2) 自底向上:先定义各局部应用的概念结构 E-R 模型,然后将它们集成,得到全局概念结构 E-R 模型。

(3) 逐步扩张:先定义最重要的核心概念 E-R 模型,然后向外扩充,以滚雪球的方式逐步生成其他概念结构 E-R 模型,直至总体概念结构。

(4) 混合策略:该方法采用自顶向下和自底向上相结合的方法,先自顶向下定义全局框架,再以它为骨架集成自底向上方法中设计的各个局部概念结构。

其中最常采用的是自底向上方法,即自顶向下地进行需求分析,然后再自底向上地设计概念结构。主要步骤包括进行数据抽象,设计局部概念结构,将局部概念结构合并成全局概念结构,并进行优化。

4.5.2　E-R 设计方法的介绍

描述概念模型的有力工具是 E-R 模型。有关 E-R 模型的基本概念已经在 1.4 节介绍过,下面将用 E-R 模型来描述概念结构。

1. E-R 方法的基本术语

E-R 方法是"实体-联系方法"(Entity-Relationship Approach)的简称,它是描述现实世界概念结构模型的有效方法。用 E-R 方法建立的概念结构模型称为 E-R 模型,或称为 E-R 图。

E-R 图的三要素是实体、属性和联系。

(1) 实体:用矩形框表示,框内标注实体名称,如图 4.3 所示。

图 4.3　实体

(2) 属性:用椭圆形框表示,框内标注属性名称,如图 4.4 所示。

图 4.4　属性

（3）联系：用菱形框表示，框内标注实体之间的关系。有 $1:1$、$1:n$ 和 $m:n$ 三种联系类型。例如系主任领导系、学生选修课程、教师讲授课程、工厂生产产品，这里"领导""选修""讲授""生产"表示实体之间的联系，可以作为联系名称。联系用菱形框表示，框内标注联系名称，如图 4.5 所示。

图 4.5　联系

2. E-R 图的表示

在 E-R 图的描述中，用矩形表示实体，用椭圆表示属性，用菱形表示联系。在各框图内标注它们的名称，它们之间用无向线连接，表示联系时需在线上标明属于哪种类型的联系，如图 4.6 所示。

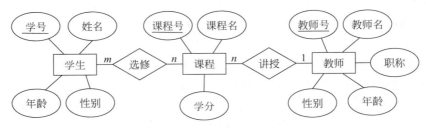

图 4.6　E-R 图的表示

采用 E-R 方法进行概念结构设计，可以按照局部概念结构设计阶段和全局概念结构设计阶段两步进行，在全局概念结构设计的过程中要不断进行概念结构的优化。

4.5.3　局部概念结构设计

概念结构设计首先要根据需求分析得到的结果（数据流图、数据字典等）对现实世界进行抽象，设计各个局部 E-R 模型。在系统需求分析阶段，最后得到了多层数据流图、数据字典和系统分析报告。建立局部 E-R 模型，就是根据系统的具体情况，在多层的数据流图中选择一个适当层次的数据流图，作为设计局部 E-R 图的出发点，让这组图中每一部分对应一个局部应用。在前面选好的某一层次的数据流图中，每个局部应用都对应了一组数据流图，局部应用所涉及的数据存储在数据字典中。现在就是要将这些数据从数据字典中抽取出来，参照数据流图，确定每个局部应用包含哪些实体，这些实体又包含哪些属性，以及实体之间的联系及其联系类型。局部 E-R 模型设计的步骤如图 4.7 所示。

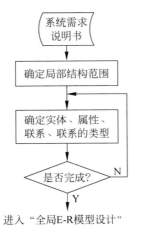

图 4.7　局部 E-R 模型设计的步骤

例题 4.2　以工厂管理为例，描述局部 E-R 图的设计。从技术科获知，每种产品由多种零件组成，每种零件可用在不同的产品上，每种产品由一定数量的零件组成。从供应科获知，每种零件使用多种材料制成，每种材料也可应用在不同的零件上，每种零件在使用材料上有一个使用量；每个仓库可以存放多种材料，每种材料只能放在一个仓库里，每个仓库存放材料有一个库存量。

根据 E-R 图的建立过程如下。

第一步：确定实体类型。

产品、零件、材料和仓库四个实体类型。

第二步：确定联系类型。

产品和零件之间是 $m:n$ 组成的联系，零件和材料之间是 $m:n$ 使用的联系，仓库和材料之间是 $1:m$ 存放的联系。

第三步：确定实体类型和联系类型的属性。

在技术科中，产品实体的属性有：产品号、产品名、性能参数等。

在技术科中，零件实体的属性有：零件号、零件名、价格等。

在供应科中，零件实体的属性有：零件号、规格等。

在供应科中，材料实体的属性有：材料号、价格等。

在供应科中，仓库实体的属性有：仓库号、仓库名、地址等。

产品和零件之间 $m:n$ 组成的联系属性是零件数，零件和材料之间 $m:n$ 使用的联系属性是使用量，仓库和材料之间 $1:m$ 存放的联系属性是库存量。

第四步：根据实体类型和联系类型画出局部 E-R 图，如图 4.8 和图 4.9 所示。

第五步：用下画线标注出实体的码。

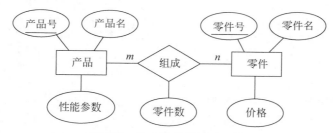

图 4.8　技术科的局部 E-R 图

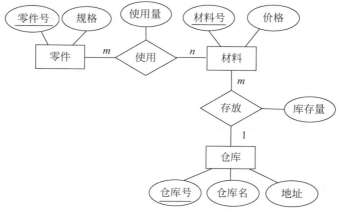

图 4.9　供应科的局部 E-R 图

4.5.4　全局概念结构设计

全局概念结构设计的实质是把局部概念结构设计中所有的局部概念模型统一起来，形成一个完整的系统模型。全局 E-R 模型的设计过程如图 4.10 所示。

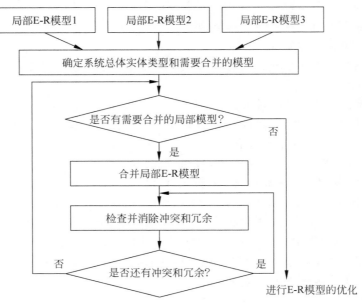

图 4.10　全局 E-R 模型的设计步骤

全局 E-R 模型的建立过程如下。

1. 合并

将局部概念模型整理合并成全局概念模型。

(1) 先找出具有相同实体的两个 E-R 图。

(2) 以该相同实体为基准进行合并。

(3) 如果还有相同实体的 E-R 图,再次合并。

(4) 这样一直下去,直到所有的具有相同实体的局部 E-R 图都被合并,从而得到全局的
E-R 图。

2. 消除冲突

解决各种局部 E-R 图之间的冲突问题,生成初步 E-R 图。

(1) 属性冲突。

属性值的类型、取值范围及取值单位不一致造成的冲突。如生日和年龄、厘米和米、学
生编号的方式等。

(2) 结构冲突。

如在某局部 E-R 图中系主任是属性,而在另一个局部 E-R 图中系主任是实体等。

(3) 命名(实体、属性、联系)冲突。

同名异义:教室和宿舍均称为房间;

异名同义:如教材和课本。

将例题 4.2 中技术科和供应科的两个局部 E-R 图合并成全局 E-R 图。

图 4.11 是工厂管理中的两个局部 E-R 图按照相同的实体"零件"合并后得到的全局
E-R 图。

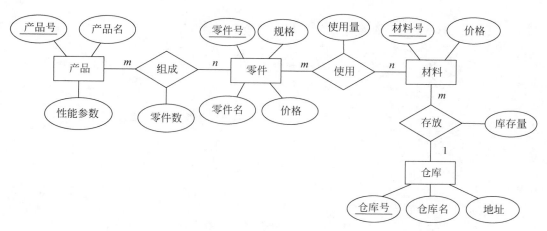

图 4.11 工厂管理的全局 E-R 图

按照上面的方法将各个局部 E-R 模型合并后就得到一个初步的全局 E-R 模型,之所以这样称呼是因为其中可能存在冗余的数据和冗余的联系等。因此,在得到初步的全局 E-R 模型后,还应当进一步检查 E-R 图中是否存在冗余,如果存在冗余则一般应设法将其消除。

一个好的全局 E-R 模型除了能准确、全面地反映用户功能外,还应满足下列条件:实体类型的个数尽可能少、实体类型所含属性的个数尽可能少、实体间联系的冗余最小。模型优化的目的是消除不必要的冗余,使其保持最小冗余度。

优化全局 E-R 模型有如下几个原则。

(1)实体类型的合并,如图 4.12 所示的系主任和系实体类型的合并。

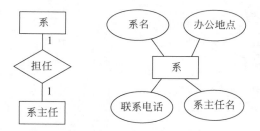

图 4.12 系主任和系实体类型的合并

(2)冗余属性的消除,如生日和年龄。

(3)冗余联系的消除。

将图 4.13 和图 4.14 所示的两个局部 E-R 图合并成一个全局 E-R 图,并进行优化。

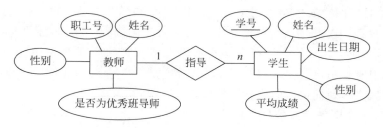

图 4.13 班导师工作局部 E-R 图

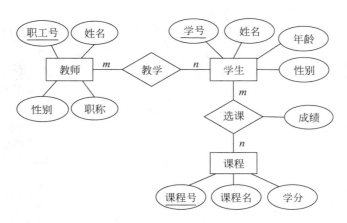

图 4.14　教学活动局部 E-R 图

局部 E-R 模型设计完成之后,根据全局 E-R 模型的建立步骤,将上述两个局部 E-R 模型合并成全局 E-R 模型,如图 4.15 所示。

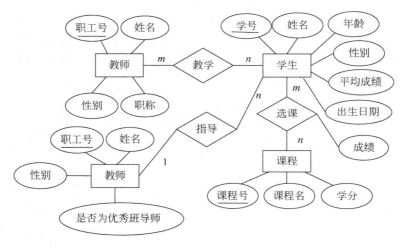

图 4.15　合并后的全局 E-R 图

全局概念结构不仅要支持所有的局部 E-R 模型,而且要合理地表示一个完整、一致的数据库概念结构。由于各个局部应用不同,通常由不同的设计人员进行局部 E-R 图设计,因此,各局部 E-R 图不可避免地会有许多不一致的地方,所以称为冲突。

在图 4.15 合并的 E-R 模型中存在冲突。实体存在冗余,教学和指导两个联系存在冗余,年龄和出生日期两个属性存在冗余,成绩和平均成绩两个属性存在冗余。

合并局部 E-R 图时并不能简单地将各个局部 E-R 图画到一起,而必须消除各个局部 E-R 图中的不一致,使合并后的全局概念结构不仅支持所有的局部 E-R 模型,而且必须是一个能为全系统中所有用户共同理解和接受的完整的概念模型。上例中对全局 E-R 模型进行优化,消除冗余,得到优化后的概念模型如图 4.16 所示。

例题 4.3　一个图书借阅信息管理系统有如下信息。

每一个借书人可以借阅多本图书,每一本图书可以被多个借书人借阅;借书人每借阅

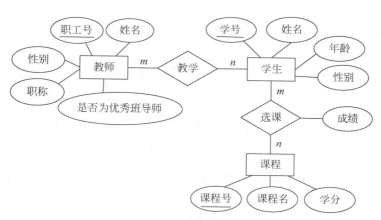

图 4.16　优化后的全局 E-R 图

一本图书都有一个借书日期和还书日期；每一个出版社可以出版多本图书，每一本图书只能在一个出版社出版。

其中，借书人的属性有：借书证号、姓名、单位、电话；图书的属性有：图书编号、书名、位置；出版社的属性有：出版社名、地址、邮编、电话。

根据需求画出 E-R 图，并在 E-R 图中注明实体的属性、联系的类型以及实体的码。

图书借阅信息管理系统 E-R 图，如图 4.17 所示。

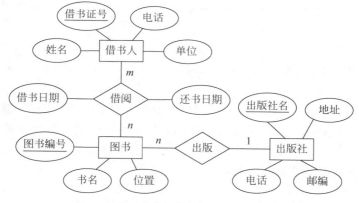

图 4.17　图书借阅信息管理系统 E-R 图

4.6　逻辑结构设计

视频

概念结构设计所得的 E-R 模型是对用户需求的一种抽象的表达形式，它独立于任何一种具体的数据模型，因而也不能为任何一个具体的 DBMS 所支持。为了能够建立起最终的物理系统，还需要将概念结构进一步转化为某一 DBMS 所支持的数据模型，然后根据逻辑设计的准则、数据的语义约束、规范化理论等对数据模型进行适当的调整和优化，形成合理的全局逻辑结构，并设计出用户子模式。这就是数据库逻辑设计所要完成的任务。

4.6.1 逻辑结构设计的步骤

由于各种 DBMS 产品一般都有许多限制,提供不同的环境与工具,因此,逻辑设计分为如下几步。

(1) 将概念模型向一般关系、网状和层次模型转化。

(2) 将得到的一般关系、网状和层次模型向特定的 DBMS 产品所支持的数据模型转化。

(3) 依据应用的需求和具体的 DBMS 的特征进行调整和完善。

数据库逻辑结构的设计过程如图 4.18 所示。

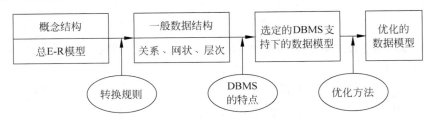

图 4.18 逻辑结构设计的过程

某些早期设计的应用系统中还在使用网状或层次数据模型,而新设计的数据库应用系统都普遍采用支持关系数据模型的 RDBMS,所以这里只介绍 E-R 图向关系数据模型的转换原则与方法。

4.6.2 E-R 图向关系模型的转换原则

关系模型的逻辑结构是一组关系模式的集合,而 E-R 图则是由实体、实体的属性和实体之间的联系三个要素组成的。所以将 E-R 图转换为关系模型实际上就是要将实体、实体的属性和实体之间的联系转化为相应的关系模式,下面具体介绍转换的规则。

(1) 一个实体类型转换为一个关系模式。实体的属性就是关系的属性,实体的码就是关系的码。

例题 4.4 将图 4.19 中学生实体和课程实体分别转换成两个关系模式。

图 4.19 学生和课程实体

学生实体和课程实体分别转换成如下两个关系模式。

• 学生关系模式(学号,姓名,年龄,性别),学号为关系模式的主码。

• 课程关系模式(课程号,课程名,学分),课程号为关系模式的主码。

(2) 一个 $m:n$ 联系转换为一个独立的关系模式。与该联系相连的各实体的码以及联系本身的属性均转换为关系的属性。而关系的码为各实体码的组合。

例题 4.5　将图 4.20 中学生选课 E-R 模型转换为相应的关系模式。

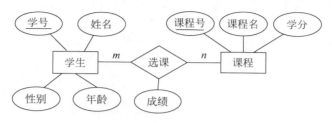

图 4.20　学生选课 E-R 图

将上述 E-R 模型转换为相应的关系模式,先将学生和课程两个实体转换为关系模式,再将这两个实体间的联系转换为关系模式,如下所示。

- 学生关系模式(学号,姓名,年龄,性别),学号为关系模式的主码。
- 课程关系模式(课程号,课程名,学分),课程号为关系模式的主码。
- 选课关系模式(学号,课程号,成绩),学号和课程号的组合码为关系模式的主码。

(3) 一个 1∶n 联系可以转换为一个独立的关系模式,也可以与 n 端对应的关系模式合并。如果转换为一个独立的关系模式,则与该联系相连的各实体的码以及联系本身的属性均转换为关系的属性,而该关系的码为 n 端实体的码。如果与 n 端对应的关系模式合并,则只需要将联系本身的属性和 1 端实体的码加入到 n 端对应的关系模式中即可。

例题 4.6　将图 4.21 中班导师指导学生的 E-R 模型转换为相应的关系模式。

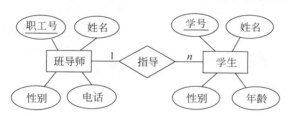

图 4.21　学生指导 E-R 图

将上述 E-R 模型转换为相应的关系模式,先将班导师和学生两个实体转换为关系模式,再将这两个实体间的联系转换为关系模式,如下所示。

方法一:产生独立的关系模式。

- 学生关系模式(学号,姓名,年龄,性别),学号为关系模式的主码。
- 班导师关系模式(职工号,姓名,性别,电话),职工号为关系模式的主码。
- 指导关系模式(学号,职工号),学号为关系模式的主码。

方法二:与 n 端对应的关系模式合并。

- 学生关系模式(学号,姓名,年龄,性别,职工号),学号为关系模式的主码。
- 班导师关系模式(职工号,姓名,性别,电话),职工号为关系模式的主码。

(4) 一个 1∶1 联系可以转换为一个独立的关系模式,也可以与任意一端对应的关系模式合并。如果转换为一个独立的关系模式,则与该联系相连的各实体的码以及联系本身的属性均转换为关系的属性,每个实体的码均是该关系的候选码。如果与某一端对应的关系模式合并,则需要在该关系模式的属性中加入另一个关系模式的码和联系本身的属性。

例题 4.7　将图 4.22 中班长任职的 E-R 模型转换为相应的关系模式。

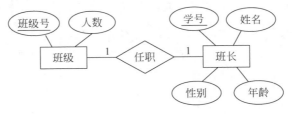

图 4.22　班长任职 E-R 图

将上述 E-R 模型转换为相应的关系模式,先将班级和班长两个实体转换为关系模式,再将这两个实体间的联系转换为关系模式,如下所示。

方法一:产生独立的关系模式。

- 班级关系模式(<u>班级号</u>,人数),班级号为关系模式的主码。
- 班长关系模式(<u>学号</u>,姓名,性别,年龄),学号为关系模式的主码。
- 任职关系模式(<u>班级号</u>,学号),班级号为关系模式的主码,也可以选学号作为关系模式的主码。

方法二:与任意一端对应的关系模式合并。

- 班级关系模式(<u>班级号</u>,人数),班级号为关系模式的主码。
- 班长关系模式(<u>学号</u>,姓名,性别,年龄,班级号),学号为关系模式的主码。

或者

- 班级关系模式(<u>班级号</u>,人数,学号),班级号为关系模式的主码。
- 班长关系模式(<u>学号</u>,姓名,性别,年龄),学号为关系模式的主码。

(5) 三个或三个以上实体间的一个多元联系转换为一个关系模式。与该多元联系相连的各实体的码以及联系本身的属性均转换为关系的属性。而关系的码为各实体码的组合。

(6) 同一实体集的实体间的联系,即自联系,也可按上述 $1:1$、$1:n$ 和 $m:n$ 三种情况分别处理。

(7) 具有相同码的关系模式可合并。

例题 4.8　每个工厂生产多种产品,且每种产品可以在多个工厂中生产,每个工厂按照固定的计划数量生产产品;每个工厂聘用多名职工,且每个职工只能在一个工厂工作,工厂聘用职工有聘用期和工资。工厂的属性有工厂编号、厂名、地址,产品的属性有产品编号、产品名、规格,职工的属性有职工号、姓名。

(1) 根据需求画出 E-R 图,并在 E-R 图中注明实体的属性、联系的类型以及实体的码。

(2) 将 E-R 图转换成关系模式,并用下画线标出每个关系模式的主码。

解析:

(1) 根据题意,建立全局 E-R 图,如图 4.23 所示。

(2) 将上述 E-R 图转换成相应的关系模式为:

- 工厂(<u>工厂编号</u>,厂名,地址)
- 产品(<u>产品编号</u>,产品名,规格)
- 职工(<u>职工号</u>,姓名,工厂编号,工资,聘用期)
- 生产(<u>工厂编号,产品编号</u>,计划数量)

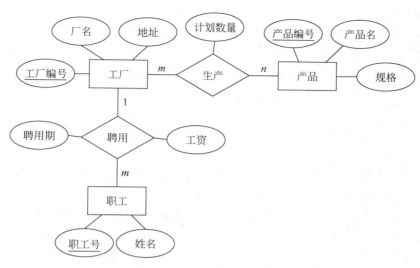

图 4.23 工厂信息管理 E-R 图

例题 4.9 某影院管理中心有如下信息。

影院内有多个放映厅,每个放映厅只属于一个影院;每个放映厅可以放映多部影片,每部影片可以在不同的放映厅放映,每部电影在放映厅放映时有放映时间;每个观众可以观看多部影片,每部影片也可以被多名观众观赏,每个观众观赏影片时都有观看时间。

其中,影院的属性有:影院名、地址、电话;放映厅的属性有:厅名、规模;电影的属性有:许可证号、电影名、类型、时长;观众的属性有:身份证号、姓名、年龄。

(1) 根据需求画出 E-R 图,并在 E-R 图中注明实体的属性、联系的类型以及实体的码。

(2) 将 E-R 图转换成关系模式,并用下画线标出每个关系模式的主码。

解析:

(1) 根据题意,建立全局 E-R 图,如图 4.24 所示。

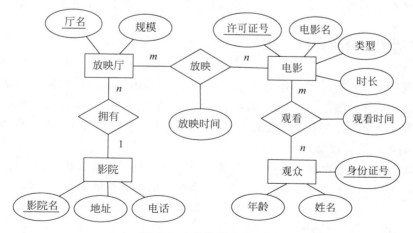

图 4.24 影院管理 E-R 图

(2) 将上述 E-R 图转换成相应的关系模式为:

• 影院(<u>影院名</u>,地址,电话)

- 放映厅(<u>厅名</u>,规模,影院名)
- 电影(<u>许可证号</u>,电影名,类型,时长)
- 观众(<u>身份证号</u>,姓名,年龄)
- 放映(<u>厅名</u>,<u>许可证号</u>,放映时间)
- 观看(<u>身份证号</u>,<u>许可证号</u>,观看时间)

4.6.3 数据模型的优化

关系数据库逻辑设计的结果不是唯一的。在逻辑结构设计的基础上,根据需要对设计结构进行适当的调整和完善,以提高系统的性能。为了进一步提高数据库应用系统的性能,通常以规范化理论为指导,还应该适当地修改、调整数据模型的结构,这就是数据模型的优化。

数据模型优化的步骤如下所示。

(1) 确定数据依赖。

(2) 对各个关系模式之间的数据依赖进行极小化处理,消除冗余的联系。

(3) 按照数据依赖的理论对关系模式逐一进行分析,考查是否存在部分函数依赖、传递函数依赖、多值依赖等,确定各关系模式分别属于第几范式。

(4) 按照需求分析阶段得到的各种应用对数据处理的要求,分析对于这样的应用环境这些模式是否合适,确定是否要对它们进行合并或分解。

(5) 对关系模式进行必要的分解。

如果一个关系模式的属性特别多,就应该考虑是否可以对这个关系进行垂直分解。如果有些属性是经常访问的,而有些属性是很少访问的,则应该把它们分解为两个关系模式。如果一个关系的数据量特别大,就应该考虑是否可以进行水平分解。例如一个论坛中,如果设计时把会员发的主帖和跟帖设计为一个关系,则在帖子量非常大的情况下,就应该考虑把它们分开了。因为显示的主帖是经常查询的,而跟帖则是在打开某个主帖的情况下才查询的。又如手机号管理软件,可以考虑按省份或其他方式进行水平分解。

4.7 物理结构设计

数据库物理结构设计阶段的任务是根据具体计算机系统(DBMS 和硬件等)的特点,为给定的数据库模型确定合理的存储结构和存取方法。所谓的"合理"主要有两个含义:一个是要使设计出的物理数据库占用较少的存储空间,另一个是对数据库的操作具有尽可能高的速度。

数据库的物理结构设计通常分为如下两步。

首先,确定数据库的物理结构,在关系数据库中主要指存取方法和存储结构。

其次,对物理结构进行评价,评价的内容是系统的时间和空间效率。

4.7.1 确定物理结构

1. 确定数据的存储结构

确定数据库存储结构时要综合考虑存取时间、存储空间利用率和维护代价三方面的因素。这三个方面常常是相互矛盾的,例如消除一切冗余数据虽然能够节约存储空间,但往往会导致检索代价的增加,因此必须进行权衡,选择一个折中方案。

2. 设计数据的存取路径

在关系数据库中,选择存取路径主要是指确定如何建立索引。例如,应把哪些域作为次码建立次索引,建立单码索引还是组合索引,建立多少个为合适,是否建立聚集索引等。

3. 确定数据的存放位置

为了提高系统性能,数据应该根据应用情况将易变部分与稳定部分、经常存取部分和存取频率较低部分分开存放。

4. 确定系统配置

DBMS 产品一般都提供了一些存储分配参数,供设计人员和 DBA 对数据库进行物理优化。初始情况下,系统都为这些变量赋予了合理的默认值。但是这些值不一定适合每一种应用环境,在进行物理结构设计时,需要重新对这些变量赋值以改善系统的性能。

4.7.2 评价物理结构

数据库物理结构设计过程中需要对时间效率、空间效率、维护代价和各种用户要求进行权衡,其结果可以产生多种方案,数据库设计人员必须对这些方案进行细致的评价,从中选择一个较优的方案作为数据库的物理结构。

评价物理数据库的方法完全依赖于所选用的 DBMS,主要是从定量估算各种方案的存储空间、存取时间和维护代价入手,对估算结果进行权衡、比较,选择出一个较优的合理的物理结构。如果该结构不符合用户需求,则需要修改设计。

4.8 数据库的实施

在进行概念结构设计、逻辑结构设计和物理结构设计之后,设计者对目标系统的结构、功能已经分析得较为清楚了,但这还只是停留在文档阶段。数据库系统设计的根本目的,是为用户提供一个能够实际运行的系统,并保证该系统的稳定和高效。数据库的实施主要包括以下四部分工作:用数据定义语言定义数据库结构;组织数据入库;编制与调试应用程序;数据库试运行。

1. 用数据定义语言定义数据库结构

确定了数据库的逻辑结构与物理结构后,就可以用所选用的 DBMS 提供的数据定义语言来严格描述数据库结构。

2. 组织数据入库

数据库结构建立好后,就可以向数据库中装载数据了。组织数据入库是数据库实施阶段最主要的工作。对于数据量不是很大的小型系统,可以用人工方式完成数据的入库,其步骤如下。

1) 筛选数据

需要装入数据库中的数据通常都分散在各个部门的数据文件或原始凭证中,所以首先必须把需要入库的数据筛选出来。

2）转换数据格式

筛选出来的需要入库的数据,其格式往往不符合数据库要求,还需要进行转换。这种转换有时可能很复杂。

3）输入数据

将转换好的数据输入计算机中。

4）校验数据

检查输入的数据是否有误。

对于中大型系统,由于数据量极大,用人工方式组织数据入库将会耗费大量的人力和物力,而且很难保证数据的正确性。因此应该设计一个数据输入子系统,由计算机辅助数据的入库工作。

3. 编制与调试应用程序

数据库应用程序的设计应该与数据库设计并行进行。在数据库实施阶段,当数据库结构建立好后,就可以开始编制与调试数据库的应用程序,也就是说,编制与调试应用程序是与组织数据入库同步进行的。调试应用程序时由于数据入库尚未完成,可先使用模拟数据。

4. 数据库试运行

当应用程序调试完成,并且已有一小部分数据入库后,就可以开始数据库的试运行。数据库试运行也称为联合调试,主要包括以下工作。

1）功能测试

功能测试即实际运行应用程序,执行对数据库的各种操作,测试应用程序的各种功能。

2）性能测试

性能测试即测量系统的性能指标,分析是否符合设计目标。

由于在数据库设计阶段,设计者对数据库的评价多是在简化了的环境条件下进行的,因此设计结果未必是最佳的。在试运行阶段,除了对应用程序做进一步的测试之外,重点执行对数据库的各种操作,实际测量系统的各种性能,检测是否达到设计要求。如果在数据库试运行时,所产生的实际结果不理想,则应回过头来修改物理结构,甚至修改逻辑结构。

4.9 数据库的运行和维护

数据库试运行结果符合设计目标后,数据库就可以真正投入运行了。数据库的投入运行标志着开发任务的基本完成和维护工作的开始,并不意味着设计过程的终结。由于应用环境在不断变化,数据库运行过程中物理存储也会不断变化,对数据库设计进行评价、调整、修改等维护工作是一个长期的任务,也是设计工作的继续和提高。

在数据库运行阶段,对数据库经常性的维护工作主要是由 DBA 完成的,包括如下内容。

1. 数据库的转储和恢复

定期对数据库和日志文件进行备份,确保一旦发生故障,能利用数据库备份及日志文件备份,尽快将数据库恢复到某种一致性状态,并尽可能减少对数据库的破坏。

2. 数据库的安全性、完整性控制

DBA 必须对数据库安全性和完整性控制负起责任。根据用户的实际需要授予不同的操作权限。另外，由于应用环境的变化，数据库的完整性约束条件也会变化，也需要 DBA 不断修正，以满足用户要求。

3. 数据库性能的监督、分析和改进

目前许多 DBMS 产品都提供了监测系统性能参数的工具，DBA 可以利用这些工具方便地得到系统运行过程中一系列性能参数的值。DBA 应该仔细分析这些数据，通过调整某些参数来进一步改进数据库性能。

4. 数据库的重组织和重构造

数据库运行一段时间后，由于记录的不断增、删、改，会使数据库的物理存储变坏，从而降低数据库存储空间的利用率和数据的存取效率，使数据库的性能下降。这时 DBA 就要对数据库进行重组织，或部分重组织（只对频繁增、删的表进行重组织）。

重构数据库的程度是有限的。若应用环境的设置变化得太大，已无法通过重构造数据库来满足新的需要，或重构的代价太大，则表明现有数据库应用系统的生命周期已经终结，应该重新设计数据库应用系统，启动新数据库应用系统的生命周期。

4.10　本章小结

本章首先介绍了关系数据库规范化理论，给出了函数依赖和范式的相关定义，通过实例给出如何规范关系模型和保证数据完整性。

其次，介绍了数据库设计的基础知识，给出了数据库设计的方法和具体步骤。详细介绍了系统规划阶段、需求分析阶段、概念结构设计阶段、逻辑结构设计阶段、物理结构设计阶段、数据库的实施阶段、数据库的运行和维护阶段的目标、方法和应该注意的事项。

其中最重要的两个环节是概念结构设计阶段和逻辑结构设计阶段。重点介绍了在概念结构设计阶段中，将需求分析的结果转化为 E-R 模型的方法；在逻辑结构设计阶段中，将 E-R 图转换成关系模式的转换内容与转换原则。

4.11　课后习题

1. 设计性能较优的关系模式称为规范化，规范化主要的理论依据是（　　）。
   - A. 关系运算理论
   - B. 关系规范化理论
   - C. 关系代数理论
   - D. 数理逻辑

2. 下列函数依赖中，（　　）属于平凡函数依赖。
   - A. $(X,Y) \rightarrow Z$
   - B. $(X,Y) \rightarrow Y$
   - C. $X \rightarrow Z$
   - D. $Z \rightarrow Y$

3. 在关系模式中，如果属性 X 和 Y 存在 1:1 的联系，则说明（　　）。
   - A. $X \rightarrow Y$
   - B. $Y \rightarrow X$
   - C. $X \longleftrightarrow Y$
   - D. 以上都不对

4. 关系模式中各级范式之间的关系为( )。

    A. $1NF \subset 2NF \subset 3NF \subset BCNF$ B. $3NF \subset 2NF \subset 1NF \subset BCNF$

    C. $BCNF \subset 3NF \subset 2NF \subset 1NF$ D. $BCNF \subset 1NF \subset 2NF \subset 3NF$

5. 关系模式的候选码可以有( )。

    A. 0 个   B. 1 个   C. 1 个或多个   D. 多个

6. 下列不属于需求分析阶段工作的是( )。

    A. 分析用户活动   B. 建立数据流图

    C. 建立数据字典   D. 建立 E-R 图

7. 下列不属于全局 E-R 模型优化时要达到的目的是( )。

    A. 实体类型的个数尽可能少   B. 实体类型所含属性的个数尽可能少

    C. 实体间联系的冗余最小   D. 实体完整性和参照完整性

8. 在 E-R 模型中,如果有 5 个不同的实体集,存在 2 个 $1:n$ 联系和 3 个 $m:n$ 联系,根据 E-R 模型转换为关系模型的规则,该 E-R 图转换为关系模式的数目至少是( )。

    A. 5 个   B. 7 个   C. 8 个   D. 10 个

9. 下面有关 E-R 模型向关系模型转换的叙述中,不正确的是( )。

    A. 一个实体类型转换为一个关系模式

    B. 一个 $1:1$ 联系可以转换为一个独立的关系模式,也可以与联系的任意一端实体所对应的关系模式合并

    C. 一个 $1:m$ 联系可以转换为一个独立的关系模式,也可以与联系的任意一端实体所对应的关系模式合并

    D. 一个 $m:n$ 联系转换为一个独立的关系模式

10. 对数据库的物理结构设计优劣评价的重点是( )。

    A. 用户界面的友好性   B. 动态和静态的性能

    C. 时间和空间效率   D. 成本和效益

11. 简述 2NF 与 3NF 的关系。

12. 简述 E-R 图的定义及构成 E-R 图的基本要素。

13. 简述 E-R 图向关系模型的转换规则。

14. 在某一商业集团数据库中,有一个关系模式为 R(商店编号,商品编号,库存数量,部门编号,部门经理)。这些数据有下列语义:

(1) 每个商店的每种商品只在一个部门销售;

(2) 每个商店的每个部门只有一个部门经理;

(3) 每个商店的每种商品只有一个库存数量。

请回答下列问题:

(1) 根据上述语义,写出关系模式 R 的基本函数依赖。

(2) 写出关系模式 R 的候选码。

(3) 试问关系模式 R 最高已经达到第几范式? 给出理由。

(4) 如果关系模式 R 不满足 3NF,请将 R 规范化到 3NF。

15. 某动物园管理中心有如下信息:

动物园有多个笼舍,每个笼舍只属于这一个动物园;每个笼舍可以安置一种动物,每种

动物住在一个笼舍里；每名饲养员喂养多种动物，每种动物可由多名饲养员喂养，饲养员每次喂养动物时有一个喂养时间；每个游客可以观赏多种动物，每种动物可以供多名游客观赏。

其中，动物园的属性有：动物园名、地点、电话；笼舍的属性有：笼舍编号、规模、位置；动物的属性有：动物编号、动物名称、产地、所属科目；饲养员的属性有：饲养员编号、姓名、年龄、职位；游客的属性有：身份证号、姓名、性别。

（1）根据需求画出 E-R 图，并在 E-R 图中注明实体的属性、联系的类型以及实体的码。

（2）将 E-R 图转换成关系模式，并用下画线标出每个关系模式的主码。

第5章

数据库安全性与完整性

- -

视频

5.1 数据库安全性概述

5.1.1 安全控制模型

数据库已在各种信息系统中得到广泛的应用,数据在信息系统中的价值越来越重要,数据库系统的安全性成为一个越来越值得关注的问题。

数据库的安全性是指在信息系统的不同层次保护数据库,防止未授权的数据访问,避免数据的泄漏、不合法的修改或对数据的破坏。安全性问题不是数据库系统所独有的,它来自各个方面,其中既有数据库本身的安全机制,如用户认证、存取权限、视图隔离、跟踪与审查、数据加密、数据完整性控制、数据访问的并发控制、数据库的备份和恢复等方面,也涉及计算机硬件系统、网络系统、操作系统、组件、Web 服务、客户端应用程序、网络浏览器等。只是在数据库系统中大量数据集中存放,而且为许多最终用户直接共享,从而使安全性问题更为突出,每一个方面产生的安全问题都可能导致出现数据库数据泄露、意外修改、丢失等后果。

在一般计算机系统中,安全措施往往是一级一级层层设置的,其安全模型如图 5.1 所示。

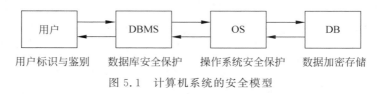

图 5.1 计算机系统的安全模型

在这个安全模型中,用户要求进入计算机时,系统首先根据输入的用户标识进行用户身份鉴定,只有合法用户才准许进入计算机系统。对已进入系统的用户,DBMS 还要设置很多访问限制,例如 DBMS 级访问控制主要有自由存取控制(Discretionary Access Control, DAC)和强制存取控制方法(Mandatory Access Control,MAC),并只允许用户进行合法操作。操作系统一般也有自己的保护措施,它主要是基于用户访问权限的访问控制。数据最后还可以以加密形式存储到数据库中。

5.1.2 安全层次简介

在安全问题上,DBMS 应与操作系统达到某种意向,理清关系,分工协作,以加强 DBMS 的安全性。数据库系统安全保护措施是否有效是数据库系统的主要指标之一,主要包括以下几个层次的安全措施。

1. 数据库系统层次

数据库管理系统的安全保护主要表现在对数据库的存取权限控制上。同时,数据库本身的完整性问题也直接关系到数据库数据是否安全可靠。

2. 操作系统层次

操作系统的安全保护主要表现在标识、鉴别、审核用户以及隔离用户进程。

3. 网络层次

网络层次的安全性包括保密性、安全协议设计、接入控制等。

4. 物理层次

物理层次的安全性主要指物理节点保护、硬件保护等方面所采取的相应措施。

5. 人员层次

在人员层次上,主要采取用户分类、角色设定、授权等措施来防止操作人员对系统的非法访问。

5.1.3 安全标准简介

信息技术和网络空间给社会各个方面都注入了新的活力。人们在享受信息化带来的众多好处的同时,也面临着日益突出的信息安全与保密的问题。越来越多的人开始关注信息安全评估,而评估工作必须依据一定的安全标准。在一系列的安全标准中,最有影响的当推美国可信计算机系统评价标准(Trusted Computer System Evaluation Criteria,TCSEC)和信息技术安全性评估标准(Common Criteria for Information Technology Security Evaluation,CC)。

1. TCSEC

TCSEC 是指 1985 年美国国防部正式颁布的《DoD 可信计算机系统评估准则》。在 TCSEC 中,美国国防部按处理信息的等级和应采用的响应措施,将计算机安全从高到低分为:A、B、C、D 四类八个级别,共 27 条评估准则。随着安全等级的提高,系统的可信度随之增加,风险逐渐减少,如表 5.1 所示。

表 5.1   TCSEC 的等级划分

等 级 划 分	等 级 名 称	保 护 等 级
D 类	最低保护等级	D 级：无保护级
C 类	自主保护级	C1 级：自主安全保护级
		C2 级：控制访问保护级
B 类	强制保护级	B1 级：标记安全保护级
		B2 级：结构化保护级
		B3 级：安全区域保护级
A 类	验证保护级别	A1 级：验证设计级
		超 A1 级

2. CC

国际《信息技术安全性评估通用准则》(简称《通用准则》,CC)是北美和欧盟联合开发一个统一的国际互认的安全标准的结果,是在美国、加拿大、欧洲等国家和地区分别自行推出的评估标准及具体实践的基础上,通过相互间的总结和互补发展起来的。目前 CC 已经基本取代了 TCSEC,成为评估信息产品安全性的主要标准。

CC 提出了目前国际上公认的表述信息技术安全性的结构,即把对信息产品的安全要求分为安全功能要求和安全保证要求。安全功能要求用以规范产品和系统的安全行为,安全保证要求解决如何正确有效地实施这些功能。安全功能要求和安全保证要求都以"类-子类-组件"的结构表述,组件是安全要求的最小构件块。

CC 的文本由三部分组成,三个部分相互依存,缺一不可。

第一部分是简介和一般模型,介绍 CC 中的有关术语、基本概念和一般模型,以及与评估有关的一些框架。

第二部分是安全功能要求,列出了一系列类、子类和组件,由 11 大类、66 个子类和 135 个组件构成。

第三部分是安全保证要求,列出了一系列保证类、子类和组件,包括 7 大类、26 个子类和 74 个组件。根据系统对安全保证要求的支持情况提出了评估保证级(Evaluation Assurance Level,EAL),EAL1～EAL7 共分为 7 级,按保证程度逐渐增高,如表 5.2 所示。

表 5.2   CC 评估保证级的划分

评估保证级	定 义	TCSEC 安全级别(近似相当)
EAL1	功能测试	
EAL2	结构测试	C1
EAL3	系统地测试和检查	C2
EAL4	系统地设计、测试和复查	B1
EAL5	半形式化设计和测试	B2
EAL6	半形式化验证的设计和测试	B3
EAL7	形式化验证的设计和测试	A1

CC 的附录部分主要介绍保护轮廓(Protection Profile,PP)和安全目标(Security Target,ST)的基本内容。

这三部分的有机结合具体体现在保护轮廓和安全目标中,CC 提出的安全功能要求和安全保证要求都可以在具体的保护轮廓和安全目标中进一步细化和扩展,这种开放式的结构更适应信息安全技术的发展。CC 的具体应用也是通过保护轮廓和安全目标这两种结构来实现的。

3. 我国的信息安全评估标准

我国在信息系统安全的研究与应用方面与其他先进国家相比有一定的差距,但近年来,国内的研究人员已经在安全操作系统、安全数据库、安全网关、防火墙、入侵检测系统等方面做了许多工作,1999 年发布的国家强制性标准《计算机信息系统安全保护等级划分准则》(GB17859—1999)为安全产品的研制提供了技术支持,也为安全系统的建设和管理提供了技术指导。CC V2.1 版于 1999 年被 ISO 采用为国际标准,2001 年被我国采用为国家标准。

5.2 Oracle 的安全机制

视频

5.2.1 用户管理

在 Oracle 中,最外层的安全措施就是让用户标识自己的名字,然后由系统进行核实。Oracle 允许用户重复标识三次,如果三次未通过,系统就自动退出。

在 Oracle 数据库系统中可以通过设置用户的安全参数维护安全性。为了防止非授权用户对数据库进行存取,在创建用户时必须使用安全参数对用户进行限制。用户的安全参数包括:用户名、口令、用户默认表空间、用户临时表空间、用户空间存取限制和用户资源存取限制。

1. 创建用户

在 Oracle 19c 中,对用户分为两类,即公有用户(Common User)和本地用户(Local User)。这样划分的目的是为了 Oracle 云平台的创建,同时两类用户的保存内存不同,其中公有用户保存在数据库容器(Container Database,CDB)中,而本地用户保存在可拔插数据库(Pluggable Database,PDB)中。一个 CDB 下会包含多个 PDB。如果是 CDB 用户,必须使用"C##"或"c##"开头;如果是 PDB 用户,则不需要使用"C##"或"c##"开头。本章主要介绍 CDB 用户。

Oracle 数据库使用 CREATE USER 命令来创建一个新的数据库用户,但是创建者必须具有 CREATE USER 系统权限。在建立用户时应该为其指定一个口令,该口令加密后存储在数据库数据字典中。当用户与数据库建立连接时,Oracle 验证用户提供的口令与存储在数据字典中的口令是否一致。

使用 SQL 命令创建用户的语法如下。

语法:

```
CREATE USER 用户名
IDENTIFIED BY 口令
[DEFAULT TABLESPACE 表空间名]
[TEMPORARY TABLESPACE 表空间名]
[ QUOTA n K | M | UNLIMITED ON tablespace_name ]
```

```
[PROFILE profile_name]
[PASSWORD EXPIRE]
[ACCOUNT {LOCK | UNLOCK}]
```

说明：

（1）使用 IDENTIFIED BY 子句为用户设置口令，这时用户将通过数据库来进行身份认证。值得注意的是，口令区分大小写。

（2）使用 DEFAULT TABLESPACE 子句为用户指定默认表空间。如果没有指定默认表空间，Oracle 会把 SYSTEM 表空间作为用户的默认表空间。

（3）TEMPORARY TABLESPACE 子句为用户指定临时表空间，若没有指定，TEMP 为该用户的临时表空间。

（4）QUOTA 用于指定用户在特定表空间的配额，即用户在该表空间中可以分配的最大空间。默认情况下，新建用户在任何表空间都不具有任何配额。

（5）PROFILE 用于为用户指定概要配置文件，默认值为 DEFAULT，采用系统默认的概要配置文件。

（6）PASSWORD EXPIRE 子句用于设置用户口令的初始状态为过期。当用户使用 SQL/PLUS 第一次登录数据库时，强制用户重置口令。

（7）ACCOUNT LOCK 子句用于设置用户账户的初始状态为锁定，默认为 ACCOUNT UNLOCK。当一个账号被锁定并且用户试图连接到该数据库时，会显示错误提示。

例题 5.1　创建一个 c## test 用户，口令为 c## test。该用户口令没有到期，账号也没有被锁住，默认表空间为 users，在该表空间的配额为 20MB，临时表空间为 temp。

解析：

```
CREATE USER c## test
IDENTIFIED BY c## test
DEFAULT TABLESPACE users
TEMPORARY TABLESPACE temp
QUOTA 20M ON users
ACCOUNT UNLOCK;
```

说明： 当建立用户后，必须给用户授权，用户才能连接到数据库，并对数据库中的对象进行操作。只有拥有 CREATE SESSION 权限的用户才能连接到数据库。可用下列语句对 c## test 用户授权。

```
GRANT CREATE SESSION TO c## test;
```

2. 修改用户

建立用户时指定的所有特性都可以使用 ALTER USER 命令加以修改。使用此命令可修改用户的默认表空间、临时表空间、口令、口令期限以及加锁设置，但是不能更改用户名。执行该语句必须具有 ALTER USER 的系统权限。

修改用户的语法如下：

```
ALTER USER 用户名
IDENTIFIED  BY 口令
[DEFAULT TABLESPACE 表空间名]
```

```
[ TEMPORARY TABLESPACE 表空间名 ]
[ PASSWORD EXPIRE ]
[ ACCOUNT {LOCK | UNLOCK} ]
```

例题 5.2 将 c##test 用户的口令修改为 Oracle19c,并且将其口令设置为到期。

解析:

```
ALTER USER c##test
IDENTIFIED BY Oracle19c
PASSWORD EXPIRE;
```

例题 5.3 修改 c##test 用户的默认表空间和账户的状态,将默认表空间改为 system,账户的状态设置为锁定状态。

解析:

```
ALTER USER c##test
DEFAULT TABLESPACE system
ACCOUNT LOCK;
```

说明:修改用户的默认表空间只影响将来建立的对象,以前建立的对象仍然存放在原来的表空间上,将来建立的对象存放到新的默认表空间。

3. 删除用户

使用 DROP USER 命令可以从数据库中删除一个用户。当一个用户被删除时,其所拥有对象也随之被删除。

删除用户的语法如下:

```
DROP USER 用户名;
```

假如用户拥有对象,必须指定 CASCADE 关键字才能删除用户,否则返回一个错误。假如指定了 CASCADE 关键字,Oracle 先删除该用户所拥有的所有对象,然后删除该用户。如果其他数据库对象(如存储过程、函数等)引用了该用户的数据库对象,则这些数据库对象将被标识为失效(INVALID)。

例题 5.4 删除 c##test 用户。

解析:

```
DROP USER c##test;
```

说明:如果我们已经在 c##test 用户下创建了相应的对象,如表、视图,那么我们在使用上述命令对用户进行删除时将出现错误,此时语句应改为:DROP USER c##test CASCADE;但是,一个连接到 Oracle 服务器的用户是不能被删除的。

4. 查询用户信息

可以通过查询数据字典视图或动态性能视图来获取用户信息。

(1) ALL_USERS:包含数据库所有用户的用户名、用户 ID 和用户创建时间。

(2) DBA_USERS:包含数据库所有用户的详细信息。

(3) USER_USERS:包含当前用户的详细信息。

(4) V$SESSION:包含用户会话信息。

（5）V＄OPEN_CURSOR：包含用户执行的 SQL 语句信息。

普通用户只能查询 USER_USERS 数据字典，只有拥有 DBA 权限的用户才能查询 DBA_USERS 数据字典。

例题 5.5 查询当前用户的详细信息。

解析：

```
SELECT USERNAME,
DEFAULT_TABLESPACE,
TEMPORARY_TABLESPACE,
ACCOUNT_STATUS, EXPIRY_DATE
FROM USER_USERS;
```

程序运行效果如图 5.2 所示。

```
USERNAME
DEFAULT_TABLESPACE                    TEMPORARY_TABLESPACE
--------------------------------   -----------------------------------
ACCOUNT_STATUS                        EXPIRY_DATE
--------------------------------   -----------------
SYSTEM
SYSTEM                                TEMP
OPEN                                  21-8月 -20
```

图 5.2 当前用户的详细信息

例题 5.6 查询数据库中所有用户名、默认表空间和账户的状态。

解析：

```
SELECT USERNAME,
DEFAULT_TABLESPACE,
ACCOUNT_STATUS
FROM DBA_USERS;
```

5.2.2 权限管理

创建了用户，并不意味着用户就可以对数据库随心所欲地进行操作。创建用户账号也只是意味着用户具有了连接、操作数据库的资格，用户对数据库进行的任何操作，都需要具有相应的操作权限。

权限是在数据库中执行一种操作的权力。在 Oracle 数据库中，根据系统管理方式的不同，可以将权限分为两类，即系统权限和对象权限。

1. 系统权限

系统权限是指在系统级控制数据库的存取和使用的机制，系统权限决定了用户是否可以连接到数据库以及在数据库中可以进行哪些操作。可以将系统权限授予用户、角色、PUBLIC 用户组。由于系统权限有较大的数据库操作能力，因此应该只将系统权限授予值得信赖的用户。

系统权限可划分成下列三类。

第一类：允许在系统范围内操作的权限。如 CREATE SESSION、CREATE TABLESPACE

等与用户无关的权限。

第二类：允许在用户自己的账号内管理对象的权限。如 CREATE TABLE 等建立、修改、删除指定对象的权限。

第三类：允许在任何用户账号内管理对象的权限。如 CREATE ANY TABLE 等带 ANY 的权限，允许用户在任何用户账号下建表。

常见的系统权限如表 5.3 所示。

表 5.3　Oracle 常用的系统权限

系 统 权 限	描　　述
CREATE SESSION	创建会话
CREATE SEQUENCE	创建序列
CREATE SYNONYM	创建同名对象
CREATE TABLE	在用户模式中创建表
CREATE ANY TABLE	在任何模式中创建表
DROP TABLE	在用户模式中删除表
DROP ANY TABLE	在任何模式中删除表
CREATE PROCEDURE	创建存储过程
EXECUTE ANY PROCEDURE	执行任何模式的存储过程
CREATE USER	创建用户
DROP USER	删除用户
CREATE VIEW	创建视图

1）系统权限的授权

使用 GRANT 命令可以将系统权限授予给一个用户、角色或 PUBLIC。给用户授予系统权限应该根据用户身份的不同进行。如数据库管理员用户应该具有创建表空间、修改数据库结构、修改用户权限、对数据库任何模式中的对象进行管理的权限；而数据库开发人员具有在自己模式下创建表、视图、索引、同义词、数据库链接等权限。

语法格式如下：

```
GRANT {系统权限 | 角色} [,{系统权限 | 角色}]…
TO {用户 | 角色 | PUBLIC} [,{用户 | 角色 | PUBLIC}]…
[WITH ADMIN OPTION]
```

说明：

（1）PUBLIC 是创建数据库时自动创建的一个特殊的用户组，数据库中所有的用户都属于该用户组。如果将某个权限授予 PUBLIC 用户组，则数据库中所有用户都具有该权限。

（2）WITH ADMIN OPTION 表示允许得到权限的用户进一步将这些对象权限或角色授予给其他的用户或角色。

例题 5.7　先创建用户 c##user1，再为用户 c##user1 授予 CREATE SESSION 系统权限，保证用户 c##user1 成功登录。

解析：

创建用户 c##user1，结果如图 5.3 所示。

```
SQL> CREATE USER c##user1
  2    IDENTIFIED BY c##user1
  3    DEFAULT TABLESPACE users
  4    TEMPORARY TABLESPACE temp
  5    QUOTA 20M ON users
  6    ACCOUNT UNLOCK;
用户已创建。
```

图 5.3 用户 c##user1 的创建

此时登录时,系统会拒绝并给出如下提示信息,如图 5.4 所示。

```
SQL> conn c##user1
输入口令:
ERROR:
ORA-01045: 用户 C##USER1 没有 CREATE SESSION 权限; 登录被拒绝

警告: 您不再连接到 ORACLE。
```

图 5.4 用户 c##user1 登录失败

通过授权解决用户登录失败的问题,程序如下:

```
GRANT CREATE SESSION
TO c##user1;
```

```
SQL> CONN c##user1
输入口令:
已连接。
```

为用户 c##user1 授予权限后,再次登录的结果如   图 5.5 用户 c##user1 登录成功
图 5.5 所示。

例题 5.8 为用户 c##user1 授予 CREATE TABLE 系统权限。

解析:

在例题 5.7 中,用户 c##user1 已经创建成功,并且能够成功登录数据库。在用户 c##user1 中创建一张基本表,结果如图 5.6 所示。

当前用户 c##user1 不具有创建表的权限,所以创建失败了。在 SYSTEM 用户下,给用户 c##user1 授权,程序如下:

```
GRANT CREATE TABLE
TO c##user1;
```

为用户 c##user1 授予权限后,在用户 c##user1 中再次创建基本表,结果如图 5.7 所示。

```
SQL> CREATE TABLE student
  2    (sno CHAR(8),
  3     sname VARCHAR2(20),
  4     age NUMBER);
CREATE TABLE student
*
第 1 行出现错误:
ORA-01031: 权限不足
```

图 5.6 创建基本表失败

```
SQL> CREATE TABLE student
  2    (sno CHAR(8),
  3     sname VARCHAR2(20),
  4     age NUMBER);
表已创建。
```

图 5.7 创建基本表成功

例题 5.9 为用户 c##user1 授予 CREATE VIEW 系统权限,允许用户 c##user1 将该权限再授予给其他用户。

解析：

```
GRANT CREATE VIEW
TO c##user1
WITH ADMIN OPTION;
```

2）系统权限的回收

数据库管理员或系统权限传递用户可以将用户所获得的系统权限回收。系统权限回收使用 REVOKE 命令可以从用户或角色上回收系统权限。

语法格式如下：

```
REVOKE {系统权限 | 角色} [,{系统权限 | 角色}]…
FROM {用户名 | 角色 | PUBLIC} [,{用户名 | 角色 | PUBLIC}]…
```

说明：

（1）多个管理员授予用户同一个系统权限后，其中一个管理员回收其授予该用户的系统权限时，不影响该用户从其他管理员处获得系统权限。

（2）系统权限授权语句中 WITH ADMIN OPTION 从句给了受权者将此权限再授予给另一个用户或 PUBLIC 的权利。但是当一个系统权限回收时不会有级联影响，不管在权限授予时是否带 WITH ADMIN OPTION 从句。

例题 5.10　回收用户 c##user1 的 CREATE VIEW 系统权限。

解析：

```
REVOKE CREATE VIEW
FROM c##user1;
```

2. 对象权限

对象权限是指在对象级控制数据库的存取和使用的机制，用于设置一个用户对其他用户的表、视图、序列、过程、函数、包的操作权限。对于不同类型的对象，有不同类型的对象权限。对于有些模式对象，如聚集、索引、触发器、数据库链接等没有相关的对象权限，这些权限由系统进行控制。

补充：模式（Schema）对象是具有拥有者的对象（如表 HR. TABLE1 是用户 HR 拥有的，名为 TABLE1 的表）。数据库还包含非模式对象。非模式对象与用户无关，在某些情况下，非模式对象是用户系统拥有的对象，并且可以被所有用户访问，这种非模式对象包括公共的同义词与公共的数据库链接，所有用户不需要考虑任何权限因素就能够使用这些对象。

Oracle 提供的对象权限如表 5.4 所示。

表 5.4　Oracle 提供的对象权限

对象权限	TABLE	COLUMN	VIEW	SEQUENCE	PROCEDURE/ FUNCTION/PACKAGE
ALTER	√			√	
DELETE	√		√		
EXECUTE					√
INDEX	√				
INSERT	√	√	√		

续表

对象权限	TABLE	COLUMN	VIEW	SEQUENCE	PROCEDURE/ FUNCTION/PACKAGE
REFERENCES	√	√			
SELECT	√		√	√	
UPDATE	√	√	√		
READ					

1) 对象权限的授权

使用 GRANT 命令可以将对象权限授予给一个用户、角色或 PUBLIC。

语法格式如下：

```
GRANT { 对象权限 [(列名1 [,列名2…])]
[,对象权限 [(列名1 [,列名2…])]]…|ALL}
ON   对象名
TO {用户名 | 角色名 | PUBLIC} [,{用户名|角色名|PUBLIC}]…
[WITH GRANT OPTION]
```

说明：WITH GRANT OPTION 表示允许得到权限的用户进一步将这些权限授予给其他的用户或角色。

例题 5.11   用户 system 将学生表(student)的 SELECT 权限和属性列 sname、age 上的 UPDATE 权限授予给用户 c##user1，并且允许用户 c##user1 再将这些对象权限授予给其他用户。

解析：

授权前，用户 c##user1 的权限测试结果如图 5.8 所示。

```
SQL> CONN c##user1
输入口令：
已连接。
SQL>  SELECT * FROM system.stduent WHERE sno='10172001';
 SELECT * FROM system.stduent WHERE sno='10172001'
                        *
第 1 行出现错误：
ORA-00942: 表或视图不存在


SQL> UPDATE system.student SET age=age+2 WHERE sno='10172001';
UPDATE system.student SET age=age+2 WHERE sno='10172001'
                        *
第 1 行出现错误：
ORA-00942: 表或视图不存在
```

图 5.8　授权前用户 c##user1 的权限测试

在 system 用户下，通过给用户 c##user1 授权，解决上述问题，程序如下：

```
GRANT SELECT,UPDATE(sname,age)
ON student
TO c##user1
WITH GRANT OPTION;
```

授权后，用户 c##user1 的权限测试结果如图 5.9 所示。

说明：假如用户拥有了一个对象，他就自动地获得了该对象的所有权限。对象拥有者

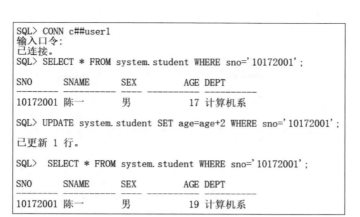

图 5.9　授权后用户 user1 的权限测试

可以将自己对象的操作权授予给别人。例如,用户 system 可以将 SELECT、INSERT、UPDATE、DELETE 等权限授予给其他用户。

2) 对象权限的回收

通过使用 REVOKE 命令可以实现权限的回收。

语法格式如下:

```
REVOKE {对象权限   [,对象权限]… | ALL [PRIVILEGES]}
FROM {用户名 | 角色 | PUBLIC} [,{用户名 | 角色 | PUBLIC}]…
[RESTRICT | CASCADE]
```

说明:

(1) ALL 用于回收授予给用户的所有对象权限。

(2) 可选项[RESTRICT │ CASCADE]中,CASCADE 表示回收权限时要引起级联回收。即从用户 A 回收权限时,要把用户 A 转授出去的同样的权限同时回收。RESTRICT 表示,当不存在级联连锁回收时,才能回收权限,否则系统拒绝回收。

(3) 当使用 WITH GRANT OPTION 从句授予对象权限时,一个对象权限回收时存在级联影响。

例题 5.12　用户 system 从用户 c＃＃ user1 中回收学生表(student)上 SELECT 权限。

解析:

回收权限前,测试用户 c＃＃ user1 的权限结果如图 5.10 所示。

```
SQL> CONN c##user1
输入口令:
已连接。
SQL> SELECT * FROM system.student WHERE sno='10172002';

SNO       SNAME     SEX       AGE DEPT
————————  ————————  ————————  ———— ————————
10172002 姚二       女         20 计算机系
```

图 5.10　回收权限前测试用户 c＃＃ user1 的权限

在用户 system 下回收用户 c＃＃ user1 对学生表 student 的 SELECT 权限,程序如下:

```
REVOKE SELECT
```

```
ON student
FROM c##user1;
```

回收权限后,测试用户 c##user1 的权限结果如图 5.11 所示。

```
SQL> CONN c##user1
输入口令:
已连接。
SQL> SELECT * FROM system.student WHERE sno='10172002';
SELECT * FROM system.student WHERE sno='10172002'
                    *
第 1 行出现错误:
ORA-01031: 权限不足
```

图 5.11　回收权限后测试用户 c##user1 的权限

说明:多个管理员授予用户同一个对象权限后,其中一个管理员回收其授予该用户的对象权限时,不影响该用户从其他管理员处获得的对象权限。如果一个用户获得的对象权限具有传递性(授权时使用了 WITH GRANT OPTION 子句),并且给其他用户授权,那么该用户的对象权限被回收后,其他用户的对象权限也被回收。

3. 查询各种权限

可以通过数据字典视图查询数据库相应权限信息。对象权限有关的数据字典视图如表 5.5 所示。

表 5.5　对象权限有关的数据字典视图

数据字典视图	描　　　述
DBA_TAB_PRIVS	包含数据库所有对象的授权信息
ALL_TAB_PRIVS	包含数据库所有用户和 PUBLIC 用户组的对象授权信息
USER_TAB_PRIVS	包含当前用户对象的授权信息
DBA_COL_PRIVS	包含数据库中所有字段已授予的对象权限信息
ALL_COL_PRIVS	包含所有字段已授予的对象权限信息,该用户或 PUBLIC 是被授予者
USER_COL_PRIVS	包含当前用户所有字段已授予的对象权限信息
DBA_SYS_PRIVS	包含授予用户或角色的系统权限信息
USER_SYS_PRIVS	包含授予当前用户的系统权限信息

例题 5.13　查询当前用户 system 所具有的权限。

解析:

```
SELECT username,privilege,admin_option FROM user_sys_privs;
```

程序运行结果如图 5.12 所示。

```
USERNAME        PRIVILEGE                    ADM
                                             ---
SYSTEM          CREATE TABLE                 NO
SYSTEM          SELECT ANY TABLE             NO
SYSTEM          DEQUEUE ANY QUEUE            YES
SYSTEM          GLOBAL QUERY REWRITE         NO
SYSTEM          ENQUEUE ANY QUEUE            YES
SYSTEM          CREATE MATERIALIZED VIEW     NO
SYSTEM          UNLIMITED TABLESPACE         NO
SYSTEM          MANAGE ANY QUEUE            YES
```

图 5.12　用户 system 所具有的权限

5.2.3 角色管理

数据库的用户通常有几十个、几百个,甚至成千上万个。如果管理员为每个用户授予或者撤销相应的系统权限和对象权限,则工作量是非常庞大的。为简化权限管理,Oracle 提供了角色的概念。

角色是具有名称的一组相关权限的集合,即将不同的权限集合在一起就形成了角色。可以使用角色为用户授权,同样也可以撤销角色。由于角色集合了多种权限,所以当为用户授予角色时,相当于为用户授予了多种权限。这样就避免了向用户逐一授权,从而简化了用户权限的管理。

Oracle 中的角色可以分为预定义角色和自定义角色两类。当数据库创建时,会自动为数据库预定义一些角色,这些角色主要用来限制数据库管理系统权限。此外,用户也可以根据自己的需求,将一些权限集中到一起,建立用户自定义的角色。

1. 预定义角色

预定义角色是在数据库安装后,系统自动创建的一些常用的角色。预定义角色的细节可以从 DBA_SYS_PRIVS 数据字典视图中查询到。表 5.6 列出了几个常见的预定义角色。

表 5.6 Oracle 常用的预定义角色

角 色 名	描 述
CONNECT	连接到数据库的权限,建立数据库链路、序列生成器、同义词、表、视图以及修改会话的权限
RESOURCE	建立表、序列生成器,以及建立过程、函数、包、数据类型、触发器的权限
DBA	带 WITH ADMIN OPTION 选项的所有系统权限可以被授予给数据库中其他用户或角色,DBA 角色拥有最高级别的权限
EXP_FULL_DATABASE	使用 EXPORT 工具执行数据库完全卸出和增量卸出的权限
IMP_FULL_DATABASE	使用 IMPORT 工具执行数据库完全装入的权限,这是一个功能非常强大的角色

2. 用户自定义角色

1)创建角色

使用 CREATE ROLE 命令可以创建角色,角色是属于整个数据库的,而不属于任何用户。当创建一个角色时,该角色没有相关的权限,系统管理员必须将合适的权限授予角色。此时,角色才是一组权限的集合。

语法格式如下:

```
CREATE ROLE 角色名 [NOT IDENTIFIED | IDENTIFIED {BY 口令}]
```

说明:在 Oracle 19c 中的 CDB 下创建角色时,角色名称必须以"C##"或"c##"开头,否则会出现错误提示消息"公共用户名或角色名无效"。

例题 5.14 建立一个带口令 Oracle19c 的角色 c##student_role。
解析:

```
CREATE ROLE c##student_role IDENTIFIED BY Oracle19c;
```

2）修改角色

语法格式如下：

```
ALTER ROLE role_name [ NOT IDENTIFIED ][ IDENTIFIED BY password ];
```

使用 ALTER ROLE 命令可以修改角色的口令，但不能修改角色名。

例题 5.15　修改角色 c##student_role，使其没有口令。

解析：

```
ALTER ROLE c##student_role NOT IDENTIFIED;
```

3）授予角色权限

创建完角色后需要给角色授权，授权后的角色才是一组权限的集合。在数据库运行过程中，可以为角色增加权限，也可以回收其权限。

例题 5.16　将用户 system 中学生表（student）的 SELECT、UPDATE 和 DELETE 权限的集合授予角色 c##student_role。

解析：

```
GRANT SELECT, UPDATE, DELETE
ON student
TO c##student_role;
```

3. 给用户或角色授予角色

可以使用 GRANT 语句将角色授予用户或其他角色。

语法格式如下：

```
GRANT role_list TO user_list|role_list;
```

例题 5.17　将角色 c##student_role 授予给用户 c##user1。

解析：

角色授予前，用户 c##user1 的权限测试结果如图 5.13 所示。

```
SQL> CONN c##user1
输入口令：
已连接。
SQL> select * from system.student where dept='管理系';
select * from system.student where dept='管理系'
                               *
第 1 行出现错误：
ORA-01031: 权限不足
```

图 5.13　角色授予前用户 c##user1 的权限测试

将角色 c##student_role 授予给用户 c##user1 后，用户 c##user1 就具有了相应的权限，程序如下：

```
GRANT c##student_role TO c##user1;
```

授权后，测试结果如图 5.14 所示。

```
SQL> CONN c##user1
输入口令:
已连接。
SQL> select * from system.student where dept='管理系';

SNO        SNAME      SEX          AGE DEPT
_____   _____   _____   _____ _____
10172009   张九       女            18 管理系
10172010   孙十       女            21 管理系
```

图 5.14　角色授予后用户 c##user1 的权限测试

4. 从用户或角色回收角色

可以使用 REVOKE 语句从用户或其他角色回收角色。

语法格式如下:

REVOKE role_list FROM user_list|role_list;

例题 5.18　将角色 c##student_role 从用户 c##user1 回收。

解析:

角色回收前,用户 c##user1 的权限测试结果如图 5.15 所示。

```
SQL> SHOW USER
USER 为 "C##USER1"
SQL> SELECT * FROM system.student WHERE age<20;

SNO        SNAME      SEX          AGE DEPT
_____   _____   _____   _____ _____
10172001   陈一       男            19 计算机系
10172003   张三       女            19 计算机系
10172006   赵六       男            19 日语系
10172009   张九       女            18 管理系
```

图 5.15　角色回收前用户 c##user1 的权限测试

将角色 c##student_role 从用户 c##user1 中回收,程序如下:

REVOKE c##student_role FROM c##user1;

角色回收后,用户 c##user1 就失去了相应的权限,测试结果如图 5.16 所示。

```
SQL> SHOW USER
USER 为 "C##USER1"
SQL>  SELECT * FROM system.student WHERE age<20;
 SELECT * FROM system.student WHERE age<20
                             *
第 1 行出现错误:
ORA-01031: 权限不足
```

图 5.16　角色回收后用户 c##user1 的权限测试

5. 删除角色

使用 DROP ROLE 命令可以删除角色。即使此角色已经被授予给一个用户,数据库也允许用户删除该角色。

例题 5.19　从数据库中删除 c##student_role 角色。

解析:

```
DROP ROLE c##student_role;
```

6. 查询角色信息

可以通过数据字典视图或动态性能视图获取数据库角色相关信息。与角色有关的数据字典视图如表 5.7 所示。

表 5.7 与角色有关的数据字典视图

数据字典视图	描　　述
DBA_ROLES	包含数据库中所有角色及其描述
DBA_ROLE_PRIVS	包含为数据库中所有用户和角色授予的角色信息
USER_ROLE_PRIVS	包含为当前用户授予的角色信息
ROLE_ROLE_PRIVS	为角色授予的角色信息
ROLE_SYS_PRIVS	为角色授予的系统权限信息
ROLE_TAB_PRIVS	为角色授予的对象权限信息
SESSION_PRIVS	当前会话所具有的系统权限信息
SESSION_ROLES	当前会话所具有的角色信息

例题 5.20 查询当前用户 system 所具有的角色。
解析:

```
SELECT * FROM user_role_privs;
```

程序运行效果如图 5.17 所示。

```
USERNAME
--------------------------------------
GRANTED_ROLE
                  ADM DEL DEF OS_ COM INH
--------------------------------------
SYSTEM
AQ_ADMINISTRATOR_ROLE
                  YES NO  YES NO  YES NO

SYSTEM
DBA
                  NO  NO  YES NO  YES NO
```

图 5.17 用户 system 拥有的角色

例题 5.21 查询角色 exp_full_database 所拥有的权限。
解析:

```
SELECT * FROM role_sys_privs WHERE role = 'EXP_FULL_DATABASE';
```

程序运行效果如图 5.18 所示。

5.2.4 视图机制

视图是数据库系统提供给用户以多种角度观察数据库中数据的重要机制,是从一个或几个基本表(或视图)导出的表,它与基本表不同,是一个虚表。数据库中只存放视图的定义,而不存放视图对应的数据,这些数据仍存放在原来的基本表中。

```
ROLE
PRIVILEGE                           ADM COM INH

EXP_FULL_DATABASE
READ ANY FILE GROUP                 NO  YES NO

EXP_FULL_DATABASE
EXECUTE ANY TYPE                    NO  YES NO

EXP_FULL_DATABASE
SELECT ANY SEQUENCE                 NO  YES NO

EXP_FULL_DATABASE
ADMINISTER SQL MANAGEMENT OBJECT    NO  YES NO

EXP_FULL_DATABASE
ANALYZE ANY                         NO  YES NO

EXP_FULL_DATABASE
EXECUTE ANY PROCEDURE               NO  YES NO

EXP_FULL_DATABASE
SELECT ANY TABLE                    NO  YES NO

EXP_FULL_DATABASE
CREATE TABLE                        NO  YES NO

EXP_FULL_DATABASE
CREATE SESSION                      NO  YES NO

EXP_FULL_DATABASE
ADMINISTER RESOURCE MANAGER         NO  YES NO

EXP_FULL_DATABASE
RESUMABLE                           NO  YES NO

EXP_FULL_DATABASE
EXEMPT REDACTION POLICY             NO  YES NO

EXP_FULL_DATABASE
FLASHBACK ANY TABLE                 NO  YES NO

EXP_FULL_DATABASE
BACKUP ANY TABLE                    NO  YES NO
```

图 5.18　查看角色 exp_full_database 的权限

从某种意义上讲,视图就像一个窗口,通过它可以看到数据库中自己感兴趣的数据及其变化。进行存取权限控制时,可以为不同的用户定义不同的视图,把访问数据的对象限制在一定的范围内,也就是说,通过视图机制把要保密的数据对无权存取的用户隐藏起来,从而对数据提供一定程度的安全保护。视图的创建与应用已经在第 3 章讲解过,这里就不再赘述。

5.2.5　审计

Oracle 数据库的审计功能与 SQL Server 相比更加灵活。Oracle 19c 提供了细粒度的审计,允许用户定义审计策略,可以对对象、权限、SQL 语句的类型等进行审计,审计结果被存储在 SYS 用户的数据库字典中,数据库管理员可以查询该字典,从而获取审计结果。用户还可以开启报警功能,这样管理员可以在出现安全问题时迅速接到通知。

Oracle 数据库中的审计大概可以分为以下几种类型。

1．语句审计

按照语句类型审计 SQL 语句,而不论访问何种特定的模式对象。也可以在数据库中指定一个或多个用户,针对特定的语句审计这些用户。

2．权限审计

审计系统权限,例如 CREATE TABLE。和语句审计一样,权限审计可以指定一个或多个特定的用户作为审计的目标。

3．模式对象审计

审计特定模式对象上运行的特定语句(例如,学生表上的 UPDATE 语句)。模式对象审计总是应用于数据库中的所有用户。

4．细粒度的审计

根据访问对象的内容来审计表访问和权限。使用程序包 DBMS_FGA 来建立特定表上的策略。

Oracle 中的 AUDIT 语句用来设置审计功能,NOAUDIT 语句用来取消审计功能。

例题 5.22　对修改学生表(student)的表结构或数据的操作进行审计。

解析:

```
AUDIT ALTER,UPDATE
ON student;
```

例题 5.23　取消对学生表 student 修改表结构和修改表数据的审计。

解析:

```
NOAUDIT ALTER,UPDATE
ON student;
```

5.2.6　数据加密

通过数据加密可以提高存储数据的安全性,Oracle 数据库加密功能的实现由数据库平台提供的软件包来支持。Oracle 提供了特殊 DBMS_OBFUSCATION_TOOLKIT 包、DBMS_CRYPTO 包等用于数据加密/解密,同时支持数据加密算法(Data Encryption Algorithm,DES)、高级加密标准(Advanced Encryption Standard,AES)等多种加密/解密算法。

在数据加密中,密钥的存储和管理是非常重要的,它直接影响到数据加密的安全性。但是,在数据库管理系统内核层加密策略中,并没有提供密钥存储的方法,这也是在以 Oracle 提供的安全包为基础制定加密策略时最难解决的部分。在制定密钥的存储和管理方案时,要确保以下两点:

(1) 密钥存储,足够可靠,以确保能够保护数据;

(2) 要保证合法用户且只有合法用户可以获取密钥。

Oracle 数据库文件加密中,密钥仍然是以数据表形式存放在数据库中。如果密钥以明文形式存放在数据库中,那么攻击者只要进入数据库系统中,他就很容易找到破解密文的密钥。如果密钥以密文形式存放在数据库中,那么加密密钥的密钥如何存放就成了需要解决的新问题。常用的解决方法是采用多级密钥存储管理,把用户密钥与数据密钥结合使用,提高数据库加密的安全性。任何加密策略的安全性都依赖于密钥的安全,但是 Oracle 数据库系统提供的加密方案中,并没有给出密钥存储与管理的安全方法。要想提高数据库加密系统的安全性,还需要辅助其他的外部手段来实现密钥的安全存储与管理。

5.3　数据库完整性控制

5.3.1　完整性基本含义

数据库的安全性和完整性是数据库安全保护的两个不同的方面。数据库的安全性保护数据库免受不合法用户的故意破坏,数据库的完整性保护数据库免受合法用户的无意破坏。从数据库的安全保护角度来讲,完整性和安全性是密切相关的。

数据库的完整性的基本含义是指数据库中数据的正确性、有效性和相容性,其主要目的是防止错误的数据进入数据库。正确性是指数据的合法性,例如数值型数据只能含有数字而不能含有字母。有效性是指数据是否属于所定义域的有效范围。相容性是指表示同一事实的两个数据应当一致,不一致即是不相容。

5.3.2　完整性约束条件

数据库系统是对现实系统的模拟,现实系统中存在各种各样的规章制度,以保证系统正常、有序地运行。许多规章制度可转化为对数据的约束,例如,单位人事制度中对职工的退休年龄会有规定,一个部门的主管不能在其他部门任职,职工工资只能涨不能降等。对数据库中的数据设置某些约束机制,这些添加在数据上的语义约束条件称为数据库完整性约束条件,简称"数据库的完整性"。

SQL 中使用了一系列的概念来描述完整性,包括实体完整性、参照完整性和用户定义完整性。这些完整性一般由 SQL 的 DDL 语句来实现,它们作为模式的一部分存入数据字典中。

一般一条完整性规则可以用一个五元组(D,O,A,C,P)来表示,其中:

(1) D(Data)表示约束作用的对象。

(2) O(Operation)表示触发完整性检查的数据库操作,即当用户发出什么操作请求时需要检查该完整性规则,是立即检查还是延迟检查。

(3) A(Assertion)表示数据对象必须满足的断言或语义约束,这是规则的主体。

(4) C(Condition)表示选择 A 作用的数据对象值的谓词。

(5) P(Procedure)表示违反完整性规则时触发的过程。

5.3.3　完整性控制机制

DBMS 必须提供一种机制来检查数据库中数据的完整性,看其是否满足语义规定的条件,这种机制称为"完整性检查"。为此,数据库管理系统的完整性控制机制应具有三个方面的功能,来防止合法用户在使用数据库时,向数据库注入不合法或不合语义的数据。

(1) 定义功能:提供定义完整性约束条件的机制。

(2) 验证功能:检查用户发出的操作请求是否违背了完整性约束条件。

(3) 处理功能:如果发现用户的操作请求使数据违背了完整性约束条件,则采取一定的动作来保证数据的完整性。

目前,关系数据库系统都提供了定义和检查实体完整性、参照完整性和用户定义完整性的功能。违反实体完整性规则和用户定义完整性规则的操作,一般采用拒绝执行的方式进行处理;对于违反参照完整性的操作,并不都是拒绝执行,也可以接受这个操作,同时执行一些附加的操作,以保证数据库的状态正确。

5.4 实验

5.4.1 实验1 用户管理

1. 实验目的

(1) 掌握数据库用户的创建方法。

(2) 掌握数据库用户的修改方法。

(3) 掌握数据库用户的删除方法。

2. 实验内容

(1) 创建一个 c## test2 用户,密码为 c## test2。默认表空间为 system,在该表空间的配额为 10MB。使用新创建的用户 c## test2 登录数据库,如果不能立即登录,出现错误提示信息,请给出理由。

(2) 创建一个 c## test3 用户,密码为 c## test3。默认表空间为 users,在该表空间的配额为 20MB,临时表空间为 temp。该用户的口令初始为过期,账户初始设置为锁定状态。

(3) 修改 c## test3 用户,将密码改为 c## tiger,默认表空间改为 system,账户状态设置为解锁状态。

(4) 创建一个 c## test4 用户,密码为 c## test4。账户初始设置为锁定状态。

(5) 删除 c## test4 用户。

3. 考核标准

本实验为必做实验,要求学生在课堂上独立完成。根据题目要求,按照实验步骤完成相应实验内容。用户管理的语句无语法错误、书写规范、运行结果正确为优秀;如果出现错误,根据错误个数以及难易程度灵活给分。

5.4.2 实验2 权限管理

1. 实验目的

(1) 掌握权限的授予方法。

（2）掌握权限的回收方法。

2．实验内容

（1）为实验1中创建的用户 c＃test2 授予 CREATE SESSION、CREATE TABLE 和 CREATE VIEW 系统权限，并且允许用户 c＃test2 将相关权限授予给其他用户。

（2）由用户 c＃test2 将 CREATE TABLE 系统权限授予给用户 c＃test3。

（3）回收用户 c＃test2 的 CREATE VIEW 系统权限。

（4）将用户 system 下员工表（emp）的 SELECT 和 INSERT 权限授予给用户 c＃test2。

（5）从用户 c＃test2 处收回对员工表（emp）的 INSERT 权限。

3．考核标准

本实验为必做实验，要求学生在课堂上独立完成。根据题目要求，按照实验步骤完成相应实验内容。权限管理的语句无语法错误、书写规范、运行结果正确为优秀；如果出现错误，根据错误个数以及难易程度灵活给分。

5.4.3　实验3　角色管理

1．实验目的

（1）掌握角色的创建和修改方法。

（2）掌握角色的授予方法。

（3）掌握角色的删除方法。

2．实验内容

（1）建立一个不带口令的角色 c＃emp_role。

（2）将用户 system 下员工表（emp）的 SELECT 和 UPDATE 权限授予给角色 c＃emp_role。

（3）将角色 c＃emp_role 授权给用户 c＃test2。

（4）从 c＃test2 用户回收 c＃emp_role 角色。

（5）删除角色 c＃emp_role。

3．考核标准

本实验为必做实验，要求学生在课堂上独立完成。根据题目要求，按照实验步骤完成相应实验内容。角色管理的语句无语法错误、书写规范、运行结果正确为优秀；如果出现错误，根据错误个数以及难易程度灵活给分。

5.5　本章小结

本章首先介绍了数据库安全性的含义、计算机系统的安全模型、五个层次的安全措施和安全标准。

其次，介绍了 Oracle 数据库的安全机制，包括用户管理、权限管理、角色管理、视图机制、审计功能和数据加密。

最后，介绍了数据库的完整性控制，包括完整性的基本含义、约束条件和控制机制。

5.6　课后习题

1. 以下不是创建用户过程中必要信息的是(　　)。

　　A. 用户名　　　　　　B. 用户权限　　　　C. 临时表空间　　　D. 口令

2. SQL 的 GRANT 和 REVOKE 语句主要用来进行授权与回收授权,其主要目的是用来维护数据库的(　　)。

　　A. 完整性　　　　　　B. 可靠性　　　　　C. 安全性　　　　　D. 一致性

3. 当对用户授予系统权限时,使用(　　)从句表示允许得到权限的用户进一步将这些权限授予其他的用户。

　　A. WITH ADMIN OPTION　　　　　　B. WITH REVOKE OPTION

　　C. WITH GRANT OPTION　　　　　　D. WITH USER OPTION

4. 下列(　　)权限不是用户权限。

　　A. SELECT　　　　　　B. INSERT　　　　C. UPDATE　　　D. CREATE

5. 关于角色的说法不正确的是(　　)。

　　A. 将角色授予用户使用 GRANT 命令

　　B. 角色一旦授予,不能收回

　　C. 角色是属于整个数据库的,而不属于任何用户

　　D. 删除角色,使用 DROP 命令

6. 创建一个用户 c#test_user,密码为 Oracle19c,用户的默认表空间为 users,该用户的口令没有到期,账户被锁定,完成以下操作。

(1) 修改用户 c#test_user,使其账户解锁。

(2) 将用户 system 下的课程表(course)的查询权限和删除权限授予给用户 c#test_user,用户 c#test_user 同时获得将这些权限转授给其他用户的权限。

(3) 将用户 system 下的课程表(course)的课程名称属性列的修改权限授予给用户 c#test_user。

(4) 从用户 c#test_user 处收回对课程表(course)的删除权限,若用户 c#test_user 已经把获得的删除权限转授给其他用户,则需要级联收回。

(5) 建立一个不带口令的角色 c#test_role。

(6) 将用户 system 下部门表(dept)的查询权限和更新权限授予给角色 c#test_role。

(7) 将角色 c#test_role 授权给用户 c#test_user。

(8) 从所有用户身上回收角色 c#test_role。

(9) 删除角色 c#test_role。

(10) 删除用户 c#test_user。

第6章

数据库备份与恢复

6.1 事务

视频

6.1.1 事务的定义

事务其实是一个很简单的概念，在现实生活中，我们每天都会遇到许多类似于事务的案例。例如，商业活动中的交易，对于任何一笔交易来说，都涉及两个基本动作：一手交钱和一手交货。这两个动作构成了一个完整的商业交易，缺一不可。也就是说，这两个动作都成功发生，说明交易完成；如果只发生一个动作，则交易失败。所以，为了保证交易能够正常完成，需要某种方法来保证这些操作的整体性，即这些操作要么都成功，要么都失败。这就是事务在数据库中的作用。

事务是指作为单个逻辑工作单元执行的一系列操作序列，该序列包含了一组数据库操作命令。这组操作命令作为一个整体，要么都执行，要么都不执行。

在关系数据库系统中，一个事务可以是一条 SQL 语句，也可以是一组 SQL 语句。

6.1.2 事务的特性

事务具有四个特性：原子性（Atomicity）、一致性（Consistency）、隔离性（Isolation）和持续性（Durability），这四个特性也简称为 ACID 特性。

1. 原子性

事务是数据库的逻辑工作单位，事务中包括的各操作要么都做，要么都不做。

2. 一致性

事务执行的结果必须是使数据库从一个一致性状态变到另一个一致性状态。因此当数据库中只包含成功事务提交的结果时,就说数据库处于一致性状态。如果数据库系统在运行中发生故障,有些事务尚未完成就被迫中断,那么系统会将事务中对数据库的所有已完成的操作全部撤销,回退到事务开始时的一致状态。

3. 隔离性

一个事务的执行不能被其他事务干扰。即一个事务内部操作及使用的数据对其他并发事务是隔离的,并发执行的各个事务之间不能互相干扰。

4. 持续性

持续性指一个事务一旦提交,它对数据库中数据的改变就应该是永久性的。接下来的其他操作或故障不应该对其执行结果有任何影响。

事务是恢复和并发控制的基本单位。保证事务 ACID 特性是事务处理的重要任务。事务 ACID 特性可能遭到破坏的因素有如下两点。

(1) 多个事务并行运行时,不同事务的操作交叉执行。

(2) 事务在运行过程中被强行停止。

在第一种情况下,数据库管理系统必须保证多个事务的交叉运行不影响这些事务的原子性。在第二种情况下,数据库管理系统必须保证被强行终止的事务对数据库和其他事务没有任何影响。这些就是数据库管理系统中恢复机制和并发控制机制的责任。

6.1.3　事务控制语句

在 Oracle 中,没有提供开始事务处理语句,所有的事务都是隐式开始的。也就是说,在 Oracle 中,用户不可以显式使用命令来开始一个事务。Oracle 认为第一条修改数据库的语句,或者一些要求事务处理的场合都是事务隐式的开始。但是当用户想要终止一个事务处理时,必须显式使用 COMMIT 和 ROLLBACK 语句结束。

根据事务的 ACID 特性,Oracle 提供了如下一组语句对事务进行控制。

1) SET TRANSACTION

设置事务的属性。

2) SET CONSTRAINS

在当前事务中设置约束模式。约束模式是指在事务中修改数据时,数据库中的约束是立即应用于数据,还是将约束推迟到当前事务结束后应用。

3) SAVEPOINT

在事务中建立一个存储点。当事务处理发生异常而回滚事务时,可指定事务回滚到某存储点,然后从该存储点重新执行。

4) RELEASE SAVEPOINT

删除一个存储点。

5) ROLLBACK

回滚事务,即取消对数据库所做的任何修改。

6) COMMIT

提交事务,即把事务中对数据库的修改进行永久保存。

6.2　数据库的恢复技术

　　尽管数据库系统中采取了各种保护措施来防止数据库的安全性和完整性被破坏,保证并发事务的正确执行,但是计算机系统中硬件的故障(如磁盘损坏、电源故障)、软件的错误、操作人员的失误以及某些恶意的破坏仍是不可完全避免的。这些故障轻则造成运行事务非正常中断,影响数据库中数据的正确性;重则破坏数据库,使数据库中全部或部分数据丢失。因此,DBMS 必须及时而正确地进行数据库结构、对象和数据的复制,以便在数据库遭到破坏的时候能够修复数据库,这就是数据库的备份;同时,DBMS 必须具有保证事务的原子性及把数据库从错误状态恢复到某个已知的正确状态的功能,这就是数据库的恢复。

视频

6.2.1　故障的种类

　　数据库系统中可能发生各种各样的故障,破坏事务原子性和引起数据库错误的原因很多,大致可以分为以下 4 类。

1. 事务内部的故障

　　事务内部的故障是指由于事务没有达到预期的终点,导致数据库可能处于一种不正确的状态。

　　例如,银行转账事务,该事务把一笔金额从一个账户甲转给另一个账户乙。

```
BEGIN TRANSACTION
读账户甲的余额 BALANCE;
BALANCE = BALANCE - AMOUNT; (AMOUNT 为转账金额)
IF(BALANCE < 0)THEN
{
打印'金额不足,不能转账';
ROLLBACK; (撤销刚才的修改,恢复事务); }
ELSE
{
读账户乙的余额 BALANCE1;
BALANCE1 = BALANCE1 + AMOUNT;
写回 BALANCE1;
COMMIT; }
```

　　如上例子所包括的两个修改操作要么全部完成要么全部不做,否则就会使数据库处于不一致状态,例如只把账户甲的余额减少而没有把账户乙的余额增加。在这段程序中若产生账户甲余额不足的情况,应用程序可以发现并让事务回滚,撤销已做的修改,恢复数据库到正确状态。

　　事务故障意味着事务没有达到预期的终点,因此,数据库可能处于不正确状态。恢复程序要在不影响其他事务运行的情况下,强行回滚(ROLLBACK)该事务,即撤销该事务已经做出的任何对数据库的修改,使得该事务好像根本没有启动一样。

2. 系统故障

　　系统故障(通常称为软故障,Soft Crash)是指在造成系统停止运转的任何事件(如硬件故障、操作系统错误、DBMS代码错误、突然停电等)的影响下,使正在运行的事务都以非正常的方式终止,从而引起的内存信息丢失,但未破坏外存中的数据,致使系统需要重新启动。

这类故障发生时,内存内容,尤其是数据库缓存区(在内存)中的内容将可能丢失,所有运行事务都非正常终止。这时,一些尚未完成的事务的结果可能已送入物理数据库,从而造成数据库可能处于不正确的状态。为保证数据一致性,需要清除这些事务对数据库的所有修改。但由于无法确定哪些事务已修改过数据库,因此,在系统重新启动时,恢复子系统必须强行撤销(UNDO)所有未完成事务。

另外,发生系统故障时,有些已完成的事务可能仍有一部分甚至全部留在缓冲区,尚未写回到磁盘上的物理数据库中。系统故障将导致这些事务对数据库的修改部分或全部丢失,也会使数据库处于不一致状态,因此应将这些事务已提交的结果重新写入数据库。所以,系统重新启动后,恢复子系统除需要撤销所有未完成事务外,还需要重做(REDO)所有已提交的事务,以将数据库真正恢复到一致状态。

3. 介质故障

介质故障(通常称为硬故障,Hard Crash)是指外存故障,如磁盘损坏、磁头碰撞、瞬时强磁场干扰等。这类故障将破坏数据库或部分数据库,并影响正在存取这部分数据的所有事务。这类故障比前两类故障发生的可能性小得多,但破坏性最大。

介质故障的恢复需要装入数据库发生介质故障前某个时刻的数据副本,重做自此时开始的所有成功事务,将这些事务已提交的结果重新记入数据库中。

4. 计算机病毒

计算机病毒是一种人为的故障或破坏,是一些恶作剧者研制的一种计算机程序。这种程序与其他程序不同,它们像微生物学中所称的病毒一样可以繁殖和传播,并造成对计算机系统,包括数据库的危害。数据库一旦被破坏,仍要求用恢复技术对数据库加以恢复。

总结各类故障,对数据库的影响有两种可能性:一是数据库本身被破坏;二是数据库没有破坏,但数据可能不正确,这是由于事务的运行被非正常终止造成的。

6.2.2 恢复的实现技术

备份是指数据库管理员定期或不定期地将数据库部分或全部内容复制到磁带或磁盘上保存起来的过程。当数据库遭到破坏时,可以利用备份进行数据库的恢复。所以备份的目的就是当数据库发生意外时,尽可能地减少数据的丢失。何时进行备份,取决于所能承受数据损失的大小。

数据库若要成功地进行恢复,备份的过程中必须涉及的一个关键问题即如何建立冗余数据。建立冗余数据最常用的技术是数据转储和日志文件。通常在一个数据库系统中,这两种方法是一起使用的。

1. 数据转储

所谓转储即数据库管理员(Database Administrator,DBA)定期地将整个数据库复制到磁带或另一个磁盘上保存起来的过程。这些备用的数据文本称为后备副本或后援副本。

当数据库遭到破坏后可以将后备副本重新装入,但重装后备副本只能将数据库恢复到转储时的状态,要想恢复到故障发生时的状态,必须重新运行自转储以后的所有更新事务。

转储是十分耗费时间和资源的,不能频繁进行。DBA 应该根据数据库使用情况确定一个适当的转储周期。

根据转储的状态不同,转储分为如下两类。

(1)静态转储:在系统中无运行事务时进行的转储操作。即转储操作开始的时刻,数据库处于一致性状态,而转储期间不允许(或不存在)对数据库进行任何存取、修改活动。

(2)动态转储:指转储期间允许对数据库进行存取或修改。即转储和运行事务可以并发执行。

根据转储的方式不同,转储可分为如下两类。

(1)海量转储:每次转储全部数据库。

(2)增量转储:只转储上次转储后修改过的数据。

2. 日志文件

日志文件是用来记录事务对数据库的修改操作的文件。不同数据库系统采用的日志文件格式并不完全一样,但是日志的功能是相同的。日志文件在数据库恢复中起着非常重要的作用。可以用来进行事务故障恢复和系统故障恢复,并协助后备副本进行介质故障恢复。

当数据库毁坏后可重新装入后备副本把数据库恢复到转储结束时刻的正确状态,然后利用日志文件,把已完成的事务进行重做处理,对故障发生时尚未完成的事务进行撤销处理。这样不必重新运行那些已完成的事务程序就可以把数据库恢复到故障前某一时刻的正确状态了。

6.2.3 恢复策略

恢复数据库是指将数据库从错误的描述状态恢复到正确的描述状态。下面简单介绍数据库恢复的策略与方法。

1. 事务故障的恢复

事务故障是指事务在运行至正常终止点前被中止,这时恢复子系统应利用日志文件撤销(UNDO)此事务已对数据库进行的修改。事务故障的恢复是由系统自动完成的,对用户是透明的。

2. 系统故障的恢复

系统故障造成数据库出现不一致状态的原因有两个:一是未完成事务对数据库的修改可能已写入数据库;二是已提交事务对数据库的修改可能还留在缓冲区没来得及写入数据库。

因此恢复操作就是要撤销故障发生时未完成的事务,重做已完成的事务。系统故障的恢复是由系统在重新启动时自动完成的,不需要用户干预。

3. 介质故障的恢复

发生介质故障后,磁盘上的物理数据和日志文件被破坏,这是最严重的一种故障,恢复方法是重装数据库,然后重做已完成的事务。

介质故障的恢复需要 DBA 介入。但 DBA 只需要重装最近转储的数据库副本和有关的各日志文件副本,然后执行系统提供的恢复命令即可,具体的恢复操作仍由 DBMS 完成。

4. 建立数据库镜像

随着磁盘容量越来越大,价格越来越便宜,为避免磁盘介质出现故障影响数据库的可用性,许多数据库管理系统提供了数据库镜像(Mirror)功能用于数据库恢复。即根据 DBA 的要求,自动把整个数据库或其中的关键数据复制到另一个磁盘上。每当主数据库修改时,DBMS 自动把修改后的数据复制过去,即 DBMS 自动保证镜像数据与主数据的一致性。这样,一旦出现介质故障,可由镜像磁盘继续提供使用,同时 DBMS 自动利用镜像磁盘数据进行数据库的恢复,而不需要关闭系统和重装数据库副本。在没有出现故障时,数据库镜像还可以用于并发操作,即当一个用户对数据加排他锁修改数据时,其他用户可以读镜像数据库上的数据,而不必等待该用户释放锁。

由于数据库镜像是通过复制数据实现的,频繁地复制数据自然会降低系统运行效率,因此在实际应用中用户往往只选择对关键数据和日志文件镜像,而不是对整个数据库进行镜像。

6.3　Oracle 数据库的备份

备份和恢复是两个相互联系的概念,备份是将数据信息保存起来;而恢复则是当意外事件发生或者某种需要时,将已备份的数据信息还原到数据库系统中去。Oracle 数据库的备份方法分为物理备份和逻辑备份。

6.3.1　物理备份

物理备份是针对组成数据库的物理文件的备份。这是一种常用的备份方法,通常按照预定的时间间隔进行。物理备份通常有两种方式:冷备份与热备份。

1. 冷备份

冷备份是指在数据库关闭的情况下将组成数据库的所有物理文件全部备份到磁盘或磁带。冷备份又分为归档模式和非归档模式下的冷备份。

例题 6.1　非归档模式下的冷备份。

解析:

① 启动 SQL * Plus,以 SYS 身份登录。

② 关闭数据库。

```
SQL > SHUTDOWN IMMEDIATE;
```

③ 复制以下物理文件到相应的磁盘。

所有控制文件、所有数据文件、所有重做日志文件、初始化参数文件。

④ 重新启动数据库。

```
SQL > STARTUP;
```

例题 6.2　归档模式下的冷备份。

解析：

① 查看当前存档模式。

```
SQL > ARCHIVE LOG LIST;
```

② 修改归档日志存放路径，强制为归档日志设置存储路径。

```
SQL > ALTER system SET log_archive_dest_10 = 'location = d:/orcl';
```

③ 关闭数据库。

```
SQL > SHUTDOWN IMMEDITE;
```

④ 启动数据 mount 状态。

```
SQL > STARTUP MOUNT;
```

⑤ 修改数据库为归档模式。

```
SQL > ALTER DATABASE ARCHIVELOG;
```

⑥ 修改数据库状态。

```
SQL > ALTER DATABASE OPEN;
```

⑦ 按上述步骤设置数据库的归档模式，并运行在自动归档模式下。然后进行日志切换，有几个日志文件组，便要日志切换几次，以便将所有日志信息都存储到归档文件。

```
SQL > CONNECT  /AS  SYSDBA;
SQL > ALTER system SWITCH logfile;
SQL > ALTER system SWITCH logfile;
SQL > ALTER system SWITCH logfile;
```

⑧ 接着关闭数据库，然后将组成数据库的所有物理文件（包括控制文件、数据文件、重做日志文件）进行完全备份，备份到 d:\orcl\cold\ 目录下。将归档日志文件也备份到 f:\oracle\arch\目录下。备份完成后重新打开数据库即可。

2. 热备份

热备份又可称为联机备份或 ARCHIVELOG 备份，是指在数据库打开的情况下将组成数据库的控制文件、数据文件备份到磁盘或磁带，当然必须将归档日志文件也一起备份。热备份要求数据库必须运行在归档模式。

例题 6.3　归档模式下的热备份。

解析：

① 确保数据库和监听进程已正常启动。

② 确保数据库运行在归档模式。

③ 查询数据字典确认 system、users 表空间所对应的数据文件。

```
SQL > CONNECT  /AS  SYSDBA;
SQL > SELECT file_name,tablespace_name FROM dba_data_files;
```

④ 将 SYSTEM 表空间联机备份。

因为 system 表空间中存放数据字典信息,所以 system 表空间不能脱机,只能进行联机备份。

```
SQL> ALTER tablespace system BEGIN BACKUP;
SQL> HOST COPY e:\Oracle19c\oradata\orcl\SYSTEM01.DBF d:\orcl\hot\;
SQL> ALTER  tablespace  system  END  BACKUP;
```

⑤ 将 users 表空间脱机备份。

非 system 表空间可以进行联机备份,也可以进行脱机备份。users 表空间对应的数据文件有三个。

⑥ 数据库中其他表空间都可以用与 users 表空间相同的方法进行联机或脱机备份。

⑦ 将当前联机重做日志文件归档。

将当前联机重做日志文件存储为归档日志文件,以便以后恢复时使用。

```
SQL> ALTER  system  ARCHIVE  log  current;
```

或者切换所有的联机日志文件。

```
SQL> ALTER system SWITCH logfile;
SQL> ALTER system SWITCH logfile;
SQL> ALTER system SWITCH logfile;
```

⑧ 将控制文件备份。

用下列命令备份控制文件,产生一个二进制副本,放在相应目录下。

```
SQL> ALTER  DATABASE  BACKUP
     controlfile to 'd:\orcl\hot\CONTROL01.CTL';
```

6.3.2 逻辑备份

逻辑备份是用 Oracle 系统提供的 EXPORT 工具将组成数据库的逻辑单元(表、用户、数据库)进行备份,并将这些逻辑单元的内容存储到一个专门的操作系统文件中。

Oracle 实用工具 EXPORT 利用 SQL 语句读出数据库数据,并在操作系统层将数据和定义存入二进制文件。可以选择导出整个数据库、指定用户或指定表。在导出期间,还可以选择是否导出与表相关的数据字典的信息,如权限、索引和与其相关的约束条件。导出共有三种方式,具体介绍如下。

1. 交互方式

交互方式即首先在操作系统提示符下输入 EXP,然后 EXPORT 工具会一步一步根据系统的提示输入导出参数(如用户名、口令和导出类型),然后根据用户的回答,EXPORT 工具卸出相应的内容。

例题 6.4 采用交互方式进行 c♯♯ scott 用户下所有表的导出,导出的文件存放在 d:\orcl\scott_table.dmp 中(说明:在 Oracle 19c 中需要自己先创建 c♯♯ scott 用户,设置口令为 Oracle19c,并导入 emp 表和 dept 表)。

解析：

① 打开 MS-DOS 窗口，在命令提示符下输入 EXP，例如"e:\> exp"，然后按 Enter 键。

② 输入用户名和口令，例如"c#scott/Oracle19c"，然后按 Enter 键。

③ 连接成功后，窗口显示提示信息"输入数组读取缓冲区大小：4096 >"，这里直接按 Enter 键，使用默认值 4096 即可。

④ 窗口显示提示信息"导出文件：EXPDAT.DMP >"，这里指定导出文件存放的路径及文件名称。输入"d:\orcl\scott_table.dmp"，然后按 Enter 键。

⑤ 窗口显示提示信息"(1)E（整个数据库）(2)U（用户），或（3)T（表）:(2)U >"，这里选择要导出的类型，若想要导出表，则输入 T，然后按 Enter 键。

⑥ 窗口显示提示信息"导出权限（yes/no）:yes >"，直接按 Enter 键，使用默认值 yes 即可。

⑦ 窗口显示提示信息"导出表数据（yes/no）:yes >"，直接按 Enter 键，使用默认值 yes 即可。

⑧ 窗口显示提示信息"压缩区（yes/no）:yes >"，直接按 Enter 键，使用默认值 yes 即可。

⑨ 窗口显示提示信息"要导出的表（T）或分区（T:P）:（按 RETURN 退出)>"，这里输入想要导出的表名称，例如 dept，然后按 Enter 键。

⑩ 窗口显示提示信息"正在导出表，dept 导出了 4 行"。

⑪ 窗口再次显示提示信息"要导出的表（T）或分区（T:P）:（按 RETURN 退出)>"，可以重复步骤(9)和(10)，导出其他的表。

⑫ 将所需要的表都导出后，按 Enter 键即可退出。窗口显示提示信息"在没有警告的情况下成功终止导出"。

2. 命令行方式

命令行方式就是将交互方式中所有用户回答的内容全部写在命令行上，每个回答的内容作为某一关键字的值。

例题 6.5 采用命令行方式将 system 用户的学生表（student）、课程表（course）和选课表（sc）导出到文件 d:\orcl\stu_cou_sc.dmp 中。

解析：

```
c:\ EXP USERID = system/Oracle19c
FILE = d:\orcl\stu_cou_sc.dmp
TABLES = (student,course,sc);
```

3. 参数文件方式

参数文件就是存放上述关键字和相应值的一个文件，参数文件方式是将该文件名作为命令行的 PARFILE 关键字的值。如果在参数文件中没有列出的关键字，则该关键字就采用其默认值。

例题 6.6 采用参数文件方式将 system 用户的学生表（student）和课程表（course）导出到文件 d:\orcl\stu_cou.dmp 中。

解析：

① 先用文本编辑器编辑一个参数文件，名为 C:\stu.TXT。

```
USERID = system/Oracle19c
TABLES = (student,course)
FILE = d:\orcl\stu_cou.dmp
```

② 执行下列命令完成备份操作。

```
c:\EXP   PARFILE = C:\stu.TXT;
```

6.4 Oracle 数据库的恢复

Oracle 数据库的恢复方法分为物理恢复与逻辑恢复。

6.4.1 物理恢复

物理恢复是针对物理文件的恢复。物理恢复又可分为数据库运行在非归档方式下的脱机物理恢复和数据库运行在归档方式下的联机物理恢复。

1. 非归档方式下的脱机恢复

一旦组成数据库的物理文件中有一个文件遭到破坏，则必须在数据库关闭的情况下将全部物理文件装入到对应的位置上，进行恢复。

数据库的恢复一般分为 NOARCHIVELOG 模式和 ARCHIVELOG 模式。实际情况中很少会丢失整个 Oracle 数据库，通常只是一个驱动器损坏，仅仅丢失该驱动器上的文件。如何从这样的丢失中恢复，很大程度上取决于数据库是否正运行在 ARCHIVELOG 模式下。如果没有运行在 ARCHIVELOG 模式下而丢失了一个数据库文件，就只能从最近的一次备份中恢复整个数据库，备份之后的所有变化都丢失，而且在数据库被恢复时，必须关闭数据库。由于在一个产品中丢失数据或者将数据库关闭一段时间是不可取的，所以大多数 Oracle 产品数据库都运行在 ARCHIVELOG 模式下。

2. 归档方式下的联机恢复

一旦这些数据文件中的某一个遭到破坏，则将该数据文件的备份装入到对应位置，然后利用上次备份后产生的归档日志文件和联机日志文件进行恢复，可以恢复到失败这一刻。

具体实现步骤为：首先打开数据库，并确认数据库运行于归档模式；然后对数据库进行操作；接着将刚操作的内容归档到归档文件，此时如果组成数据库的物理文件中某一个数据文件遭到破坏，造成数据库无法启动，需要将被破坏的数据文件以前的备份按原路径装入，启动数据库到 MOUNT 状态，发 RECOVER 命令，系统自动利用备份后产生的归档日志文件进行恢复，恢复到所有数据文件序列号一致时为止；最后将此数据文件设为ONLINE，并打开数据库到 OPEN 状态。

例题 6.7 将名为 orcl 的数据库进行归档模式的联机恢复(备份的文件已经存放在d:\orcl\hot\目录下)。

解析：

① 启动数据库并确认数据库运行在自动归档模式。

```
SQL> connect  /  as  sysdba;
SQL> startup;                           /*启动数据库并保证运行于归档模式*/
SQL> archive log list;                  /*验证数据库运行于归档模式*/
```

② 建立新用户 c##test 并授权，在 c##test 用户中建立 test 表，向表中插入数据并提交。

```
SQL> create user c##test                /*建立新用户*/
     identified by c##test
     default tablespace users
     temporary tablespace temp;
SQL> grant connect,resource to c##test;  /*给用户授权*/
SQL> connect c##test/c##test;            /*新用户连接*/
SQL> create table test(t1  number, t2  date);  /*建表*/
SQL> insert into test values(1, sysdate);   /*向表中插入数据*/
SQL> insert into test values(2, sysdate);
SQL> insert into test values(3, sysdate);
SQL> commit;
SQL> disconnect;
```

③ 以 sysdba 权限登录，进行日志切换，以便将刚才所做的操作归档到归档日志文件。假设数据库有三个联机日志文件组，日志切换 3 次，保证刚插入的数据已被归档到归档日志文件。

```
SQL> connect  /as  sysdba;
SQL> alter system switch logfile;
SQL> alter system switch logfile;
SQL> alter system switch logfile;
```

④ 关闭数据库，删除数据文件 users01.dbf。

```
SQL> connect  /as  sysdba;
SQL> shutdown;
SQL> host  del  e:\oracle\oradata\orcl\users01.dbf;
```

⑤ 执行打开数据库命令，发现错误，观察现象。

```
SQL> connect  /as  sysdba;
SQL> startup;
```

⑥ 将归档模式下物理备份的 users01.dbf 文件装入到对应的目录。

```
SQL> host  copy  d:\orcl\hot\USERS01.DBF  e:\Oracle19c\ORADATA\ORCL\;
```

⑦ 执行数据库恢复。

```
SQL> recover  database  auto;
```

⑧ 将 users01.dbf 文件置为 online 状态，以便执行下一步的查询操作。然后将数据库打开。

```
SQL> alter database datafile 'e:\ORACLE\ORADATA\ORCL\users01.dbf' online;
SQL> alter  database  open;
```

⑨ 测试恢复后刚建立的表和插入的数据是否存在。如存在,说明数据库运行于归档模式时可以恢复到最后失败点。

```
SQL> connect  c##test/c##test;
SQL> select * from test;
```

6.4.2　逻辑恢复

逻辑恢复是用 Oracle 系统提供的 IMPORT 工具将 EXPORT 工具存储在一个专门的操作系统文件中的内容按逻辑单元(表、用户、表空间、数据库)进行恢复。IMPORT 工具和 EXPORT 工具必须配套使用。根据卸出的四种模式(整个数据库模式、用户模式、表模式、表空间模式)可以分别装入整个数据库对象、某一用户的对象或某一张表上的对象、表空间上的对象。

装入的运行方式有以下三种:

(1) 交互方式。

(2) 命令行方式。

(3) 参数文件方式。

例题 6.8　采用交互方式进行 c##scott 用户下所有表的导入(备份表已经存放在 d:\orcl\scott_table.dmp 中)。

解析:

① 打开 MS-DOS 窗口,在命令提示符下输入 IMP,例如"e:\> imp",然后按 Enter 键。

② 输入用户名和口令,例如"c##scott/Oracle19c",然后按 Enter 键。

③ 连接成功后,窗口显示提示信息"仅导入数据(yes/no): no >",直接按 Enter 键,使用默认值 no 即可。

④ 窗口显示提示信息"导入文件:EXPDAT.DMP >",在这里指定要导入文件的具体路径,输入"d:\orcl\scott_table.dmp",然后按 Enter 键。

⑤ 窗口显示提示信息"输入插入缓冲区大小(最小为 8192)30720 >",直接按 Enter 键,使用默认值 30720 即可。

⑥ 窗口显示提示信息"只列出导入文件的内容(yes/no): no >",直接按 Enter 键,使用默认值 no 即可。

⑦ 窗口显示提示信息"由于对象已存在,忽略创建错误(yes/no): no >",直接按 Enter 键,使用默认值 no 即可。

⑧ 窗口显示提示信息"导入权限(yes/no): yes >",直接按 Enter 键,使用默认值 yes 即可。

⑨ 窗口显示提示信息"导入表数据(yes/no): yes >",直接按 Enter 键,使用默认值 yes 即可。

⑩ 窗口显示提示信息"导入整个导出文件(yes/no): no >",直接按 Enter 键,使用默认

值 no 即可。

⑪ 窗口显示提示信息"用户名："，在这里输入"c♯♯scott"，然后按 Enter 键。

⑫ 窗口显示提示信息"输入表（T）或分区（T：P）名称。空列表表示用户的所有表>"，这里输入想要导入的表名称，例如 dept，然后按 Enter 键。

⑬ 窗口再次显示提示信息"输入表（T）或分区（T：P）名称。空列表表示用户的所有表>"，继续输入想要导入的其他表名称，重复步骤⑫。如果没有想要导入的表名称，则直接按 Enter 键，系统会将步骤⑫中输入的所有表信息导入到用户"c♯♯scott"中。最后，窗口显示提示信息"在没有警告的情况下成功终止导入"。

例题 6.9 采用命令行方式导入 d：\orcl\stu_cou_sc.dmp 文件中的学生表（student）、课程表（course）和选课表（sc）。

解析：

```
c:\IMP USERID = system/Oracle19c
TABLES = (student,course,sc)
ROWS = Y
FILE = d:\orcl\stu_cou_sc.dmp
```

例题 6.10 采用参数文件方式导入 d：\orcl\stu_cou.dmp 文件中的学生表（student）和课程表（course）。

解析：

① 先用文本编辑器编辑一个参数文件，名为 c：\cou.TXT。

```
USERID = system/Oracle19c
TABLES = (student,course)
FILE = d:\orcl\stu_cou.dmp
```

② 执行下列命令完成恢复操作。

```
c:\IMP   PARFILE = C:\cou.TXT;
```

6.5 实验

6.5.1 实验 1 数据库的备份

1. 实验目的

（1）理解数据库备份工作的重要性。

（2）了解数据库的备份原理。

（3）掌握常用的数据库备份技术。

2. 实验内容

（1）采用交互方式将 c♯♯scott 用户进行备份，导出的文件存放在 d：\orcl\scott_user.dmp 中。

（2）采用命令行方式将 c♯♯scott 用户的部门表（dept）导出到文件 d：\orcl\dept.dmp 中。

（3）采用参数文件方式将 c##scott 用户的员工表（emp）导出到文件 d:\orcl\emp.dmp 中。

3. 考核标准

本实验为选做实验,根据课时进度安排,既可以在课堂上完成,也可作为学生的课外作业独立完成。根据需求,利用逻辑备份工具进行三种不同方式的备份,备份完全成功为优秀;如果出现错误,根据错误情况灵活给分。

6.5.2　实验 2　数据库的恢复

1. 实验目的

（1）理解数据库恢复工作的重要性。

（2）了解数据库的恢复原理。

（3）掌握常用的数据库恢复技术。

2. 实验内容

（1）采用交互方式导入 d:\orcl\scott_user.dmp 文件中的 c##scott 用户。

（2）采用命令行方式导入 d:\orcl\dept.dmp 文件中的部门表（dept）。

（3）采用参数文件方式导入 d:\orcl\emp.dmp 文件中的员工表（emp）。

3. 考核标准

本实验为选做实验,根据课时进度安排,既可以在课堂上完成,也可作为学生的课外作业独立完成。根据需求,利用逻辑恢复工具进行三种不同方式的恢复,恢复完全成功为优秀;如果出现错误,根据错误情况灵活给分。

6.6　本章小结

本章首先介绍了事务的定义,事务的四个特性:原子性、一致性、隔离性和持续性,以及事务相关的控制语句。在 Oracle 中,没有提供开始事务处理语句,所有的事务都是隐式开始的,但是当用户想要终止一个事务处理时,必须显式使用 COMMIT 和 ROLLBACK 语句结束。

其次,介绍了故障的种类,包括事务的内部故障、系统故障、介质故障和计算机病毒;恢复的实现技术,包括数据转储和日志文件;数据库恢复的策略与方法,包括事务故障的恢复、系统故障的恢复、介质故障的恢复和建立数据库镜像。

最后,介绍了 Oracle 数据库物理备份中的冷备份和热备份方法、Oracle 数据库逻辑备份方法、Oracle 数据库脱机物理恢复和联机物理恢复方法和 Oracle 数据库的逻辑恢复方法。

6.7　课后习题

1. 事务是数据库的逻辑工作单位,事务中包括的各操作要么都做,要么都不做,这个特性为事务的(　　)。

A. 原子性 　　　　B. 一致住 　　　　C. 隔离性 　　　　D. 持久性

2. SQL 中用( )语句实现事务的回滚。

A. CREATE TABLE 　　　　　　　B. ROLLBACK

C. GRANT 　　　　　　　　　　　D. COMMIT

3. 若系统在运行过程中,由于某种硬件故障,使存储在外存上的数据部分损失或全部损失,这种情况称为( )。

A. 事务故障 　　　　B. 系统故障 　　　　C. 介质故障 　　　　D. 人为错误

4. 在 Oracle 数据库系统中,逻辑备份的命令为( )。

A. BACKUP 　　　　B. LOG 　　　　C. EXP 　　　　D. IMP

5. 在 Oracle 数据库系统中,逻辑恢复的命令为( )。

A. BACKUP 　　　　B. LOG 　　　　C. EXP 　　　　D. IMP

6. 在 Oracle 中使用逻辑备份与恢复命令进行数据库中表的备份与恢复。

(1) 采用命令行方式将 system 用户的课程表(course)导出到文件 d:\orcl\course.dmp 中。

(2) 采用命令行方式导入 d:\orcl\course.dmp 文件中的课程表(course)。

第7章

数据库并发控制

视频

7.1 并发控制概述

允许多个用户同时使用的数据库系统称为多用户数据库系统,例如飞机订票数据库系统、银行数据库系统等都是多用户数据库系统。在这样的系统中,在同一时刻并发运行的事务数可达数百个。

事务可以一个一个地串行执行,即每个时刻只有一个事务运行,其他事务必须等到这个事务结束以后方能运行。事务在执行过程中需要不同的资源,有时需要CPU,有时需要存取数据库,有时需要I/O,有时需要通信。如果事务串行执行,则许多系统资源将处于空闲状态。因此,为了充分利用系统资源发挥数据库共享资源的特点,应该允许多个事务并行地执行。

例题 7.1 设 T1、T2、T3 是如下三个事务,其中 R 为数据库中某个数据项,设 R 的初值为 0。

$$T1: R:=R+5$$
$$T2: R:=R*3$$
$$T3: R:=2$$

若允许三个事务并行执行,试列出所有可能的正确结果。

解析:

有如下 6 种可能的情况。

(1) T1-T2-T3:R=2

(2) T1-T3-T2:R=6

(3) T2-T1-T3:R=2

(4) T2-T3-T1:R=7

(5) T3-T1-T2:R=21

（6）T3—T2—T1：R＝11

上面例题的情况被称为数据库的不一致性，这种不一致性是由并发操作引起的。

并发控制是在多处理数据库系统中管理同时执行且相互之间无干扰的事务（比如查询、修改、插入和删除等）的过程。DBMS的性质允许很多事务同时访问同一个数据库而互不干扰。并发控制的主要目的是在多用户数据库环境中确保事务执行的原子性（或可串行性）。

多事务执行方式有以下几种。

（1）事务串行执行方式（Serializable Concurrency）：每个时刻只有一个事务运行，其他事务必须等到这个事务结束以后方能运行。不能充分利用系统资源，发挥数据库共享资源的特点。

（2）交叉并发方式（Interleaved Concurrency）：事务的并行执行是这些并行事务的并行操作轮流交叉运行；是单处理机系统中的并发方式，能够减少处理机的空闲时间，提高系统的效率。

（3）同时并发方式（Simultaneous Concurrency）：多处理机系统中，每个处理机可以运行一个事务，多个处理机可以同时运行多个事务，实现多个事务真正的并行运行。这种方式是最理想的并发方式，但受限于硬件环境。

当多个用户并发地存取数据库时就会产生多个事务同时存取同一数据的情况。若对并发操作不加以控制就可能会存取和存储不正确的数据，破坏事务的一致性和数据库的一致性。所以数据库管理系统必须提供并发控制机制。并发控制机制是衡量一个数据库管理系统性能好坏的重要标志之一。

例题7.2中的实例即出现了因并发操作而带来的数据不一致问题。

例题 7.2 飞机订票系统中的一个活动序列如下所示。

① 甲售票点（甲事务）读出某航班的机票余额 A，设 A＝100；

② 乙售票点（乙事务）读出同一航班的机票余额 A，也为100；

③ 甲售票点卖出10张机票，修改余额 A←A—10，所以 A 为90，把 A 写回数据库；

④ 乙售票点也卖出10张机票，修改余额 A←A—10，所以 A 为90，把 A 写回数据库。

而明明卖出20张机票，数据库中机票余额却只减少10。

这种情况称为数据库的不一致性，是由并发操作引起的。在并发操作情况下，对甲、乙两个事务的操作序列的调度是随机的。若按上面的调度序列执行，甲事务的修改就被丢失了。这是因为乙事务修改 A 并写回后覆盖了甲事务的修改。

当并发事务以不受控制的方式执行时，可能会出现一些问题。导致并发操作带来数据不一致性的问题主要包括三类：丢失修改（Lost Update）、不可重复读（Non-repeatable Read）和读"脏"数据（Dirty Read）。

7.1.1 丢失修改问题

当两个事务访问相同的数据库项时就会出现丢失修改的问题，使得某些数据库项的值会不正确。换句话说，如果事务 T1 和事务 T2 都是先读一条记录，然后进行修改，那么第一个修改将被第二个修改覆盖。例题7.2中飞机订票的例子就属此类。

表 7.1 说明了有丢失修改问题发生的执行顺序,从该表中可以观察到,当第二个事务 T2 开始读取 A 的值时,第一个事务 T1 还没有提交。因此,事务 T2 仍然是在 A=100 这个值上进行操作,得到结果 A=90。同时,事务 T1 将 A=90 这个值写回到磁盘存储中,这样它就立即被事务 T2 重写了。因此,在整个过程中丢失了"卖出 10 张票"。

表 7.1 丢失修改问题

执行顺序	事务 T1	事务 T2
①	读 A=100	
②		A=100
③	A=A−10, 写回 A=90	
④		A=A−10, 写回 A=90

7.1.2 不可重复读问题

当某个事务在一些数据集上计算一些汇总(集合)函数,而其他的事务正在修改这些数据时就会出现不可重复读(或者修改不一致的检索)问题。事务的一些数据可能在被更改之前读取而另一些数据是在被更改之后读取,因此产生了不一致的结果。在不可重复读中,事务 T1 读取一个记录,然后在事务 T2 更改这个记录时进行一些其他的处理。现在,如果事务 T1 重新读取这个记录,则新的值将和之前的值不一致。

不可重复读包括如下三种情况。

(1) 事务 T1 读取某一数据后,事务 T2 对其做了修改,当事务 T1 再次读该数据时,得到与前一次不同的值。

(2) 事务 T1 按一定条件从数据库中读取了某些数据记录后,事务 T2 删除了其中部分记录,当 T1 再次按相同条件读取数据时,发现某些记录消失了。

(3) 事务 T1 按一定条件从数据库中读取某些数据记录后,事务 T2 插入了一些记录,当 T1 再次按相同条件读取数据时,发现多了一些记录。

后两种不可重复读有时也称为幻影现象(Phantom Row)。

表 7.2 说明了不可重复读问题发生的执行顺序,从这个表中可以观察到,当事务 T1 读取 A 和 B 的值时,分别得到 A=10、B=20,计算求和得到 A+B=30 的结果。第二个事务 T2 开始读取同一数据 B 的值时,得到 B=20,然后对 B 进行操作 B=B*2,此时将 B=40 写回数据库。T1 为了对读取值校对重读 B,此时 B 已为 40,与第一次读取值不一致,得到 A+B 的和为 50。这就出现了不可重复读的问题。

表 7.2 不可重复读问题

执行顺序	事务 T1	事务 T2
①	读 A=10、B=20,求和 A+B=30	
②		读 B=20、B=B*2,此时 B=40
③	A=10、B=40,求和 A+B=50(验算结果不对)	

7.1.3 读"脏"数据问题

当一个事务修改数据库项,却由于某些原因使得事务失败了,而被修改的数据库项在被修改回原来的原始值之前又被其他的事务访问了,这时就会出现读"脏"数据的问题。也就是说,事务 T1 修改某一数据,并将其写回磁盘,事务 T2 读取同一数据后,T1 由于某种原因被撤销,这时 T1 已修改过的数据恢复原值,T2 读到的数据就与数据库中的数据不一致,T2 读到的数据就为"脏"数据,即不正确的数据。

如表 7.3 所示,数据库中 C 的初始值为 50,事务 T1 将 C 值修改为 100,事务 T2 读到 C 为 100,T1 由于某种原因撤销其修改,C 恢复原值 50,这时 T2 读到的 C 为 100,与数据库内容不一致,这就是"脏"数据。

表 7.3 读"脏"数据问题

执行顺序	事务 T1	事务 T2
①	读 C=50、C=C * 2,此时 C=100	
②		读 C=100
③	ROLLBACK;C 恢复为 50	

7.2 封锁

视频

封锁是并发控制中的加锁方法,是实现并发控制的一个非常重要的技术。锁是与数据项有关的一个变量,它描述了数据项的状态,这个状态反映了在数据项上可进行的操作。它防止第二个事务在第一个事务完成它全部活动之前,对数据库记录进行访问。打个比方,事务 T 在对某个数据对象(例如表、记录等)操作之前,先向系统发出请求,对其加锁。加锁后事务 T 就对该数据对象有了一定的控制,在事务 T 释放它的锁之前,其他的事务不能修改此数据对象。通常,在数据库中每个数据项都有一个锁。锁作为同步化并发事务对数据库访问的一种手段而被广泛使用。因此,封锁模式用于允许并发执行兼容的操作。换句话说,可交换的活动是兼容的。封锁是并发控制最常使用的形式,而且它也是大多数应用程序所选择的方法。

基本的封锁类型有两种:排他锁(Exclusive Locks,简称 X 锁)和共享锁(Share Locks,简称 S 锁)。

排他锁又称为写锁。若事务 T 对数据对象 A 加上 X 锁,则只允许 T 读取和修改 A,其他任何事务都不能再对 A 加任何类型的锁,直到 T 释放 A 上的锁。这就保证了其他事务在 T 释放 A 上的锁之前不能再读取和修改 A。

共享锁又称为读锁。若事务 T 对数据对象 A 加上 S 锁,则事务 T 可以读 A 但不能修改 A,其他事务只能再对 A 加 S 锁,而不能加 X 锁,直到 T 释放 A 上的 S 锁。这就保证了其他事务可以读 A,但在 T 释放 A 上的 S 锁之前不能对 A 做任何修改。

在锁的相容矩阵中,如表 7.4 所示,最左边一列表示事务 T1 已经获得的数据对象上的锁的类型,其中横线表示没有加锁。最上面一行表示另一事务 T2 对同一数据对象发出的封锁请求。T2 的封锁请求能否被满足用矩阵中的 Y 和 N 表示,Y 表示事务 T2 的封锁要求与 T1 已持有的锁相容,封锁请求可以满足;N 表示 T2 的封锁请求与 T1 已持有的锁冲突,T2 的请求被拒绝。

表 7.4　封锁问题

T1	T2		
	X	S	—
X	N	N	Y
S	N	Y	Y
—	Y	Y	Y

7.3　封锁协议

在运用 X 锁和 S 锁这两种基本锁对数据对象加锁时,还需要约定一些规则,例如何时申请 X 锁或 S 锁、持锁时间、何时释放等,这些规则被称为封锁协议(Locking Protocol)。对封锁方式规定不同的规则,就形成了各种不同的封锁协议。根据前面的介绍,对并发操作的不正确调度可能会带来丢失修改、不可重复读和读"脏"数据等不一致性问题,三级封锁协议分别在不同程度上解决了这些问题,为并发操作的正确调度提供一定的保证。不同级别的封锁协议达到的系统一致性是不同的。下面介绍三级封锁协议。

7.3.1　一级封锁协议

一级封锁协议是事务 T 在修改数据 R 之前必须先对其加 X 锁,直到事务结束才释放。事务结束包括正常结束(COMMIT)和非正常结束(ROLLBACK)。

一级封锁协议可防止丢失修改,并保证事务 T 是可恢复的。

在一级封锁协议中,如果仅仅是读数据而不对其进行修改,那么是不需要加锁的,所以它不能保证可重复读和不读"脏"数据。

7.3.2　二级封锁协议

二级封锁协议是在一级封锁协议基础上,事务 T 在读取数据 R 之前必须先对其加 S 锁,读完后即可释放 S 锁。

二级封锁协议除防止了丢失修改,还可进一步防止读"脏"数据。

在二级封锁协议中,由于读完数据后即可释放 S 锁,所以它不能保证可重复读。

7.3.3　三级封锁协议

三级封锁协议是在一级封锁协议基础上,事务 T 在读取数据 R 之前必须先对其加 S 锁,直到事务结束才释放。

三级封锁协议除防止了丢失修改和读"脏"数据外,还进一步防止了不可重复读。

上述三级协议的主要区别在于什么操作需要申请封锁,以及何时释放锁(即持锁时间)。不同级别的封锁协议及其一致性保证如表 7.5 所示。

表 7.5　不同级别的封锁协议和一致性保证

封锁协议	X 锁		S 锁		一致性保证		
	操作结束释放	事务结束释放	操作结束释放	事务结束释放	不丢失修改	不读"脏"数据	可重复读
一级封锁协议		√			√		
二级封锁协议		√	√		√	√	
三级封锁协议		√		√	√	√	√

7.4　活锁和死锁

和操作系统一样,封锁的方法可能引起活锁(Live Lock)和死锁(Dead Lock)。活锁和死锁是并发应用程序经常发生的问题,也是多线程编程中的重要概念。以下是对死锁和活锁的形象描述。

现有一条路,两个人宽,从两个相对的方向迎面走来两个人 A 和 B。

活锁的情况:A 和 B 两个人都主动给别人让路。A 往左移,同时 B 往右移;A 往右移,同时 B 往左移。A 和 B 在移动的时候,同时挡住对方,导致谁也过不去。

死锁的情况:A 和 B 两个人都不愿意给对方让路,所以 A 和 B 都在等对方先让路,导致谁也过不去。

下面对活锁和死锁的概念做具体的解释。

7.4.1　活锁

如果事务 T1 封锁了数据 R,事务 T2 又请求封锁 R,于是 T2 等待。T3 也请求封锁 R,当 T1 释放了 R 上的封锁之后系统首先批准了 T3 的请求,T2 仍然等待。然后 T4 又请求封锁 R,当 T3 释放了 R 上的封锁之后系统又批准了 T4 的请求,T2 有可能永远等待,这就是活锁的情形,如表 7.6 所示。

表 7.6　活锁的情形

T1	T2	T3	T4
Lock R	…	…	…
…	Lock R	…	…
…	等待	Lock R	…
Unlock	等待	…	Lock R
…	等待	Lock R	等待
…	等待	…	等待
…	等待	Unlock	等待
…	等待	…	Lock R
…	等待	…	…

避免活锁的简单方法是采用先来先服务的策略。当多个事务请求封锁同一数据对象时,封锁子系统按请求封锁的先后次序对事务排队,数据对象上的锁一旦释放就批准申请队列中第一个事务获得锁。

7.4.2 死锁

死锁是集合中的两个(或多个)事务同时等待集合中的其他事务释放锁的情况。所有的事务都不能继续执行了,因为集合中的每个事务都在一个等待队列中,等待集合中的一个其他事务释放数据项上的锁。

如表 7.7 所示,如果事务 T1 封锁了数据 R1,T2 封锁了数据 R2,然后 T1 又请求封锁 R2,因 T2 已封锁了 R2,于是 T1 等待 T2 释放 R2 上的锁。接着 T2 又申请封锁 R1,因 T1 已封锁了 R1,T2 也只能等待 T1 释放 R1 上的锁。这样就出现了 T1 在等待 T2,而 T2 又在等待 T1 的局面,T1 和 T2 两个事务永远不能结束,形成死锁。死锁也成为循环等待情形,这里两个事务互相等待(直接或间接)资源。因此在死锁中,两个事务互相排斥访问下一个所需的记录来完成它们的事务,也称为死亡拥抱(Deadly Embrace)。

表 7.7 死锁的情形

T1	T2
Lock R1	…
…	Lock R2
…	…
Lock R2	…
等待	…
等待	Lock R1
等待	等待
等待	等待
…	…

死锁的问题在操作系统和一般并行处理中已做了深入研究,目前在数据库中解决死锁问题主要有两类方法:一类是采取一定措施来预防死锁的发生;另一类是允许发生死锁,并采用一定手段定期诊断系统中有无死锁,若有则解除之。

7.4.3 死锁的检测和预防

死锁检测是由 DBMS 实现的一个定期检测,以确定是否由于某些原因出现事务的等待时间超过了预定限制的情况。死锁出现的频率主要与查询负荷以及数据库的物理组织有关。为了计算死锁的发生频率,Gray 在 1981 年提出了每秒产生的死锁是多个程序的个数的平方和事务大小的四次方的论断。检测和预防死锁的基本模式有如下三种。

1) 从不允许死锁发生(死锁预防)

死锁预防技术避免了导致死锁的条件,要求每个事务预先对它需要的全部数据项进行封锁。如果不能获得某个数据项,则全部数据项都不封锁。换句话说,如果有可能发生死锁的话,则请求新锁的事务将被终止。因此,可以使用超时法来终止那些等待了很长时间的事务。这是一个简单但不加选择的方法。如果一个事务被终止了,则此事务所做的所有更改都被回滚,而且此事务所获得的全部锁都被释放,然后这个事务重新等待调度执行。

2)当某事务被阻塞时检测死锁(死锁检测)

在死锁检测技术中,DBMS定期地为数据库测试死锁,如果发现了死锁,则终止一个事务,并让其他的事务继续执行。现在被终止的事务回滚并重新开始。这个模式实现比较"昂贵",因为大多数事务都不包含在死锁中。

3)定期地检查死锁(死锁避免)

在死锁避免技术中,在事务能够执行之前必须获得所需的全部锁。因此,通过要求连续地获得所需要的锁,这种技术避免了冲突事务的回滚。如果检测周期合适的话,这是一个最理想的模式。理想的周期在平均情况下是检测一个死锁环的时间,比这个时间短的周期意味着在不必要的时候进行了死锁检测,比这个时间长的周期又使得事务不必要地长时间等待死锁的解除。

最好的死锁控制技术与数据库环境有关。例如,在发生死锁的可能性比较小的情况下,推荐死锁检测技术。但如果发生死锁的可能性比较大,则推荐死锁预防技术。如果在系统优先权列表上的响应时间不高,则死锁避免技术可能是最合适的。

检测死锁的状态的简单方法是让系统构建和维护一个等待图。在等待图中,从事务到正在搜寻的记录间画一个箭头,然后从这个记录到目前正在使用这个记录的事务间画一个箭头。如果图中有环,则就检测到死锁。因此,在等待图中,为每个当前正在执行的事务创建一个节点。

每当事务 T1 等待给数据项 X 加锁,而数据项 X 当前正被事务 T2 锁住时,就在等待图中从 T1 到 T2 创建一个有向边(从 T1 指向 T2)。当事务 T2 释放了事务 T1 正在等待的数据项 X 上的锁时,从有向图中删除这个有向边。等待图中有环的情况下才发生了死锁。

图 7.1 和图 7.2 说明了包含两个或者更多事务的用于死锁的等待图。在简单情况下,一个死锁只包含两个事务,如图 7.1 所示。在这里,事务 T1 和 T2 的环表示一个死锁,而事务 T3 是在等待事务 T2。在更复杂的情况下,死锁可能会包含多个事务,如图 7.2 所示。

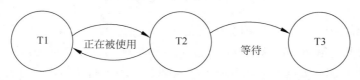

图 7.1　简单情况下(两个事务)的用于死锁的等待图

在图 7.1 所示的简单死锁情况下,通过终止环中的某个事务并重新启动这个事务即可解除死锁。由于终止和重新启动一个事务开销很大,因此希望终止完成工作最少的事务。但如果被终止的这个事务总是完成工作最少的事务,就有可能造成这个事务被反复终止,从而不能完成这个事务。因此,在实际应用中,一般比较提倡的做法是终止最新的事务。一般来说,最新的事务通常也是完成工作最少的事务,然后用事务初始的标识符来重新启动它。这个机制保证了被重复终止的事务最终将成为系统中时间最久的活动事务,并最终被完成。事务标识符应该是基于系统时钟的单调增长的序列。

在图 7.2 的复杂情况下,可以使用两个方法,比如终止完成工作最小的事务,或者在途

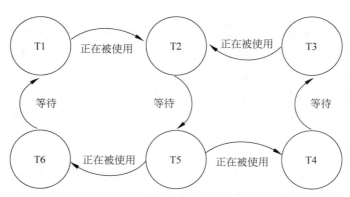

图 7.2　复杂情况下(多个事务)的用于死锁的等待图

中寻找最小的剪切集并终止相应的事务。

7.5　并发调度的可串行性

计算机系统对并发事务中并发操作的调度是随机的,而不同的调度可能会产生不同的结果,那么哪个结果是正确的,哪个是不正确的呢?

如果一个事务运行过程中没有其他事务同时运行,也就是说它没有受到其他事务的干扰,那么就可以认为该事务的运行结果是正常的或者是预想的。因此,将所有事务串行起来的调度策略一定是正确的调度策略。虽然以不同的顺序串行执行的事务可能会产生不同的结果,但由于不会将数据库置于不一致状态,所以都是正确的。

多个事务的并发执行是正确的,当且仅当其结果与按某一次序串行地执行它们时的结果相同时,我们称这种调度策略为可串行化(Serializable)的调度。

可串行性(Serializability)是并发事务正确性的准则。按这个准则规定,一个给定的并发调度,当且仅当它是可串行化的,才认为是正确调度。

为了保证并发操作的正确性,DBMS 的并发控制机制必须提供一定的手段来保证调度是可串行化的。

从理论上讲,在某一事务执行时禁止其他事务执行的调度策略一定是可串行化的调度,这也是最简单的调度策略。但这种方法实际上是不可取的,因为它使得用户不能充分共享数据库资源。目前 DBMS 普遍采用封锁方法实现并发操作调度的可串行性,从而保证调度的正确性。

两段锁(Two-Phase Locking,2PL)协议就是保证并发调度可串行性的封锁协议。

除此之外还有一些其他方法,如使用时间方法、乐观方法等来保证调度的正确性。

7.6　两段锁协议

两段锁协议是控制并发处理的一个方法或一个协议。在两段锁中,所有的封锁操作都在第一个解锁操作之前。因此,如果事务中的所有加锁操作(比如 read_lock、write_lock)都在第一个解锁操作之前,则称此事务是遵循两段锁协议的。所谓两段锁协议是指所有事务必须分两个阶段对数据项加锁和解锁。在对任何数据进行读、写操作之前,首先要申请并获得对该数据的封锁;在释放一个封锁之后,事务不再申请和获得任何其他封锁。

事务分为两个阶段,第一阶段是获得封锁,也称为增长阶段,在这个阶段事务获得所有需要的锁而不释放任何数据上的锁。一旦获得了所有的锁,事务就处在它的锁定点。第二阶段是释放封锁,也称为收缩阶段,在这个阶段事务释放全部的锁,并且不能再获得任何新锁。2PL的两个阶段如图7.3所示。

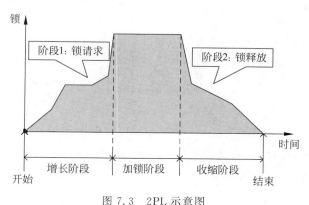

图7.3 2PL示意图

上述两阶段锁有下述规则保证:

(1) 两个事务不能有冲突的锁。

(2) 在同一个事务中,任何解锁操作都不能在加锁操作之前。

(3) 在获得所有的锁之前不影响任何数据,即在事务处于它的锁定点时才能影响数据。

图7.3说明了两段锁的示意图,在严格的两阶段锁中不允许有交叉。

两段锁协议保证了可串行性,这意味着事务执行的结果与两个事务没有交叉时的顺序执行的结果一样。但两段锁协议并不防止死锁,因此要与死锁预防技术一起使用。

7.7 锁的粒度

数据库基本上是作为命名的数据项的集合,由并发控制程序选择的作为保护单位的数据项的大小称为粒度(Granularity)。封锁对象可以是逻辑单元,也可以是物理单元。粒度是由并发控制子系统控制的独立的数据单位,在基于锁的并发控制机制中,粒度是一个可加锁单位。锁的粒度表明加锁使用的级别。在最通常的情况下,锁的粒度是数据页。大多数商业数据库系统都提供了不同的加锁粒度。加锁可以发生在下述级别上:

- 数据库级
- 表级
- 页级
- 行(元组)级
- 属性(字段)级

因此,粒度影响数据项的并发控制,即数据项代表数据库的某个部分。一个数据项可以小到一个属性(字段)值,或者大到一个磁盘块,甚至是一个文件或整个数据库。

1. 数据库级锁

在数据库级锁上,整个数据库被加锁。因此,在事务 T1 执行期间拒绝事务 T2 使用数据库中的任何表。

2. 表级锁

在表级锁上,对整个表进行加锁。因此,在事务 T1 使用这个表时拒绝事务 T2 访问表中的任何行(元组)。如果某个事务希望访问一些表,则每个表都被加锁。但两个事务可以访问相同的数据库,只要它们访问的表不同即可。

表级锁的限制比数据库级锁少,但当有很多事务等待访问相同的表时会引起阻塞,尤其是当事务需要访问相同表的不同部分而且彼此没有相互干扰时,这个条件就成为一个问题。表级锁不适合多用户 DBMS。

3. 页级锁

在页级锁上,整个磁盘页(或磁盘块)被加锁。一个表能够跨多个页,而一个页也可以包含一个或者多个表的若干行(元组)。

页级锁最适合多用户 DBMS。

4. 行级锁

在行级锁上,对特定的行(或元组)进行加锁,对数据库中的每个表的每一行进行加锁。DBMS 允许并发事务访问同一个表的不同行,即使这些行位于相同的页上。

行级锁比数据库级锁、表级锁或页级锁的限制要少很多,行级锁提高了数据的可获得性,但是行级锁的管理需要很高的成本。

5. 属性级锁

在属性级锁上,对特定的属性(或字段)进行加锁。属性级锁允许并发事务访问相同的行,只要这些事务是访问行中的不同属性即可。

属性集锁为多用户数据访问产生了最大的灵活性,但它需要很高的系统开销。

7.8 并发控制的时间戳方法

时间戳是由 DBMS 创建的唯一标识符,用于表示事务的相对启动时间。时间戳可以看成是事务的启动时间。由此,时间戳是并发控制的一个方法,在这个方法中,每个事务被赋予一个事务时间戳。事务时间戳是一个单调增长的数字,它通常是基于系统时钟的。事务被管理成按时间戳顺序进行,时间戳也可以通过每当新事务启动时增加一个局部计数器的方法产生,时间戳的值产生一个显式的顺序,这个顺序是事务提交给 DBMS 的顺序。时间戳必须有两个性质,即唯一性和单调性。唯一性假设不存在相同的时间戳值,单调性假设时间戳值总是增加的。在相同事务中对数据库的 Read 和 Write 操作必须有相同的时间戳。DBMS 按时间戳顺序执行冲突操作,因此确保了事务的可串行性。如果两个事务冲突了,则通常是停止一个事务,重新调度这个事务并赋予一个新的时间戳值。

1. 粒度时间戳

粒度时间戳是最后一个事务访问它的时间戳的一个记录，一个活动事务访问的每个粒度必须有一个粒度时间戳。可以保留最后一个读和写访问的每个记录。如果它们的存储包括粒度，粒度时间戳可能对读访问引起额外的写操作。粒度时间戳表中的每一项由粒度标识符和事务时间戳组成，同时维护从表中删除的包含最大（最近的）粒度时间戳的记录。对粒度时间戳的查找可以使用粒度标识符，也可以使用最大被删除的时间戳。

2. 时间戳排序

下述是基于时间戳的并发控制方法中的三个基本算法。

1）总时间戳排序

总时间戳排序算法依赖于在时间戳排序中对访问粒度的维护，它是在冲突访问中终止一个事务。读和写的访问之间没有区别。因此，对每个粒度时间戳来说只需要一个值。

2）部分时间戳排序

只排序不可交换的活动来提高总的时间戳排序，在这种情况下，同时存储读和写粒度时间戳。部分时间戳排序算法允许比最后一个更改粒度的事务晚的任何事务读取粒度。如果某个事务试图更改之前已经被事务访问的粒度，则终止此事务。部分时间戳排序算法比总时间戳排序算法终止的事务少，但是其代价是需要额外的空间来存储粒度时间戳。

3）多版本时间戳排序

多版本时间戳排序算法存储几个被更改粒度的版本，允许事务为它访问的所有粒度查看一致的版本集合。因此，这个算法降低了重新启动那些有写-写冲突的事务而产生的冲突。每次对粒度的修改都创建一个新的版本，这个版本包含相关的粒度时间戳。因此，多版本的时间戳等于或只刚刚小于此事务的时间戳。

3. 解决时间戳中的冲突

为处理时间戳算法中的冲突，让包含在冲突中的一些事务等待并终止其他的一些事务。下面是时间戳中主要的冲突解决策略。

（1）等待-死亡（Wait-Die）：如果新的事务已经首先访问了粒度的话，则旧的事务等待新的事务。如果新的事务试图在旧的并发事务之后访问粒度，则新的事务被终止（死亡）并重新启动。

（2）受伤-等待（Wound-Wait）：如果新的事务试图在旧的并发事务之后访问一个粒度，则先悬挂（受伤）新的事务。如果新的事务已经访问了两者都希望的粒度的话，则旧的事务将等待新的事务提交。

终止事务的处理是冲突解决方案中一个重要的方面。在这种情况下，被终止的事务是正在请求访问的事务，这个事务必须用一个新的时间戳重新启动。如果与其他事务有冲突的话，事务有可能被重复终止。由于出现冲突而使得之前的访问粒度被终止的事务可以用相同的时间戳重新启动，通过消除出现事务被持续关在外面的可能性，这种方法将获得高的优先权。

4. 时间戳的缺点

（1）存储在数据库中的每个值需要两个附加的时间戳字段，一个用于存储最后读此字段(属性)的时间,另一个用于存储最后更改此字段的时间。

(2) 增加了内存需求,以及处理数据库的开销。

7.9 本章小结

本章首先介绍了并发控制的基本概念,并发控制的原理和方法,由并发操作可能造成的一系列问题,如丢失修改问题、不可重复读问题、读"脏"数据问题。

其次,介绍了常用的封锁方法、三级封锁协议、活锁和死锁。不同的封锁和不同级别的封锁协议达到的系统一致性是不同的。对数据对象采用封锁的方法可能会带来活锁和死锁问题,数据库一般采用先来先服务、死锁诊断和解除等技术来预防活锁和死锁的发生。

最后,介绍了并发调度的可串行性、两段锁协议、锁的粒度和并发控制的时间戳方法。并发控制机制调度并发事务操作是否正确的判别准则是可串行性,两段锁协议是可串行化调度的充分条件,但不是必要条件。因此,两段锁协议可以保证并发事务调度的正确性。并发控制算法使用不同的方法,比如加锁、死锁、时间戳等。不同的数据库管理系统提供的封锁类型、封锁协议、达到的系统一致性级别不尽相同,但是其依据的基本原理和技术是共同的。

7.10 课后习题

1. 下述(   )活动是在以并行方式进行操作并且访问共享数据过程中的活动。

    A. 事务管理   B. 恢复管理   C. 并发控制   D. 都不是

2. 可以在下述(   )级别上进行加锁。

    A. 页级锁   B. 数据库级锁   C. 行级锁   D. 以上都是

3. 下述(   )不是死锁处理策略。

    A. 时间溢出   B. 死锁避免   C. 死锁预防   D. 死锁检测

4. 下述(   )调度是事务一个接着一个地完成,而不是同时完成。

    A. 非串行化调度   B. 冲突可串行化调度

    C. 串行化调度   D. 都不是

5. 下述(   )是作为并发控制程序保护单位锁选择的数据项的大小。

    A. 块因子   B. 粒度   C. 锁   D. 都不是

6. 并发控制的基于时间戳方法的基本变化是(   )。

    A. 总时间戳排序   B. 部分时间戳排序

    C. 多版本时间戳排序   D. 以上都是

7. 并发操作可能会导致哪几类数据不一致?用什么方法能避免各种不一致的情况?

8. 什么是封锁?基本的封锁类型有几种?简述它们的含义。

9. 简述在数据库中使用并发控制的原因。

10. 设 T1、T2、T3 是如下的 3 个事务。

T1：A：＝A＋2；

T2：A：＝A＊2；

T3：A：＝A＊＊2；（A＜－A＊A）

设 A 的初值为 0。

（1）若这 3 个事务允许并行执行,则有多少可能的正确结果？请一一列举。

（2）请给出一个可串行化的调度,并给出执行结果。

（3）请给出一个非串行化的调度,并给出执行结果。

第8章

综合案例：招聘信息管理系统

招聘信息管理系统使用 Servlet MVC 模式实现各个功能模块，Web 引擎为 Tomcat 9.0，数据库采用的是 Oracle 19c，集成开发环境为 Eclipse IDE for Java EE Developers。

8.1　Servlet MVC 模式

1. MVC 的概念

MVC 是 Model、View、Controller 的缩写，分别代表 Web 应用程序中的三种职责。
- 模型：用于存储数据以及处理用户请求的业务逻辑。
- 视图：向控制器提交数据，显示模型中的数据。
- 控制器：根据视图提出的请求，判断将请求和数据交给哪个模型处理，处理后的有关结果交给哪个视图更新显示。

2. 基于 Servlet 的 MVC 模式

基于 Servlet 的 MVC 模式的具体实现如下。
- 模型：一个或多个 JavaBean 对象，用于存储数据（实体模型，由 JavaBean 类创建）和处理业务逻辑（业务模型，由一般的 Java 类创建）。
- 视图：一个或多个 JSP 页面，向控制器提交数据和为模型提供数据显示，JSP 页面主要使用 HTML 标记和 JavaBean 标记来显示数据。
- 控制器：一个或多个 Servlet 对象，根据视图提交的请求进行控制，即将请求转发给处理业务逻辑的 JavaBean，并将处理结果存放到实体模型 JavaBean 中，输出给视图显示。

基于 Servlet 的 MVC 模式的流程如图 8.1 所示。

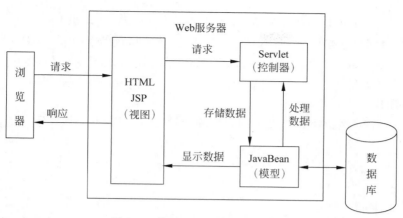

图 8.1　基于 Servlet 的 MVC 模式

8.2　Java Web 开发环境构建

8.2.1　开发工具

1. Java 开发工具包

JSP 引擎需要 Java 语言的核心库和相应编译器，在安装 JSP 引擎之前，需要安装 Java 标准版(Java SE)提供的开发工具包(JDK)。登录 http://www.oracle.com/，根据操作系统的位数，下载相应的 JDK，本书采用的 JDK 是 jdk-8u152-windows-x64.exe。

2. JSP 引擎

运行包含 JSP 页面的 Web 项目还需要一个支持 JSP 的 Web 服务软件，该软件也称作 JSP 引擎或 JSP 容器，通常将安装了 JSP 引擎的计算机称为一个支持 JSP 的 Web 服务器。目前，比较常用的 JSP 引擎包括 Tomcat、JRun、Resin、WebSphere、WebLogic 等，本书采用的是 Tomcat 9.0。

登录 Apache 软件基金会的官方网站 http://jakarta.Apache.org/tomcat，下载 Tomcat 9.0 的免安装版(本书采用 apache-tomcat-9.0.2-windows-x64.zip)。登录网站后，首先在 Download 里选择 Tomcat 9，然后在 Binary Distributions 的 Core 中选择 zip 即可。

3. Eclipse

为了提高开发效率，通常需要安装 IDE(集成开发环境)工具，在本书中使用的 IDE 工具是 Eclipse。Eclipse 是一个可用于开发 JSP 程序的 IDE 工具。登录 http://www.eclipse.org/，根据操作系统的位数，下载相应的 Eclipse。本书采用的是"eclipse-jee-oxygen-2-win32-x86_64.zip"。

8.2.2　工具集成

1. JDK 的安装与配置

1) 安装 JDK

双击下载后的 jdk-8u152-windows-x64.exe 文件图标，弹出安装向导界面，选择接受软件安装协议。建议采用默认的安装路径 C:\Program Files\Java\jdk1.8.0_152。需要注意的是,在安装 JDK 的过程中,JDK 还额外提供一个 Java 运行环境 JRE(Java Runtime Environment),并提示是否修改 JRE 默认的安装路径 C:\Program Files\Java\jre1.8.0_152,建议采用默认的安装路径。

2) 配置系统环境变量

安装 JDK 后需要配置"系统变量"和"环境变量"。在 Windows 10 系统下,其配置分别如图 8.2 和图 8.3 所示。

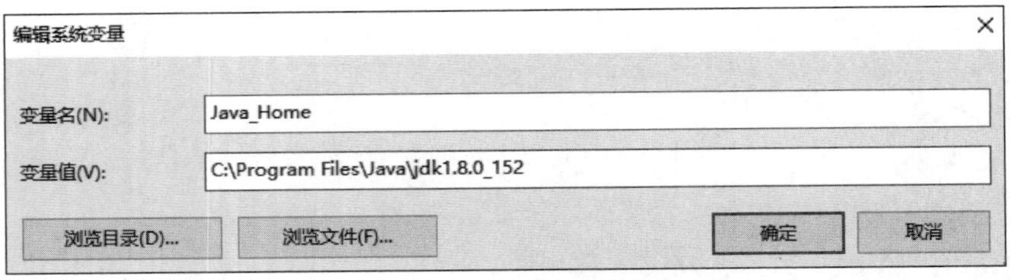

图 8.2 新建系统变量 Java_Home

图 8.3 新建环境变量 Path 值

2. Tomcat 的安装与启动

安装 Tomcat 之前需要事先安装 JDK 并配置系统环境变量 Java_Home。将下载的 apache-tomcat-9.0.2-windows-x64.zip 解压到某个目录下,比如解压到 E:\Java soft,解压缩后将出现如图 8.4 所示的目录结构。

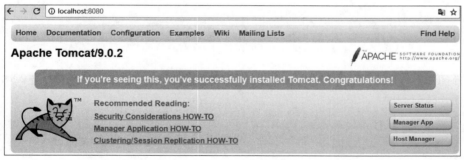

图 8.4　Tomcat 目录结构

执行 Tomcat 根目录下 bin 文件夹中的 startup.bat 文件来启动 Tomcat 服务器。执行 startup.bat 启动 Tomcat 服务器会占用一个 MS-DOS 窗口，如果关闭当前 MS-DOS 窗口将关闭 Tomcat 服务器。

Tomcat 服务器启动后，在浏览器的地址栏中输入 http://localhost:8080 并按 Enter 键，将出现如图 8.5 所示的 Tomcat 测试页面。

图 8.5　Tomcat 测试页面

8080 是 Tomcat 服务器默认占用的端口，但可以通过修改 Tomcat 的配置文件来修改端口号。用记事本打开 conf 文件夹下的 server.xml 文件，找到以下代码：

```
< Connector port = "8080" protocol = "HTTP/1.1"
         connectionTimeout = "20000"
         redirectPort = "8443" />
```

将其中的 port＝"8080"更改为新的端口号，保存 server.xml 文件后并重新启动 Tomcat 服务器即可，比如将 8080 修改为 9090 等。如果修改为 9090，那么在浏览器的地址栏中要输入 http://localhost:9090 后按 Enter 键才能打开 Tomcat 的测试页面。

需要说明的是，一般情况下，不要修改 Tomcat 默认的端口号，除非 8080 已经被占用。在修改端口时，应避免与公用端口冲突，一旦冲突将会导致其他程序不能正常使用。

3. 安装 Eclipse

Eclipse 下载完成后,解压到自己设置的路径下,即可完成安装。Eclipse 安装后,双击 Eclipse 安装目录下的 eclipse.exe 文件,启动 Eclipse。

4. 集成 Tomcat

启动 Eclipse,选择 Window｜Preferences 菜单项,在弹出的对话框中执行 Server｜Runtime Environments 命令。在弹出的窗口中,单击 Add 按钮,弹出如图 8.6 所示的 New Server Runtime Environment 窗口,在该窗口中可以配置各种版本的 Web 服务器。

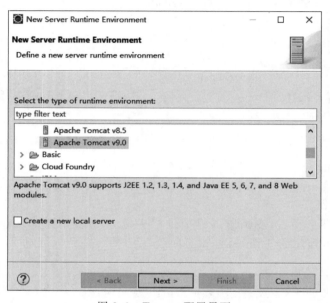

图 8.6　Tomcat 配置界面

选择图 8.6 中所示的 Apache Tomcat v9.0 服务器版本,单击 Next 按钮,进入如图 8.7 所示界面。

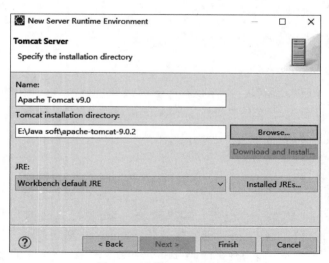

图 8.7　选择 Tomcat 目录

单击图 8.7 中所示的 Browse 按钮，选择 Tomcat 的安装目录，单击 Finish 按钮即可完成 Tomcat 配置。

至此，可以使用 Eclipse 创建 Dynamic Web Project，并在 Tomcat 下运行。

8.3　使用 Eclipse 开发 Web 应用

8.3.1　JSP 运行原理

1. JSP 文件

一个 JSP 文件中可以有普通的 HTML 标记、JSP 规定的标记以及 Java 程序。JSP 文件的扩展名是.jsp，文件名字必须符合标识符规定，即名字可以由字母、下画线、美元符号和数字组成。

2. JSP 运行原理

当 Web 服务器上的一个 JSP 页面第一次被客户端请求执行时，Web 服务器上的 JSP 引擎首先将 JSP 文件转译成一个 Java 文件，并将 Java 文件编译成字节码文件，字节码文件在服务器端创建一个 Servlet 对象，然后执行该 Servlet 对象，同时发送一个 HTML 页面到客户端响应客户端的请求。当这个 JSP 页面再次被请求时，JSP 引擎为每个客户端启动一个线程并直接执行对应的 Servlet 对象响应客户端的请求，这也是 JSP 响应速度比较快的原因之一。

JSP 引擎采用如下方式处理 JSP 页面。

（1）将 JSP 页面中静态元素（HTML 标记）直接交给客户端浏览器执行显示。

（2）对 JSP 页面中动态元素（Java 程序和 JSP 标记）进行必要的处理，将需要显示的结果发送给客户端浏览器。

8.3.2　一个简单的 Web 应用

使用 Eclipse 开发一个 Web 应用需要如下三个步骤。

- 创建项目。
- 创建 JSP 文件。
- 发布项目到 Tomcat 并运行。

1. 创建项目

（1）启动 Eclipse，进入 Eclipse 开发界面。

（2）执行 File|New|Project 命令，打开 New Project 窗口，在该窗口中选择 Web 节点下的 Dynamic Web Project 子节点，如图 8.8 所示。

（3）单击 Next 按钮，打开 New Dynamic Web Project 窗口，在该窗口的 Project name 文本框中输入项目名称，这里为 firstProject。在 Target runtime 下拉列表框中选择服务器，如图 8.9 所示。

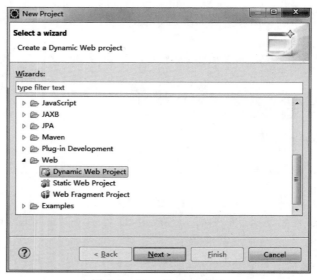

图 8.8　New Project 窗口

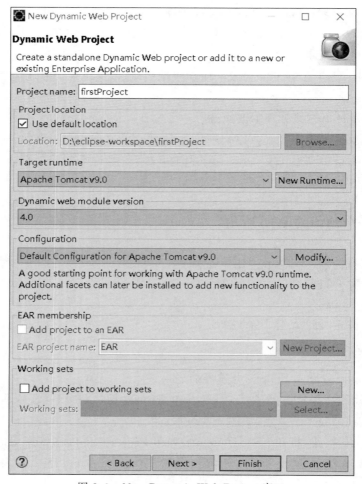

图 8.9　New Dynamic Web Project 窗口

（4）单击 Finish 按钮，完成项目 firstProject 的创建。此时在 Eclipse 平台左侧的
Project Explorer 区域中，将显示项目 firstProject，
依次展开各节点，可显示如图 8.10 所示的目录
结构。

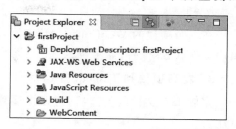

2. 创建 JSP 文件

firstProject 项目创建完成后，可以根据实际
需要创建类文件、JSP 文件或者其他文件。这些文
件的创建会在需要时介绍，下面将创建一个名字
为 myFirst.jsp 的 JSP 文件。

图 8.10　项目 firstProject 的目录结构

（1）右击 firstProject 项目的 WebContent 节点，在打开的快捷菜单中，选择 New|JSP
File 命令，打开 New JSP File 对话框，在该对话框的 File name 文本框中输入文件名
myFirst.jsp，其他采用默认设置，单击 Finish 按钮完成 JSP 文件的创建。

（2）JSP 创建完成后，在 firstProject 项目的 WebContent 节点下，自动添加一个名称为
myFirst.jsp 的 JSP 文件，同时，Eclipse 会自动将 JSP 文件在右侧的编辑框中打开。

（3）将 myFirst.jsp 文件中的默认代码修改如下。

```
< % @ page language = "java" contentType = "text/html; charset = UTF - 8" pageEncoding = "UTF - 8" % >
<! DOCTYPE html >
< html >
    < head >
        < meta charset = "UTF - 8">
        < title > Insert title here </title >
    </head >
    < body >
        < div align = "center">我看到了第一个 JSP 页面,真高兴!</div >
    </body >
</html >
```

（4）将编辑好的 JSP 页面保存（按组合键 Ctrl＋S），至此完成一个简单的 JSP 程序
创建。

在创建 JSP 文件时，Eclipse 默认创建的 JSP 文件的编码格式为 ISO-8859-1，为了让页
面支持中文，还需要将编码格式修改为 UTF-8、GBK 或 GB 2312。建议读者在 Eclipse 中
（执行 Window|Preferences|Web|JSP Files|Editor|Templates|New JSP File(html)|Edit
命令）将 JSP 文件模板修改如下：

```
< % @ page language = "java" contentType = "text/html; charset = $ {encoding}" pageEncoding =
" $ {encoding}" % >
<! DOCTYPE html >
< html >
    < head >
        < meta charset = " $ {encoding}">
        < title > Insert title here </title >
    </head >
    < body >
        $ {cursor}
```

```
        </body >
</html >
```

在一个项目的 WebContent 节点下可以创建多个 JSP 文件,另外 JSP 文件中使用到的图片文件、CSS 文件(层叠样式表)以及 JavaScript 文件都放在 WebContent 节点下。

3. 发布项目到 Tomcat 并运行

完成 JSP 文件的创建后,可以将项目发布到 Tomcat 并运行该项目。下面介绍具体的方法。

(1) 在 firstProject 项目的 WebContent 节点下,找到 myFirst. jsp 并右击该 JSP 文件,在打开的快捷菜单中选择 Run As|Run on Server 命令,打开 Run on Server 窗口,在该窗口中,选中 Always use this server when running this project 复选框,其他采用默认设置,如图 8.11 所示。

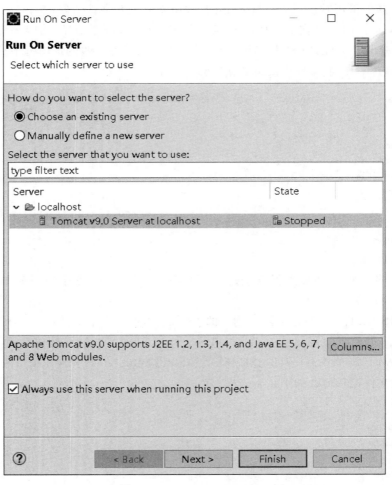

图 8.11 Run on Server 窗口

(2) 单击 Finish 按钮,即可通过 Tomcat 运行该项目,运行后的效果如图 8.12 所示。如果想在浏览器中运行该项目,可以将图 8.12 中的 URL 地址复制到浏览器的地址栏中,并按下 Enter 键运行即可。

图 8.12 运行 firstProject 项目

注意：在 Eclipse 中，默认将 Web 项目发布到 Eclipse 的工作空间的 .metadata\.plugins\ org.eclipse.wst.server.core\tmp0\wtpwebapps\ 目录下。

8.4 系统设计

8.4.1 系统功能需求

招聘信息管理系统是针对注册企业用户使用的系统。系统提供的功能如下：

（1）非注册企业用户可以注册为注册用户。

（2）成功注册的用户，可以登录系统。

（3）成功登录的用户，可以添加、修改、删除以及查看自己发布的招聘信息。

（4）成功登录的用户，可以在个人中心查看自己的基本信息和修改密码。

（5）管理员可以根据用户情况，锁定与解锁用户。

（6）求职者无须注册，可以浏览所有企业用户发布的招聘信息。

8.4.2 系统模块划分

企业注册用户登录成功后，进入管理主页面（main.jsp）可以对招聘信息进行管理。求职者无须注册即可浏览所有招聘信息。招聘信息管理系统的模块划分如图 8.13 所示。

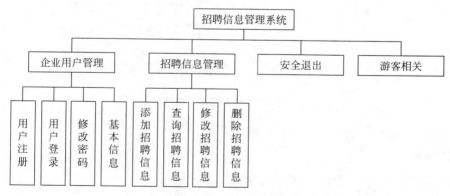

图 8.13 招聘信息管理系统的模块划分

管理员登录成功后，进入用户管理页面（adminUser.jsp）可以对用户进行解锁和锁定操作。

8.5 数据库设计

系统采用加载纯 Java 数据库驱动程序的方式连接 Oracle 19c 数据库。在 Oracle 19c 数据库中,共创建三张与系统相关的数据表:管理员表(admininfo)、用户表(userinfo)和招聘信息表(jobinfo)。

8.5.1 数据库概念结构设计

根据系统设计与分析,可以设计出如下数据结构。

1. 用户

用户包括企业用户 ID、用户名和密码,企业用户 ID 和用户名唯一。

2. 招聘信息

招聘信息包括招聘信息 ID、招聘职位、任职要求、薪资待遇、单位名称、联系电话、工作地点、企业照片以及所属企业用户 ID。其中,招聘信息 ID 唯一,所属企业用户 ID 与企业用户 ID 关联。

根据以上的数据结构,结合数据库设计的特点,可画出如图 8.14 所示的数据库概念结构图。

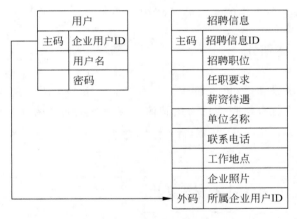

图 8.14   用户与招聘信息的概念结构图

其中,ID 为系统时间产生的 17 位时间字符串。

3. 管理员

管理员包括用户名和密码,由数据库管理员插入数据。

8.5.2 数据库逻辑结构设计

将数据库概念结构图转换为 Oracle 数据库所支持的实际数据模型,即数据库的逻辑结构。

用户信息表的设计如表 8.1 所示。

表 8.1 用户信息表的设计

字 段 名	字 段 类 型	是 否 为 空	说 明	字 段 描 述
id	CHAR(17)	NOT NULL	主码	企业用户 ID
uname	VARCHAR2(50)	NOT NULL		用户名
upass	VARCHAR2(50)	NOT NULL		密码
islock	NUMBER	NOT NULL		是否锁定

招聘信息表的设计如表 8.2 所示。

表 8.2 招聘信息表的设计

字 段 名	字 段 类 型	是 否 为 空	说 明	字 段 描 述
id	CHAR(17)	NOT NULL	主码	招聘信息 ID
jobtitle	VARCHAR2(100)	NOT NULL		招聘职位
jobduty	VARCHAR2(100)			任职要求
salary	VARCHAR2(100)			薪资待遇
cpname	VARCHAR2(100)			单位名称
tel	VARCHAR2(100)			联系电话
address	VARCHAR2(100)			工作地点
photo	VARCHAR2(100)			企业照片
userid	CHAR(17)	NOT NULL	外码(参照企业用户信息表中的 ID)	所属企业 ID 用户

管理员信息表的设计如表 8.3 所示。

表 8.3 管理员信息表的设计

字 段 名	字 段 类 型	是 否 为 空	说 明	字 段 描 述
aname	VARCHAR2(50)	NOT NULL	主码	管理员名
apass	VARCHAR2(50)	NOT NULL		密码

8.6 系统管理

8.6.1 导入相关的 jar 包

新建一个 Java Web 应用 JobManage，在所有 JSP 页面中尽量使用 EL 表达式和 JSTL 标签，需要将 ojdbc8. jar（https：//www. oracle. com/database/technologies/appdev/ jdbc-ucp-19c-downloads. html）、taglibs-standard-impl-1. 2. 5. jar 和 taglibs-standard-spec-1. 2. 5. jar（位于 apache-tomcat-9. 0. 14 \ webapps \ examples \ WEB-INF \ lib 目录中）复制到 JobManage/WebContent/WEB-INF/lib 目录中。

8.6.2 管理主页面

注册用户在浏览器地址栏中输入 http://localhost:8080/JobManage/login.jsp 并按 Enter 键访问登录页面,登录成功后,进入管理主页面(main.jsp),运行效果如图 8.15 所示。

欢迎Cathy进入招聘信息管理系统!

招聘信息管理	个人中心	安全退出		
招聘职位	**薪资待遇**	**单位名称**	**工作地点**	**信息详情**
Java开发工程师	0.7-1.2万/月	奔跑者科技有限公司	大连	详情
高级数据产品经理	1.5-2.5万/月	大有网络技术有限公司	北京	详情

图 8.15 管理主页面

管理主页面(main.jsp)的核心代码如下。

```html
<body>
    <div id = "header">
        <br>
        <br>
        <h1>欢迎 ${sessionScope.userName}进入招聘信息管理系统!</h1>
    </div>
    <div id = "navigator">
        <ul>
            <li><a>招聘信息管理</a>
                <ul>
                    <li><a href = "addJob.jsp" target = "center">添加招聘信息</a></li>
                    <li><a href = "QueryJobServlet?act = deleteSelect" target = "center">删除招聘信息</a></li>
                    <li><a href = "QueryJobServlet?act = updateSelect" target = "center">修改招聘信息</a></li>
                    <li><a href = "QueryJobServlet" target = "center">查询招聘信息</a></li>
                </ul>
            </li>
            <li><a>个人中心</a>
                <ul>
                    <li><a href = "updatePWD.jsp" target = "_top">修改密码</a></li>
                    <li><a href = "userInfo.jsp" target = "center">基本信息</a></li>
                </ul>
            </li>
            <li><a href = "ExitServlet">安全退出</a></li>
        </ul>

    </div>
    <div id = "content">
        <iframe src = "QueryJobServlet"  name = "center" style = "border: 0"></iframe>
    </div>
    <div id = "footer"> Copyright ©清华大学出版社</div>
```

</body>

8.6.3　组件与 Servlet 管理

本系统的包层次结构如图 8.16 所示。

1. dao 包

dao 包中存放的 Java 程序是实现数据库的操作。其中 BaseDao 是一个父类，该类负责连接数据库、关闭连接等功能；AdminDao 是 BaseDao 的一个子类，管理员管理用户的数据访问在该类中；JobDao 是 BaseDao 的一个子类，有关注册用户管理招聘信息的数据访问在该类中；UserDao 是 BaseDao 的另一个子类，有关注册、登录以及修改密码等功能的数据访问在该类中。

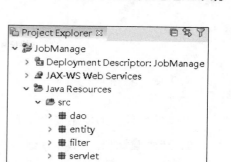

图 8.16　包层次结构图

2. entity 包

entity 包中的类是实现数据封装的实体 bean（实体模型）。

3. filter 包

filter 包中有个解决中文乱码的过滤器。

4. servlet 包

servlet 包存放系统实现的所有控制器 Servlet。

5. util 包

util 包中存放的是系统的工具类，包括获取时间字符串以及获取上传文件的文件名。

8.7　组件设计

本系统的组件包括过滤器、验证码、实体模型、数据库操作（dao）以及工具类。

8.7.1　过滤器

当用户提交请求时，在请求处理之前，系统使用过滤器将用户提交的信息进行解码与编码，避免了中文乱码的出现。

CharacterEncodingFilter.java 的核心代码如下。

```
…
public void doFilter(ServletRequest request, ServletResponse response, FilterChain chain)
throws IOException, ServletException {
    request.setCharacterEncoding("UTF-8");
    chain.doFilter(request, response);
}
```

...

8.7.2 验证码

本系统验证码的使用步骤如下。

1. 产生验证码

使用 Servlet 类 ValidateCode 产生验证码,具体代码如下。

...

```java
@WebServlet("/before_validateCode")
public class ValidateCode extends HttpServlet {
    private static final long serialVersionUID = 1L;
    private char code[] = { 'a', 'b', 'c', 'd', 'e', 'f', 'g', 'h', 'i', 'j',
            'k', 'm', 'n', 'p', 'q', 'r', 's', 't', 'u', 'v', 'w', 'x', 'y',
            'z', 'A', 'B', 'C', 'D', 'E', 'F', 'G', 'H', 'J', 'K', 'L', 'M',
            'N', 'P', 'Q', 'R', 'S', 'T', 'U', 'V', 'W', 'X', 'Y', 'Z', '2',
            '3', '4', '5', '6', '7', '8', '9' };
    private static final int WIDTH = 50;
    private static final int HEIGHT = 20;
    private static final int LENGTH = 4;
    protected void doGet(HttpServletRequest request, HttpServletResponse response) throws
ServletException, IOException {
        //TODO Auto - generated method stub
        //设置响应的报头信息
        response.setHeader("Pragma", "No - cache");
        response.setHeader("Cache - Control", "no - cache");
        response.setDateHeader("Expires", 0);
        //设置响应的 MIME 类型
        response.setContentType("image/jpeg");
        BufferedImage image = new BufferedImage(WIDTH, HEIGHT,
                BufferedImage.TYPE_INT_RGB);
        Font mFont = new Font("Arial", Font.TRUETYPE_FONT, 18);
        Graphics g = image.getGraphics();
        Random rd = new Random();
        //设置背景颜色
        g.setColor(new Color(rd.nextInt(55) + 200, rd.nextInt(55) + 200, rd
                .nextInt(55) + 200));
        g.fillRect(0, 0, WIDTH, HEIGHT);
        //设置字体
        g.setFont(mFont);
        //画边框
        g.setColor(Color.black);
        g.drawRect(0, 0, WIDTH - 1, HEIGHT - 1);
        //随机产生的验证码
        String result = "";
        for (int i = 0; i < LENGTH; ++i) {
            result += code[rd.nextInt(code.length)];
        }
```

```
        HttpSession se = request.getSession();
        se.setAttribute("rand", result);
        //画验证码
        for (int i = 0; i < result.length(); i++) {
            g.setColor(new Color(rd.nextInt(200), rd.nextInt(200), rd.nextInt(200)));
            g.drawString(result.charAt(i) + "", 12 * i + 1, 16);
        }
        //随机产生2个干扰线
        for (int i = 0; i < 2; i++) {
            g.setColor(new Color(rd.nextInt(200), rd.nextInt(200), rd.nextInt(200)));
            int x1 = rd.nextInt(WIDTH);
            int x2 = rd.nextInt(WIDTH);
            int y1 = rd.nextInt(HEIGHT);
            int y2 = rd.nextInt(HEIGHT);
            g.drawLine(x1, y1, x2, y2);
        }
        //释放图形资源
        g.dispose();
        try {
            OutputStream os = response.getOutputStream();
            //输出图像到页面
            ImageIO.write(image, "JPEG", os);
        } catch (IOException e) {
            e.printStackTrace();
        }
    }
    protected void doPost(HttpServletRequest request, HttpServletResponse response) throws
ServletException, IOException {
        doGet(request, response);
    }
}
```

2. 在 JSP 页面显示验证码

显示验证码示例代码如下。

```
…
function refreshCode(){
        document.getElementById("code").src = "before_validateCode?t = " + Math.random();
}
…
<tr>
    <td>
        <img id = "code" src = "before_validateCode"/>
    </td>
    <td class = "ared">
        <a href = "javascript:refreshCode();"><font color = "blue">看不清,换一个!</font>
</a>
    </td>
    <td></td>
</tr>
…
```

8.7.3 实体模型

在控制层(Servlet)使用实体模型封装 JSP 页面提交的信息,然后由控制层将实体模型传递给数据层(Dao)。实现实体模型的类中只有 get 和 set 方法,代码非常简单,此处不再赘述。

8.7.4 数据库操作

本系统有关数据库操作的 Java 类位于包 Dao 中,为了方便管理,减少代码的冗余,所有数据库的连接、关闭等方法由 BaseDao 实现。有关管理员的数据访问由 AdminDao(在该 Dao 中使用 PreparedStatement 语句发送 SQL 命令)实现;有关招聘信息管理的数据访问由 JobDao(在该 Dao 中使用 PreparedStatement 语句发送 SQL 命令)实现;有关注册、登录、修改密码等功能的数据访问由 UserDao(在该 Dao 中使用 PreparedStatement 语句发送 SQL 命令)实现。

(1) BaseDao.java 的代码如下。

```java
package dao;
import java.sql.Connection;
import java.sql.DriverManager;
import java.sql.PreparedStatement;
import java.sql.ResultSet;
import java.sql.SQLException;
import java.util.ArrayList;
public class BaseDao {
    //存放 Connection 对象的数组,数组被看成连接池
    static ArrayList<Connection> list = new ArrayList<Connection>();
    /**
     * @discription 获得连接
     */
    public synchronized static Connection getConnection() {
        Connection con = null;
        //如果连接池中有连接对象
        if (list.size() > 0) {
            return list.remove(0);
        }
        //连接池没有连接对象,创建连接放到连接池中
        else {
            for (int i = 0; i < 5; i++) {
                try {
                    Class.forName("oracle.jdbc.driver.OracleDriver");
                } catch (ClassNotFoundException e) {
                    //TODO Auto-generated catch block
                    e.printStackTrace();
                }
                //创建连接
```

```java
                try {
                    con = DriverManager.getConnection(
                            "jdbc:oracle:thin:@localhost:1521:orcl", "system",
                            "Oracle19c");
                    list.add(con);
                } catch (SQLException e) {
                    //TODO Auto - generated catch block
                    e.printStackTrace();
                }
            }
        }
        return list.remove(0);
    }
    /**
     * @discription 关闭结果集
     */
    public static void close(ResultSet rs) {
        if (rs != null) {
            try {
                rs.close();
            } catch (SQLException e) {
                //TODO Auto - generated catch block
                e.printStackTrace();
            }
        }
    }
    /**
     * @discription 关闭预处理
     */
    public static void close(PreparedStatement pst) {
        if (pst != null) {
            try {
                pst.close();
            } catch (SQLException e) {
                //TODO Auto - generated catch block
                e.printStackTrace();
            }
        }
    }
    /**
     * @discription 关闭连接
     */
    public synchronized static void close(Connection con) {
        if (con != null)
            list.add(con);
    }
    /**
     * @discription 关闭所有连接有关的对象
     */
    public static void close(ResultSet rs, PreparedStatement pst, Connection con) {
        close(rs);
```

```
            close(pst);
            close(con);
        }
    }
```

(2) AdminDao.java 的代码如下。

```
package dao;
import java.sql.Connection;
import java.sql.PreparedStatement;
import java.sql.ResultSet;
import java.sql.SQLException;
import java.util.ArrayList;
import entity.User;
public class AdminDao extends BaseDao{
    /**
     * 管理员登录
     */
    public boolean adminLogin(String aname, String apass) {
        PreparedStatement prs = null;
        Connection con = getConnection();
        ResultSet rs = null;
        boolean r = true;
        try {
            String sql = " select * from admininfo where aname = ? and apass = ? ";
            prs = con.prepareStatement(sql);
            prs.setString(1, aname);
            prs.setString(2, apass);
            rs = prs.executeQuery();
            if(rs.next())
                r = true;
            else
                r = false;
            close(rs, prs, con);
        } catch (SQLException e) {
            e.printStackTrace();
        }
        return r;
    }
    /**
     * 查询所有用户
     */
    public ArrayList<User> selectAllUser(){
        ArrayList<User> allu = new ArrayList<User>();
        Connection con = getConnection();
        PreparedStatement pst = null;
        ResultSet rs = null;
        try {
            pst = con.prepareStatement("select * from userinfo ");
            rs = pst.executeQuery();
            while(rs.next()) {
```

```
                        User u = new User();
                        u.setId(rs.getString(1));
                        u.setUname(rs.getString(2));
                        u.setUpass(rs.getString(3));
                        u.setIslock(rs.getString(4));
                        allu.add(u);
                    }
                    close(rs, pst, con);
                } catch (SQLException e) {
                    //TODO Auto - generated catch block
                    e.printStackTrace();
                }
                return allu;
            }
            /**
             * 解锁或锁定
             */
            public boolean lockOrUnlock(String id, int isLock) {
                Connection con = getConnection();
                PreparedStatement pst = null;
                boolean r = false;
                try {
                    pst = con.prepareStatement("update userinfo set islock = ? where id = ? ");
                    pst.setInt(1, isLock);
                    pst.setString(2, id);
                    int i = pst.executeUpdate();
                    if(i > 0) {
                        r = true;
                    }
                    close(null, pst, con);
                } catch (SQLException e) {
                    e.printStackTrace();
                }
                return r;
            }
        }
```

(3) JobDao.java 的代码如下。

```
package dao;
import java.sql.Connection;
import java.sql.PreparedStatement;
import java.sql.ResultSet;
import java.sql.SQLException;
import java.util.ArrayList;
import entity.Job;
import util.MyUtil;
public class JobDao extends BaseDao{
    /**
     * 根据用户 ID 查询招聘信息
     */
```

```java
public ArrayList < Job > queryJob(String userID){
    ArrayList < Job > alljob = new ArrayList < Job >();
    PreparedStatement prs = null;
    Connection con = getConnection();
    ResultSet rs = null;
    try {
        String sql = " select * from jobinfo where userid = ?";
        prs = con.prepareStatement(sql);
        prs.setString(1, userID);
        rs = prs.executeQuery();
        while(rs.next()) {
            Job j = new Job();
            j.setId(rs.getString(1));
            j.setJobTitle(rs.getString(2));
            j.setJobDuty(rs.getString(3));
            j.setSalary(rs.getString(4));
            j.setCpName(rs.getString(5));
            j.setTel(rs.getString(6));
            j.setAddress(rs.getString(7));
            j.setNewFileName(rs.getString(8));
            j.setUserId(rs.getString(9));
            alljob.add(j);
        }
        close(rs, prs, con);
    } catch (SQLException e) {
        //TODO Auto - generated catch block
        e.printStackTrace();
    }
    return alljob;
}
/ * *
 *  新增招聘信息
 * /
public boolean addJob(Job j) {
    boolean isResult = true;
    PreparedStatement prs = null;
    Connection con = getConnection();
    try {
        String sql = " insert into jobinfo values(?,?,?,?,?,?,?,?,?) ";
        prs = con.prepareStatement(sql);
        prs.setString(1, MyUtil.getStringID());
        prs.setString(2, j.getJobTitle());
        prs.setString(3, j.getJobDuty());
        prs.setString(4, j.getSalary());
        prs.setString(5, j.getCpName());
        prs.setString(6, j.getTel());
        prs.setString(7, j.getAddress());
        prs.setString(8, j.getNewFileName());
        prs.setString(9, j.getUserId());
        int  i = prs.executeUpdate();
        if(i > 0)
```

```
                        isResult = true;
                else
                        isResult = false;
                close(null, prs, con);
            } catch (SQLException e) {
                isResult = false;
                e.printStackTrace();
            }
            return isResult;
        }
        /**
         * 根据招聘信息ID查询信息详情
         */
        public Job queryAjob(String id) {
            Job j = new Job();
            PreparedStatement prs = null;
            Connection con = getConnection();
            ResultSet rs = null;
            try {
                String sql = " select * from jobinfo where id = ?";
                prs = con.prepareStatement(sql);
                prs.setString(1, id);
                rs = prs.executeQuery();
                if(rs.next()) {                          //就一个值
                    j.setId(rs.getString(1));
                    j.setJobTitle(rs.getString(2));
                    j.setJobDuty(rs.getString(3));
                    j.setSalary(rs.getString(4));
                    j.setCpName(rs.getString(5));
                    j.setTel(rs.getString(6));
                    j.setAddress(rs.getString(7));
                    j.setNewFileName(rs.getString(8));
                    j.setUserId(rs.getString(9));
                }
                close(rs, prs, con);
            } catch (SQLException e) {
                //TODO Auto-generated catch block
                e.printStackTrace();
            }
            return j;
        }
        /**
         * 修改招聘信息
         */
        public boolean updateJob(Job j) {
            boolean isResult = true;
            PreparedStatement prs = null;
            Connection con = getConnection();
            try {
                String sql = " update jobinfo set jobtitle = ?, jobduty = ?, salary = ?, cpname = ?,
tel = ?, address = ?, photo = ? where id = ? ";
```

```
            prs = con.prepareStatement(sql);
            prs.setString(1, j.getJobTitle());
            prs.setString(2, j.getJobDuty());
            prs.setString(3, j.getSalary());
            prs.setString(4, j.getCpName());
            prs.setString(5, j.getTel());
            prs.setString(6, j.getAddress());
            prs.setString(7, j.getNewFileName());
            prs.setString(8, j.getId());
            int  i = prs.executeUpdate();
            if(i > 0)
                isResult = true;
            else
                isResult = false;
            close(null, prs, con);
        } catch (SQLException e) {
            isResult = false;
            e.printStackTrace();
        }
        return isResult;
    }
    /**
     * 删除招聘信息
     */
    public boolean deleteJob(String[] ids) {
        boolean isResult = true;
        PreparedStatement prs = null;
        Connection con = getConnection();
        try {
            String sql = " delete from jobinfo where id = ? ";
            prs = con.prepareStatement(sql);
            for (String id : ids) {
                prs.setString(1, id);
                prs.executeUpdate();
            }
            //prs.addBatch();
            //prs.executeBatch();
            close(null, prs, con);
        } catch (SQLException e) {
            isResult = false;
            e.printStackTrace();
        }
        return isResult;
    }

    /**
     * 查询所有的招聘信息
     */
    public ArrayList < Job > queryAllJob(){
        ArrayList < Job > alljob = new ArrayList < Job >();
        PreparedStatement prs = null;
```

```
            Connection con = getConnection();
            ResultSet rs = null;
            try {
                String sql = " select * from jobinfo ";
                prs = con.prepareStatement(sql);
                rs = prs.executeQuery();
                while(rs.next()) {
                    Job j = new Job();
                    j.setId(rs.getString(1));
                    j.setJobTitle(rs.getString(2));
                    j.setJobDuty(rs.getString(3));
                    j.setSalary(rs.getString(4));
                    j.setCpName(rs.getString(5));
                    j.setTel(rs.getString(6));
                    j.setAddress(rs.getString(7));
                    j.setNewFileName(rs.getString(8));
                    j.setUserId(rs.getString(9));
                    alljob.add(j);
                }
                close(rs, prs, con);
            } catch (SQLException e) {
                //TODO Auto-generated catch block
                e.printStackTrace();
            }
            return alljob;
        }
}
```

（4）UserDao.java 的代码如下。

```
package dao;
import java.sql.Connection;
import java.sql.PreparedStatement;
import java.sql.ResultSet;
import java.sql.SQLException;
import util.MyUtil;
public class UserDao extends BaseDao{
    /**
     * 检查用户名是否可用
     */
    public boolean isExit(String uname) {
        PreparedStatement prs = null;
        Connection con = getConnection();
        boolean isResult = true;
        ResultSet rs = null;
        try {
            String sql = " select * from userinfo where uname = ? ";
            prs = con.prepareStatement(sql);
            prs.setString(1, uname);
            rs = prs.executeQuery();
            if(rs.next())
```

```
                    isResult = false;
                else
                    isResult = true;
                close(rs, prs, con);
            } catch (SQLException e) {
                //TODO Auto - generated catch block
                e.printStackTrace();
            }
            return isResult;
        }
        / * *
         * 检查用户是否被锁定
         * /
        public boolean isLock(String uname) {
            PreparedStatement prs = null;
            Connection con = getConnection();
            ResultSet rs = null;
            boolean r = true;
            try {
                String sql = " select * from userinfo where uname = ? and islock = 1 ";
                prs = con.prepareStatement(sql);
                prs.setString(1, uname);
                rs = prs.executeQuery();
                if(rs.next())
                    r = true;
                else
                    r = false;
                close(rs, prs, con);
            } catch (SQLException e) {
                e.printStackTrace();
            }
            return r;
        }
        / * *
         * 实现注册功能
         * /
        public boolean register(String uname, String upass) {
            PreparedStatement prs = null;
            Connection con = getConnection();
            boolean isResult = true;
            try {
                String sql = " insert into userinfo values(?,?,?,?) ";
                prs = con.prepareStatement(sql);
                prs.setString(1, MyUtil.getStringID());
                prs.setString(2, uname);
                prs.setString(3, upass);
                prs.setInt(4, 0);
                int i = prs.executeUpdate();
                if(i > 0)
                    isResult = true;
                else
```

```
                isResult = false;
            close(null, prs, con);
        } catch (SQLException e) {
            isResult = false;
            e.printStackTrace();
        }
        return isResult;
    }
    /**
     * 实现登录功能
     */
    public boolean login(String uname, String upass) {
        PreparedStatement prs = null;
        Connection con = getConnection();
        ResultSet rs = null;
        boolean r = true;
        try {
            String sql = " select * from userinfo where uname = ? and upass = ? ";
            prs = con.prepareStatement(sql);
            prs.setString(1, uname);
            prs.setString(2, upass);
            rs = prs.executeQuery();
            if(rs.next())
                r = true;
            else
                r = false;
            close(rs, prs, con);
        } catch (SQLException e) {
            e.printStackTrace();
        }
        return r;
    }
    /**
     * 根据用户名获得 ID
     */
    public String getID(String uname) {
        PreparedStatement prs = null;
        Connection con = getConnection();
        ResultSet rs = null;
        String r = null;
        try {
            String sql = " select id from userinfo where uname = ? ";
            prs = con.prepareStatement(sql);
            prs.setString(1, uname);
            rs = prs.executeQuery();
            if(rs.next())
                r = rs.getString(1);
            close(rs, prs, con);
        } catch (SQLException e) {
            e.printStackTrace();
        }
```

```
            return r;
        }
        /**
         * 修改密码
         */
    public boolean updatePWD(String id, String upass) {
        boolean isResult = true;
        PreparedStatement prs = null;
        Connection con = getConnection();
        try {
            String sql = " update userinfo set upass = ? where id = ? ";
            prs = con.prepareStatement(sql);
            prs.setString(1, upass);
            prs.setString(2, id);
            int i = prs.executeUpdate();
            if(i > 0)
                isResult = true;
            else
                isResult = false;
            close(null, prs, con);
        } catch (SQLException e) {
            isResult = false;
            e.printStackTrace();
        }
        return isResult;
    }
}
```

8.7.5 工具类

本系统使用的工具类 MyUtil 的代码如下。

```
package util;
import java.text.SimpleDateFormat;
import java.util.Date;
import javax.servlet.http.Part;
public class MyUtil {
    /**
     * @discription 获取一个时间串
     */
    public static String getStringID(){
        String id = null;
        Date date = new Date();
        SimpleDateFormat sdf = new SimpleDateFormat("yyyyMMddHHmmssSSS");
        id = sdf.format(date);
        return id;
    }
    /**
     * @discription 从 Part 中获得原始文件名
```

```
    */
    public static String getFileName(Part part){
        if(part == null)
            return null;
        //fileName 形式为：form-data; name = "resPath"; filename = "20200913_110531.jpg"
        String fileName = part.getHeader("content-disposition");
        //没有选择文件
        if(fileName.lastIndexOf("=") + 2 == fileName.length() - 1)
            return null;
        return fileName.substring(fileName.lastIndexOf("=") + 2, fileName.length() - 1);
    }
}
```

8.8 企业用户管理

与系统相关的 JSP 页面、CSS 和图片位于 WebContent 目录下。在 8.7 节已经介绍了系统的数据库操作，所以本节只介绍 JSP 页面和 Servlet 的核心实现。

8.8.1 用户注册

在登录页面（login.jsp），单击"注册"按钮，打开注册页面 register.jsp，效果如图 8.17 所示。

在图 8.17 所示的"注册页面"中，在"用户名"文本框中输入用户名后，系统会根据请求路径 UserRegisterServlet 和标记位 flag 检测"用户名"是否可用。输入合法的用户信息后，单击"注册"按钮，实现注册。

图 8.17 注册页面

（1）register.jsp 的核心代码如下。

```
< head >
    < script type = "text/javascript">
        //输入用户名后，调用该方法，判断用户名是否可用
        function nameIsNull( ){
            var name = document.registForm.uname.value;
            if(name == ""){
                alert("请输入用户名!");
                document.registForm.uname.focus( );
                return false;
            }
            document.registForm.flag.value = "0";
            document.registForm.submit( );
            return true;
        }
        //注册时检查输入项
        function allIsNull( ){
            var name = document.registForm.uname.value;
            var pwd = document.registForm.upass.value;
```

```
                var repwd = document. registForm. reupass. value;
                if(name == ""){
                    alert("请输入用户名!");
                    document. registForm. uname. focus( );
                    return false;
                }
                if(pwd == ""){
                    alert("请输入密码!");
                    document. registForm. upass. focus( );
                    return false;
                }
                if(repwd == ""){
                    alert("请输入确认密码!");
                    document. registForm. reupass. focus( );
                    return false;
                }
                if(pwd != repwd){
                    alert("两次密码不一致,请重新输入!");
                    document. registForm. upass. value = "";
                    document. registForm. reupass. value = "";
                    document. registForm. upass. focus( );
                    return false;
                }
                document. registForm. flag. value = "1";
                document. registForm. submit( );
                return true;
            }
        </script>
    </head>
    <body>
        <form action = "UserRegisterServlet" method = "post" name = "registForm">
            <input type = "hidden" name = "flag">
            <table style = "width:100 % ;height:100 % ">
                <tr>
                    <td style = "width:100 % ;" align = "center" valign = "middle">
                    <table>
                    <tr>
                        <td colspan = "3" align = "center"><h3>注册页面</h3></td>
                    </tr>
                    <tr>
                        <td>用户名: </td>
                        <td>
                            <input class = " textSize" type = " text" name = " uname" value =
" $ {requestScope. uname }"    onblur = "nameIsNull()" />
                        </td>
                        <td>
                            <c:if test = " $ {requestScope. isExit == false}">
                                <font color = red size = 5 >×</font>
                            </c:if>
                            <c:if test = " $ {requestScope. isExit == true}">
                                <font color = green size = 5 >√</font>
```

```
                                    </c:if>
                                </td>
                            </tr>
                            <tr>
                                <td>密码：</td>
                                <td><input class="textSize" type="password" maxlength="20" name=
"upass"/></td>
                                <td> </td>
                            </tr>
                            <tr>
                                <td>确认密码：</td>
                                <td><input class="textSize" type="password" maxlength="20" name=
"reupass"/></td>
                                <td> </td>
                            </tr>
                            <tr>
                                <td colspan="3" align="center"><input type="button" value="注册"
onclick="allIsNull()"/></td>
                            </tr>
                        </table>
                    </td>
                </tr>
            </table>
        </form>
</body>
```

（2）UserRegisterServlet.java 的核心代码如下。

```java
protected void doGet ( HttpServletRequest request, HttpServletResponse response ) throws
ServletException, IOException {
        String uname = request.getParameter("uname");
        String upass = request.getParameter("upass");
        String flag = request.getParameter("flag");
        UserDao ud = new UserDao();
        if("0".equals(flag)) {              //查询用户名是否已存在
            if(ud.isExit(uname)) {          //该名可注册
                request.setAttribute("isExit", true);
            }else {
                request.setAttribute("isExit", false);
            }
            request.setAttribute("uname", uname);
            RequestDispatcher rds = request.getRequestDispatcher("register.jsp");
            rds.forward(request, response);
        }else {                             //注册功能
            ud.register(uname, upass);
            RequestDispatcher rds = request.getRequestDispatcher("login.jsp");
            rds.forward(request, response);
        }
    }
```

8.8.2　用户登录

图 8.18　登录界面

打开系统入口页面(login.jsp),效果如图 8.18 所示。

注册后的用户在输入"用户名"和"密码"后,系统将把其提交给 UserLoginServlet 进行验证。如果用户状态未被锁定,并且用户名和密码正确,则登录成功,将用户信息保存到 session 对象,并进入系统管理主页面(main.jsp);如果用户状态被锁定,或者用户名与密码不匹配,则分别提示错误消息。

(1) login.jsp 的核心代码如下。

```
< head >
    < script type = "text/javascript">
    //"确定"按钮
    function gogo( ){
        document.forms[0].submit( );
    }
    //"取消"按钮
    function cancel( ){
        document.forms[0].action = "";
    }
    function refreshCode( ){
        document.getElementById("code").src = "ValidateCode?t = " + Math.random( );
    }
    </script >
</head >
< body >
    < form action = "UserLoginServlet" method = "post">
    < table >
        < tr >
            < td colspan = "2">< img src = "images/login.gif"></td >
        </tr >
        < tr >
            < td>用户名: </td >
            < td >< input type = "text" name = "uname" value = " $ {uname}" class = "textSize"/></td >
            < td ></td >
        </tr >
        < tr >
            < td>密码: </td >
            < td >< input type = "password" name = "upass"   class = "textSize"/></td >
            < td ></td >
        </tr >
        < tr >
            < td>验证码: </td >
            < td >< input type = "text" class = "textSize"   name = "code"></td >
        < td > $ {errorMessage}</td >
```

```
            </tr>
            <tr>
                <td>
                    <img id="code" src="ValidateCode"/>
                </td>
                <td class="ared">
                    <a href="javascript:refreshCode();"><font color="blue">看不清,换一个!
</font></a>
                </td>
                <td></td>
            </tr>
            <tr>
                <td colspan="3">
                    <input type="image" src="images/ok.gif" onclick="gogo()">
                    <input type="image" src="images/cancel.gif" onclick="cancel()">
                </td>
            </tr>
        </table>
        没注册的企业用户,请<a href="register.jsp">注册</a>!<br>
        <a href="adminLogin.jsp">管理员入口</a>
    </form>
</body>
```

（2）UserLoginServlet 的核心代码如下。

```
protected void doGet(HttpServletRequest request, HttpServletResponse response) throws
ServletException, IOException {
        String uname = request.getParameter("uname");
        String upass = request.getParameter("upass");
        String code1 = request.getParameter("code");
        HttpSession session = request.getSession(true);
        //获取验证码
        String code2 = (String)session.getAttribute("rand");
        RequestDispatcher rds = null;
        String errorMessage = null;
        UserDao ud = new UserDao();
        //验证码输入正确
        if(code2.equalsIgnoreCase(code1)){
            if(ud.isLock(uname)) {
                errorMessage = "账号已被锁定,请联系管理员解锁!";
            }else if(!ud.login(uname, upass)) {
                errorMessage = "用户名与密码不匹配!";
            }else {/* 登录成功 */
                session.setAttribute("userID", ud.getID(uname));
                session.setAttribute("userName", uname);
                session.setAttribute("userPWD", upass);
                rds = request.getRequestDispatcher("main.jsp");
            }
        }else{
            errorMessage = "验证码输入错误!";
        }
```

```
            if(errorMessage != null) {
                rds = request.getRequestDispatcher("login.jsp");
                request.setAttribute("errorMessage", errorMessage);
                request.setAttribute("uname", uname);
            }
            rds.forward(request, response);
        }
```

8.8.3　修改密码

单击用户主页面中"个人中心"|"修改密码"菜单项,打开
密码修改页面(updatePWD.jsp),页面效果如图 8.19 所示。
(1) updatePWD.jsp 的核心代码如下。

图 8.19　密码修改页面

```
< head >
    < script type = "text/javascript">
        //注册时检查输入项
        function allIsNull(){
            var pwd = document.updateForm.upass.value;
            var repwd = document.updateForm.reupass.value;
            if(pwd == ""){
                alert("请输入新密码!");
                document.updateForm.upass.focus();
                return false;
            }
            if(repwd == ""){
                alert("请再次输入新密码!");
                document.updateForm.reupass.focus();
                return false;
            }
            if(pwd!= repwd){
                alert("两次密码不一致,请重新输入!");
                document.updateForm.upass.value = "";
                document.updateForm.reupass.value = "";
                document.updateForm.upass.focus();
                return false;
            }
            document.updateForm.submit();
            return true;
        }
    </script >
</head >
< body >
    < form action = "UpdatePwdServlet" method = "post" name = "updateForm">
        < table >
            < tr >
                < td >用户名: </td>
                < td >
                    $ {sessionScope.userName}
```

```
            < input type = "hidden" name = "id" value = " ${sessionScope.userID}"/>
        </td>
    </tr>
    < tr >
        < td >新密码：</td >
        < td >< input class = "textSize" type = "password" maxlength = "20" name =
"upass"/></td >
    </tr>
    < tr >
        < td >确认新密码：</td >
        < td >< input class = "textSize" type = "password" maxlength = "20" name =
"reupass"/></td >
    </tr>
    < tr >
        < td colspan = "2" align = "center">< input type = "button" value = "修改密码"
onclick = "allIsNull()"/></td >
    </tr>
    </table >
    </form >
</body >
```

在图 8.19 所示的页面中输入新密码并确认新密码后，单击"修改密码"按钮，将请求提交给 UpdatePwdServlet。在 UpdatePwdServlet 中调用 UserDao 的 updatePWD 方法处理密码修改请求。

（2）UpdatePwdServlet 的核心代码如下。

```
protected void doGet (HttpServletRequest request, HttpServletResponse response) throws
ServletException, IOException {
        String id = request.getParameter("id");
        String upass = request.getParameter("upass");
        UserDao ud = new UserDao();
        ud.updatePWD(id, upass);
        response.sendRedirect("login.jsp");
    }
```

8.8.4 基本信息

单击主页面中"个人中心"|"基本信息"菜单项，打开基本信息页面（userInfo.jsp），页面效果如图 8.20 所示。

userInfo.jsp 的核心代码如下。

图 8.20 基本信息页面

```
< body >
    < table >
        < tr >
            < td colspan = "2">用户基本信息</td >
        </tr>
        < tr >
            < td >用户 ID：</td >
```

```
          < td > $ {sessionScope.userID }</td >
        </tr >
        < tr >
          < td >用户名:</td >
          < td > $ {sessionScope.userName }</td >
        </tr >
        < tr >
          < td >密码:</td >
          < td >< input type = "password" readonly = "readonly" value = " $ { sessionScope.
userPWD}"></td >
        </tr >
      </table >
  </body >
```

8.9　招聘信息管理

用户登录成功后,进入招聘信息管理系统的主页面,单击"招聘信息管理"下拉菜单,可以看到有"添加招聘信息""删除招聘信息""修改招聘信息"和"查询招聘信息"四个菜单项,如图 8.21 所示。用户可分别单击所需的菜单项,实现其功能。

招聘信息管理	个人中心	安全退出			
添加招聘信息	位	薪资待遇	单位名称	工作地点	信息详情
删除招聘信息	工程师	0.7-1.2万/月	齐跑者科技有限公司	大连	详情
修改招聘信息	品经理	1.5-2.5万/月	大有网络技术有限公司	北京	详情
查询招聘信息					

图 8.21　"招聘信息管理"下拉菜单

8.9.1　添加招聘信息

单击主页面中"招聘信息管理"|"添加招聘信息"菜单项,在弹出的页面中输入招聘职位、任职要求、薪资待遇、单位名称、联系电话、工作地点、企业照片后,单击"提交"按钮实现添加。如果成功,则跳转到查询页面;如果失败,则回到添加页面。

addJob.jsp 页面实现添加招聘信息的输入界面如图 8.22 所示。

(1) addJob.jsp 的核心代码如下。

图 8.22　"添加招聘信息"页面

```
< body >
    < form action = "AddJobServlet" method = "post" enctype = "multipart/form - data">
        < table border = 1 style = "border - collapse: collapse">
            < caption >
```

```
                < font size = 4 face = 华文新魏>添加招聘信息</font >
        </caption >
        < tr >
            < td >招聘职位< font color = "red">∗</font ></td >
            < td >
                < input type = "text" name = "jobtitle">
            </td >
        </tr >
        < tr >
            < td >任职要求< font color = "red">∗</font ></td >
            < td >
                < input type = "text" name = "jobduty">
            </td >
        </tr >
        < tr >
            < td >薪资待遇</td >
            < td >
                < input type = "text" name = "salary">
            </td >
        </tr >
        < tr >
            < td >单位名称</td >
            < td >
                < input type = "text" name = "cpname">
            </td >
        </tr >
        < tr >
            < td >联系电话</td >
            < td >
                < input type = "text" name = "tel">
            </td >
        </tr >
        < tr >
            < td >工作地点</td >
            < td >
                < input type = "text" name = "address">
            </td >
        </tr >
        < tr >
            < td >企业照片</td >
            < td >
                < input type = "file" name = "photo">
            </td >
        </tr >
        < tr >
            < td colspan = "2" align = "center">
                < input type = "submit" value = "提交"/>
                    
                < input type = "reset" value = "重置"/>
            </td >
        </tr >
```

```
          </table>
        </form>
      </body>
```

单击图 8.22 中所示的"提交"按钮,将添加请求通过表单 action="AddJobServlet"提交给 AddJobServlet 处理。在 AddJobServlet 中调用 JobDao 的 addJob 方法实现添加招聘信息功能,添加成功后跳转到查询请求 QueryJobServlet;添加失败回到添加页面。

(2) AddJobServlet.java 的核心代码如下。

```java
protected void doGet ( HttpServletRequest request, HttpServletResponse response ) throws
ServletException, IOException {
    String jobtitle = request.getParameter("jobtitle");
    String jobduty = request.getParameter("jobduty");
    String salary = request.getParameter("salary");
    String cpname = request.getParameter("cpname");
    String tel = request.getParameter("tel");
    String address = request.getParameter("address");
    //获得 Part 对象
    Part part = request.getPart("photo");
    //指定上传的文件保存到服务器的 uploadFile 目录中
    File uploadFileDir = new File(getServletContext().getRealPath("/uploadFile"));
    if(!uploadFileDir.exists()){
        uploadFileDir.mkdir();
    }
    //获得原始文件名
    String oldName = MyUtil.getFileName(part);
    String gpicture = null;
    if(oldName != null){
        //上传时的新文件名
        gpicture = MyUtil.getStringID() + oldName.substring(oldName.lastIndexOf("."));
        //上传图片
        part.write(uploadFileDir + File.separator + gpicture);
    }
    Job j = new Job();
    j.setJobTitle(jobtitle);
    j.setJobDuty(jobduty);
    j.setSalary(salary);
    j.setCpName(cpname);
    j.setTel(tel);
    j.setAddress(address);
    j.setNewFileName(gpicture);
    j.setOldFileName(oldName);
    HttpSession session = request.getSession(true);
    String userId = (String)session.getAttribute("userID");
    j.setUserId(userId);
    JobDao jd = new JobDao();
    if(jd.addJob(j))
        //添加查询成功
        response.sendRedirect("QueryJobServlet");
    else
```

```
        response.sendRedirect("addJob.jsp");
    }
```

8.9.2 查询招聘信息

用户登录成功后，进入招聘信息管理系统的主页面，在系统主页面中初始显示该用户已发布的招聘信息页面（queryJobs.jsp），运行效果如图8.23所示。

欢迎Cathy进入招聘信息管理系统！

招聘信息管理	个人中心	安全退出			
招聘职位	**薪资待遇**	**单位名称**	**工作地点**	**信息详情**	
Java开发工程师	0.7-1.2万/月	奔跑者科技有限公司	大连	详情	
高级数据产品经理	1.5-2.5万/月	大有网络技术有限公司	北京	详情	

图8.23 招聘管理系统主页面

单击主页面中"招聘信息管理"|"查询招聘信息"菜单项，打开查询页面（queryJobs.jsp）。"查询招聘信息"菜单项超链接的目标地址是个Servlet，该Servlet的请求路径为QueryJobServlet，根据请求路径找到对应的QueryJobServlet进行处理查询。在该Servlet中，根据动作类型（修改查询、查询以及删除查询），将查询结果转发到不同页面。

在queryJobs.jsp页面中单击"详情"超链接，打开招聘信息详情页面（detail.jsp）。"详情"超链接的目标地址是个Servlet，该Servlet的请求路径为"SelectAJobServlet? id=${job.id}"。根据请求路径找到对应的SelectAJobServlet处理查询一个招聘信息的功能。将查询结果转发给信息详情页面（detail.jsp）。"招聘信息详情"页面如图8.24所示。

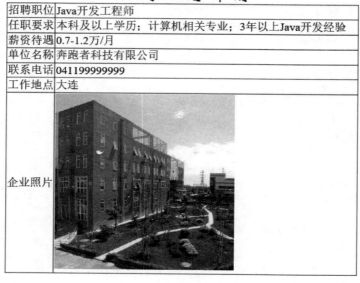

图8.24 "招聘信息详情"页面

（1）queryJobs.jsp 的核心代码如下。

```
< body >
    < table border = "1" >
        < tr >
            < th width = "200px">招聘职位</th>
            < th width = "200px">薪资待遇</th>
            < th width = "200px">单位名称</th>
            < th width = "200px">工作地点</th>
            < th width = "200px">信息详情</th>
        </tr>
        < c:forEach items = " $ {requestScope. allJobs}" var = "job">
            < tr onmousemove = "changeColor(this)" onmouseout = "changeColor1(this)">
                < td > $ {job. jobTitle } </td>
                < td > $ {job. salary } </td>
                < td > $ {job. cpName } </td>
                < td > $ {job. address } </td>
                < td > < a href = "SelectAJobServlet? id = $ { job. id }&act = select" target =
"_blank">详情</a></td>
            </tr >
        </c:forEach >
    </table >
</body >
```

（2）detail.jsp 的核心代码如下。

```
< body >
        < table border = 1    style = "border – collapse: collapse">
            < caption >
                < font size = 6 face = 华文新魏>招聘信息详情</font >
            </caption >
            < tr >
                < td >招聘职位</td>
                < td > $ {ajob. jobTitle }</td>
            </tr >
            < tr >
                < td >任职要求</td>
                < td > $ {ajob. jobDuty }</td >
            </tr >
            < tr >
                < td >薪资待遇</td>
                < td > $ {ajob. salary }</td>
            </tr >
            < tr >
                < td >单位名称</td>
                < td > $ {ajob. cpName }</td>
            </tr >
            < tr >
                < td >联系电话</td>
                < td > $ {ajob. tel }</td>
            </tr >
```

```
<tr>
    <td>工作地点</td>
    <td>${ajob.address }</td>
</tr>
<tr>
    <td>企业照片</td>
    <td>
        <c:if test="${ajob.newFileName != null}">
            <img alt="" width="250" height="250"
            src="uploadFile/${ajob.newFileName}"/>
        </c:if>
        <c:if test="${ajob.newFileName == null}">
            没有照片!
        </c:if>
    </td>
</tr>
</table>
</body>
```

（3）QueryJobServlet.java 的核心代码如下。

```
protected void doGet(HttpServletRequest request, HttpServletResponse response) throws
ServletException, IOException {
    HttpSession session = request.getSession(true);
    JobDao jd = new JobDao();
    ArrayList<Job> allJobs = jd.queryJob((String)session.getAttribute("userID"));
    request.setAttribute("allJobs", allJobs);
    String act = request.getParameter("act");
    RequestDispatcher rds = null;
    if("deleteSelect".equals(act)) {          //删除查询
        rds = request.getRequestDispatcher("deleteSelect.jsp");
    }else if("updateSelect".equals(act)) {     //修改查询
        rds = request.getRequestDispatcher("updateSelect.jsp");
    }else {                                    //查询
        rds = request.getRequestDispatcher("queryJobs.jsp");
    }
    rds.forward(request, response);
}
```

（4）SelectAJobServlet.java 的核心代码如下。

```
protected void doGet(HttpServletRequest request, HttpServletResponse response) throws
ServletException, IOException {
    String id = request.getParameter("id");
    String act = request.getParameter("act");
    JobDao jd = new JobDao();
    Job j = jd.queryAjob(id);
    request.setAttribute("ajob", j);
    RequestDispatcher rds = null;
    if("update".equals(act)) {
        rds = request.getRequestDispatcher("updateJob.jsp");
    }else {
```

```
                    rds = request.getRequestDispatcher("detail.jsp");
            }
            rds.forward(request, response);
    }
```

8.9.3　修改招聘信息

　　单击主页面中"招聘信息管理"|"修改招聘信息"菜单项,打开修改查询页面(updateSelect.jsp)。"修改招聘信息"菜单项超链接的目标地址是 QueryJobServlet? act＝updateSelect。根据目标地址找到对应的 QueryJobServlet 类,在 QueryJobServlet 中,根据动作类型 act,将查询结果转发给修改查询页面。

　　单击 updateSelect.jsp 页面中的"修改"超链接打开"修改招聘信息"页面(updateJob.jsp)。"修改"超链接的目标地址是 SelectAJobServlet? id＝＄{job.id }＆act＝ update。根据目标地址找到对应的 SelectAJobServlet 类,在 SelectAJobServlet 中,根据动作类型 act,将查询结果转发给 updateJob.jsp 页面显示。

　　输入要修改的信息后,单击"提交"按钮,将招聘信息提交给 Servlet,根据表单 Action 找到对应的 UpdateJobServlet 类,在 UpdateJobServlet 中执行修改的业务处理。修改成功,进入查询页面;修改失败,回到 updateJob.jsp 页面。

　　updateSelect.jsp 页面的运行效果如图 8.25 所示,updateJob.jsp 页面的运行效果如图 8.26 所示。

欢迎Cathy进入招聘信息管理系统!

招聘信息管理	个人中心	安全退出		

招聘职位	薪资待遇	单位名称	工作地点	信息详情
Java开发工程师	0.7-1.2万/月	奔跑者科技有限公司	大连	修改
高级数据产品经理	1.5-2.5万/月	大有网络技术有限公司	北京	修改

图 8.25　updateSelect.jsp 页面

修改招聘信息

招聘ID*	20200905123823348
招聘职位*	Java开发工程师
任职要求*	本科及以上学历; 计算机
薪资待遇	0.7-1.2万/月
单位名称	奔跑者科技有限公司
联系电话	041199999999
工作地点	大连

企业照片　[浏览...]

[提交] [重置]

图 8.26　updateJob.jsp 页面

（1）updateSelect. jsp 的核心代码如下。

```
< body >
    < br >
    < table border = "1">
        < tr >
            < th width = "200px">招聘职位</th>
            < th width = "200px">薪资待遇</th>
            < th width = "200px">单位名称</th>
            < th width = "200px">工作地点</th>
            < th width = "200px">信息详情</th>
        </tr >
        < c:forEach items = " $ {requestScope. allJobs}" var = "job">
            < tr onmousemove = "changeColor(this)" onmouseout = "changeColor1(this)">
                < td > $ {job. jobTitle } </td >
                < td > $ {job. salary } </td >
                < td > $ {job. cpName } </td >
                < td > $ {job. address }</td >
                < td >< a href = "SelectAJobServlet?id = $ { job. id }&act = update" target =
"center">修改</a></td >
            </tr >
        </c:forEach >
    </table >
</body >
```

（2）updateJob. jsp 的核心代码如下。

```
< body >
    < form action = "UpdateJobServlet" method = "post" enctype = "multipart/form - data">
        < table border = 1 style = "border - collapse: collapse">
            < caption >
                < font size = 5 face = 华文新魏>修改招聘信息</font >
            </caption >
            < tr >
                < td >招聘 ID < font color = "red"> * </font ></td >
                < td >< input type = "text" name = "id"
                style = "border - width: 1pt; border - style: dashed; border - color: red"
                 value = " $ {ajob. id}"
                readonly = "readonly"/>
                </td >
            </tr >
            < tr >
                < td >招聘职位< font color = "red"> * </font ></td >
                < td >< input type = "text" name = "jobtitle" value = " $ {ajob. jobTitle}"/> </td >
            </tr >
            < tr >
                < td >任职要求< font color = "red"> * </font ></td >
                < td >< input type = "text" name = "jobduty" value = " $ {ajob. jobDuty}"/></td >
            </tr >
            < tr >
                < td >薪资待遇</td >
```

```
                            < td >< input type = "text" name = "salary" value = " $ {ajob. salary}"/></td >
                        </tr >
                        < tr >
                            < td >单位名称</td >
                            < td >< input type = "text" name = "cpname" value = " $ {ajob. cpName}"/></td >
                        </tr >
                        < tr >
                            < td >联系电话</td >
                            < td >< input type = "text" name = "tel" value = " $ {ajob. tel}"/></td >
                        </tr >
                        < tr >
                            < td >工作地点</td >
                            < td >< input type = "text" name = "address" value = " $ {ajob. address}"/></td >
                        </tr >
                        < tr >
                            < td >企业照片</td >
                            < td >
                                < input type = "file" name = "photo"/>< br >
                                < c:if test = " $ {ajob. newFileName != null}">
                                    < img alt = "" width = "50" height = "50"
                                    src = "uploadFile/ $ {ajob. newFileName}"/>
                                </c:if >
                                < input type = "hidden" name = "oldFileName" value = " $ {ajob. newFileName}"/>
                            </td >
                        </tr >

                        < tr >
                            < td colspan = "2" align = "center">< input type = "submit" value = "提交"/>
                            < input type = "reset" value = "重置"/></td >
                        </tr >
                    </table >
                </form >
            </body >
```

（3）UpdateJobServlet. java 的核心代码如下。

```
protected void doGet ( HttpServletRequest request, HttpServletResponse response ) throws
ServletException, IOException {
        String id = request. getParameter("id");
        String jobtitle = request. getParameter("jobtitle");
        String jobduty = request. getParameter("jobduty");
        String salary = request. getParameter("salary");
        String cpname = request. getParameter("cpname");
        String tel = request. getParameter("tel");
        String address = request. getParameter("address");
        //获得 Part 对象
        Part part = request. getPart("photo");
        //指定上传的文件保存到服务器的 uploadFile 目录中
        File uploadFileDir = new File(getServletContext(). getRealPath("/uploadFile"));
        if(!uploadFileDir. exists()){
            uploadFileDir. mkdir();
```

```
    }
    //获得原始文件名
    String oldName = MyUtil.getFileName(part);
    String gpicture = null;
    if(oldName == null){//修改时没有选择图片,使用旧图片
        gpicture = request.getParameter("oldFileName");
    }else{
        //上传时的新文件名
        gpicture = MyUtil.getStringID() + oldName.substring(oldName.lastIndexOf("."));
        //上传图片
        part.write(uploadFileDir + File.separator + gpicture);
    }
    Job j = new Job();
    j.setId(id);
    j.setJobTitle(jobtitle);
    j.setJobDuty(jobduty);
    j.setSalary(salary);
    j.setCpName(cpname);
    j.setTel(tel);
    j.setAddress(address);
    j.setNewFileName(gpicture);
    JobDao jd = new JobDao();
    if(jd.updateJob(j))
        //添加成功到查询
        response.sendRedirect("QueryJobServlet?act = updateSelect");
    else {//修改失败
        request.setAttribute("ajob", j);
        RequestDispatcher rds = request.getRequestDispatcher("updateJob.jsp");
        rds.forward(request, response);
    }
}
```

8.9.4　删除招聘信息

单击主页面中"招聘信息管理"│"删除招聘信息"菜单项,打开删除查询页面(deleteSelect.jsp)。"删除招聘信息"菜单项超链接的目标地址是 QueryJobServlet？act＝deleteSelect。根据目标地址找到对应 QueryJobServlet 类,在 QueryJobServlet 中,根据动作类型 act,将查询结果转发给 deleteSelect.jsp 页面,页面效果如图 8.27 所示。

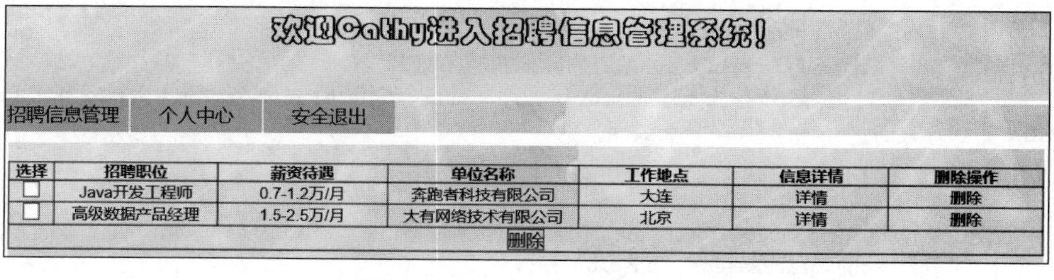

图 8.27　deleteSelect.jsp 页面

在图 8.27 所示的复选框中选择要删除的招聘信息,单击"删除"按钮,将要删除招聘信息的 ID,通过表单 Action 属性值 DeleteJobServlet? act=button 提交给 DeleteJobServlet。在 DeleteJobServlet 中,根据动作类型执行批量删除的业务处理。

单击图 8.27 中右侧的"删除"超链接,将当前行的招聘信息 ID 提交给 DeleteJobServlet? act=link。在 DeleteJobServlet 中,根据动作类型执行单个删除的业务处理。

删除成功后,进入删除查询页面。

(1) deleteSelect.jsp 的核心代码如下。

```
< head >
    < script type = "text/javascript">
        function confirmDelete(){
            var n = document.deleteForm.ids.length;
            var count = 0;                          //统计没有选中的个数
            for(var i = 0; i < n; i++){
                if(!document.deleteForm.ids[i].checked){
                    count++;
                }else{
                    break;
                }
            }
            if(n > 1){                              //多个招聘信息
                //所有的招聘信息都没有选择
                if(count == n){
                    alert("请选择想要删除的信息!");
                    count = 0;
                    return false;
                }
            }else{                                  //一个招聘信息
                //就一个招聘信息并且还没有选择
                if(!document.deleteForm.ids.checked){
                        alert("请选择想要删除的信息!");
                        return false;
                }
            }
            if(window.confirm("真的要删除吗?")){
                document.deleteForm.submit();
                return true;
            }
            return false;
        }
        function checkDel(id){
            if(window.confirm("是否删除该招聘信息?")){
                    window.location.href = "/JobManage/DeleteJobServlet?id = " + id + "&act =
link";
            }
        }
        function changeColor(obj){
            obj.className = "bgcolor";
        }
```

```
            function changeColor1(obj){
                obj.className = "";
            }
        </script>
    </head>
    <body>
        <br>
        <form action = "DeleteJobServlet?act = button" method = "post" name = "deleteForm">
        <table border = "1">
            <tr>
                <th width = "50px">选择</th>
                <th width = "200px">招聘职位</th>
                <th width = "200px">薪资待遇</th>
                <th width = "250px">单位名称</th>
                <th width = "200px">工作地点</th>
                <th width = "200px">信息详情</th>
                <th width = "200px">删除操作</th>
            </tr>
            <c:forEach items = " ${requestScope.allJobs}" var = "j">
                <tr  onmousemove = "changeColor(this)" onmouseout = "changeColor1(this)">
                    <td>
                        <input type = "checkbox" name = "ids" value = " ${j.id }"/>
                    </td>
                    <td>${j.jobTitle }</td>
                    <td>${j.salary }</td>
                    <td>${j.cpName}</td>
                    <td>${j.address}</td>
                    <td><a href = " SelectAJobServlet? id = ${j.id }&act = select" target =
"_blank">详情</a></td>
                    <td>
                        <a href = "javascript:checkDel('${j.id }')">删除</a>
                    </td>
                </tr>
            </c:forEach>
            <tr>
                <td colspan = "7">
                    <input type = "button" value = "删除" onclick = "confirmDelete()">
                </td>
            </tr>
        </table>
        </form>
    </body>
</body>
```

（2）DeleteJobServlet.java 的核心代码如下。

```
protected void doGet (HttpServletRequest request, HttpServletResponse response) throws
ServletException, IOException {
        String act = request.getParameter("act");
        JobDao jd = new JobDao();
        if("button".equals(act)) {              //删除多个
            String ids[] = request.getParameterValues("ids");
```

```
        jd.deleteJob(ids);
    }else {                                           //删除一个
        String id = request.getParameter("id");
        String ids[] = { id };
        jd.deleteJob(ids);
    }
    response.sendRedirect("QueryJobServlet?act = deleteSelect");
}
```

8.10 管理员解锁用户

管理员在系统入口页面(login.jsp)上,单击"管理员入口"超链接,打开管理员登录页面(adminLogin.jsp),如图 8.28 所示。管理员的用户名和密码是事先由数据库管理员插入到 admininfo 表中的。

图 8.28   管理员登录页面

单击图 8.28 中所示的"确定"按钮,将登录请求提交给 AdminLoginServlet,在该 Servlet 中调用 AdminDao 的 adminLogin 方法处理登录请求。登录成功后,跳转到用户管理页面(adminUser.jsp),如图 8.29 所示。

用户管理			
用户ID	用户名称	状态	操作
20200905123341680	Cathy	正常	锁定
20200905123400075	天天	被锁定	解锁

图 8.29   用户管理页面

单击图 8.29 中所示的"锁定"或"解锁"超链接,将"锁定"或"解锁"请求提交给 LockServlet,在该 Servlet 中调用 AdminDao 的 lockOrUnlock 方法完成"锁定"或"解锁"功能。

(1) adminLogin.jsp 的核心代码如下。

```
< head >
    < script type = "text/javascript">
        //"确定"按钮
        function gogo(){
            document.forms[0].submit();
        }
```

```
            //"取消"按钮
            function cancel(){
                document.forms[0].action = "";
            }
            function refreshCode(){
                document.getElementById("code").src = "ValidateCode?t = " + Math.random();
            }
        </script>
</head>
<body>
        <form action = "AdminLoginServlet" method = "post">
        <table>
            <tr>
                <td colspan = "2"><img src = "images/login.gif"></td>
            </tr>
            <tr>
                <td>管理员：</td>
                <td><input type = "text" name = "aname" value = "${aname}" class = "textSize"/>
</td>
                <td></td>
            </tr>
            <tr>
                <td>密码：</td>
                <td><input type = "password" name = "apass"  class = "textSize"/></td>
                <td></td>
            </tr>
            <tr>
                <td>验证码：</td>
                <td><input type = "text" class = "textSize"  name = "code"></td>
              <td>${errorMessage}</td>
            </tr>
            <tr>
                <td>
                    <img id = "code" src = "ValidateCode"/>
                </td>
                <td class = "ared">
                    <a href = "javascript:refreshCode();"><font color = "blue">看不清,换一个!
</font></a>
                </td>
                <td></td>
            </tr>
            <tr>
                <td colspan = "3">
                    <input type = "image" src = "images/ok.gif" onclick = "gogo()">
                    <input type = "image" src = "images/cancel.gif" onclick = "cancel()">
                </td>
            </tr>
        </table>
        </form>
    </body>
```

（2）AdminLoginServlet.java 的核心代码如下。

```java
protected void doGet ( HttpServletRequest request, HttpServletResponse response ) throws
ServletException, IOException {
    String aname = request.getParameter("aname");
    String apass = request.getParameter("apass");
    String code1 = request.getParameter("code");
    HttpSession session = request.getSession(true);
    //获取验证码
    String code2 = (String)session.getAttribute("rand");
    RequestDispatcher rds = null;
    AdminDao ad = new AdminDao();
    if(code1.equalsIgnoreCase(code2)) {
        if(ad.adminLogin(aname, apass)) {
            request.setAttribute("allUsers", ad.selectAllUser());
            rds = request.getRequestDispatcher("adminUser.jsp");
        }else {
            request.setAttribute("errorMessage", "用户名或密码错误!");
            rds = request.getRequestDispatcher("adminLogin.jsp");
        }
    }else {
        request.setAttribute("errorMessage", "验证码错误!");
        rds = request.getRequestDispatcher("adminLogin.jsp");
    }
    request.setAttribute("aname", aname);
    rds.forward(request, response);
}
```

（3）adminUser.jsp 的核心代码如下。

```html
< head >
    < script type = "text/javascript">
        function changeColor(obj){
            obj.className = "bgcolor";
        }
        function changeColor1(obj){
            obj.className = "";
        }
    </script >
</head >
< body >
< table style = "width:100% ;height:100%">
    < tr >
    < td style = "width:100% ;" align = "center" valign = "middle">
    < table border = "1" >
        < caption >
            < font size = 5 face = 华文新魏>用户管理</font >
        </caption >
        < tr >
            < th width = "100px">用户 ID</th >
            < th width = "100px">用户名称</th >
```

```
                < th width = "100px">状态</th>
                < th width = "100px">操作</th>
            </tr>
          < c:forEach items = " $ {requestScope. allUsers}" var = "u">
              < tr onmousemove = "changeColor(this)" onmouseout = "changeColor1(this)">
                  < td> $ {u. id } </td>
                  < td> $ {u. uname } </td>
                  < td>
                   < c:if test = " $ {u. islock  ==  0 }">
                        正常
                   </c:if >
                   < c:if test = " $ {u. islock  ==  1 }">
                       被锁定
                   </c:if >
                   </td>
                  < td>
                  < c:if test = " $ {u. islock  ==  0 }">
                       < a href = "LockServlet?id = $ {u. id }&&act = lock">锁定</a >
                   </c:if >
                   < c:if test = " $ {u. islock  ==  1 }">
                       < a href = "LockServlet?id = $ {u. id }&&act = unlock">解锁</a >
                   </c:if >
                  </td>
              </tr>
          </c:forEach >
      </table >
      </td >
    </tr >
    </table >
</body >
```

（4）LockServlet. java 的核心代码如下。

```
protected void doGet ( HttpServletRequest request,  HttpServletResponse response ) throws
ServletException, IOException {
        String act = request. getParameter("act");
        String id = request. getParameter("id");
        AdminDao ad = new AdminDao();
        if("lock". equals(act)) {                    //锁定
            ad. lockOrUnlock( id, 1);
        }else if("unlock". equals(act)) {            //解锁
            ad. lockOrUnlock( id, 0);
        }
        request. setAttribute("allUsers", ad. selectAllUser());
        RequestDispatcher rds = request. getRequestDispatcher("adminUser. jsp");
        rds. forward(request, response);
}
```

8.11　安全退出

在管理主页面中,单击"安全退出"超链接,将返回后台登录页面。"安全退出"超链接的目标地址是一个 Servlet,找到对应 Servlet 类 ExitServlet。在该 Servlet 中执行如下命令。

```
session.invalidate();
```

将登录信息清除,并返回登录页面。

ExitServlet.java 的核心代码如下。

```
protected void doGet (HttpServletRequest request, HttpServletResponse response) throws
ServletException, IOException {
        HttpSession session = request.getSession(true);
        session.invalidate( );
        response.sendRedirect("login.jsp");
    }
```

8.12　求职者相关

求职者无须注册,在浏览器地址栏中输入 http://localhost:8080/JobManage/index.jsp 访问求职者入口页面(index.jsp),重定向的目标地址是个 Servlet。该 Servlet 的请求路径为 SelectJobServlet,根据请求路径找到对应的 SelectJobServlet 处理查询所有招聘信息的功能。将查询结果转发给求职者主页面(tourist.jsp),运行效果如图 8.30 所示。

企业发布的招聘信息汇总				
招聘职位	薪资待遇	单位名称	工作地点	信息详情
客户经理	1-2.5万/月	百合通信技术有限公司	哈尔滨	详情
物流专员	0.5-0.8万/月	福祥园物流有限公司	齐齐哈尔	详情
Java开发工程师	0.7-1.2万/月	奔跑者科技有限公司	大连	详情
高级数据产品经理	1.5-2.5万/月	大有网络技术有限公司	北京	详情

图 8.30　求职者主页面

(1) index.jsp 的核心代码如下。

```
< body >
    <% response.sendRedirect("SelectJobServlet"); %>
</body>
```

(2) SelectJobServlet.java 的核心代码如下。

```
protected void doGet (HttpServletRequest request, HttpServletResponse response) throws
ServletException, IOException {
    JobDao jd = new JobDao();
    ArrayList < Job > allJobs = jd.queryAllJob();
    request.setAttribute("allJobs", allJobs);
    RequestDispatcher rds =  request.getRequestDispatcher("tourist.jsp");
    rds.forward(request, response);
}
```

（3）tourist.jsp 的核心代码如下。

```html
< head >
    < script type = "text/javascript">
        function changeColor(obj){
            obj.className = "bgcolor";
        }
        function changeColor1(obj){
            obj.className = "";
        }
    </script>
</head>
< body >
< table border = "1" >
        < caption >
            < font size = 5 face = 华文新魏>企业发布的招聘信息汇总</font >
        </caption>
        < tr >
            < th width = "200px">招聘职位</th>
            < th width = "200px">薪资待遇</th>
            < th width = "300px">单位名称</th>
            < th width = "200px">工作地点</th>
            < th width = "200px">信息详情</th>
        </tr>
        < c:forEach items = " $ {requestScope.allJobs}" var = "job">
            < tr onmousemove = "changeColor(this)" onmouseout = "changeColor1(this)">
                < td > $ {job.jobTitle } </td >
                < td > $ {job.salary } </td >
                < td > $ {job.cpName } </td >
                < td > $ {job.address } </td >
                < td ><a href = "SelectAJobServlet? id = $ {job.id}&act = select" target =
"_blank">详情</a></td >
            </tr>
        </c:forEach>
    </table >
</body >
```

8.13　本章小结

本章通过一个典型的招聘信息管理系统,讲述了如何使用 MVC(JSP＋JavaBean＋Servlet)模式来开发一个 Web 应用。通过本章的学习,读者不仅掌握了 Java 访问 Oracle 数据库的方法,还熟悉了 Java Web 开发的基本流程。

8.14　课后习题

试一试:参考本章样例,自己动手开发一个名片管理系统。

模 拟 试 卷（一）

一、单项选择题（每题 2 分，共 30 分）

1. 数据库（DB）、数据库系统（DBS）和数据库管理系统（DBMS）之间的关系是（　　）。
   A. DBS 包括 DB 和 DBMS
   B. DBMS 包括 DB 和 DBS
   C. DB 包括 DBS 和 DBMS
   D. DBS 就是 DB，也就是 DBMS

2. 学生社团可以接纳多名学生参加，但每个学生只能参加一个社团，从社团到学生之间的联系类型是（　　）。
   A. 多对多
   B. 一对一
   C. 多对一
   D. 一对多

3. 在关系数据库中，用来表示实体之间联系的是（　　）。
   A. 树状结构
   B. 网状结构
   C. 线性表
   D. 二维表

4. 有关系 R 和 S，$R \cap S$ 的运算等价于（　　）。
   A. $S-(R-S)$
   B. $R-(R-S)$
   C. $(R-S) \cup S$
   D. $R \cup (R-S)$

5. 在整个数据库设计过程中，最困难、最耗费时间的阶段是（　　）。
   A. 需求分析阶段
   B. 概念结构设计阶段
   C. 逻辑结构设计阶段
   D. 物理结构设计阶段

6. 在关系模式中，满足 2NF 的模式（　　）。
   A. 可能是 1NF
   B. 必定是 1NF
   C. 必定是 3NF
   D. 必定是 BCNF

7. 关系模式的候选码可以有（　　）。
   A. 0 个
   B. 1 个
   C. 1 个或多个
   D. 多个

8. SQL 具有（　　）的功能。
   A. 关系规范化、数据操纵、数据控制
   B. 数据定义、数据操纵、数据控制
   C. 数据定义、关系规范化、数据控制
   D. 数据定义、关系规范化、数据操纵

9. 下列函数可以计算平均值的是（　　）。
   A. SUM
   B. COUNT
   C. MAX
   D. AVG

10. 在数据库系统中,视图可以提供数据的(　　)。

  A. 完整性   B. 并发性

  C. 安全性   D. 可恢复性

11. 使用 SQL 语句进行查询操作时,若希望查询结果中不出现重复元组,则应在 SELECT 子句中使用(　　)保留字。

  A. UNIQUE   B. ALL

  C. EXCEPT   D. DISTINCT

12. 下列选项中,不属于传统集合运算的是(　　)操作。

  A. 交运算   B. 除运算

  C. 差运算   D. 并运算

13. 在数据库物理结构设计阶段,建立索引的目的是为了提高数据的(　　)。

  A. 更改效率   B. 插入效率

  C. 查询效率   D. 删除效率

14. 事务的原子性是指(　　)。

  A. 事务中包括的所有操作要么都做,要么都不做

  B. 事务一旦提交,对数据库的改变是永久的

  C. 一个事务内部的操作及使用的数据对并发的其他事务是隔离的

  D. 事务必须是使数据库从一个一致性状态变到另一个一致性状态

15. 以下(　　)不属于实现数据库系统安全性的主要技术和方法。

  A. 存取控制技术   B. 视图技术

  C. 审计技术   D. 出入机房登记和加防盗门

二、填空题(每空 1 分,共 10 分)

1. 根据数据模型应用的目的不同,数据模型可以分为_____和_____两类。

2. 在设计局部 E-R 图时,由于各个子系统分别有不同的应用,而且往往由不同的设计人员设计,所以各个局部 E-R 图之间难免有不一致的地方,称为冲突。这些冲突主要有_____、_____、_____三类。

3. 表示事务结束并成功提交的事务控制命令为_____,而撤销当前事务的所有事务改变的事务控制命令为_____。

4. 在 SELECT 语句中,使用_____子句可用于选择满足给定条件的元组,使用_____子句可按指定列的值进行分组,同时使用_____子句可提取满足条件的组。

三、简答题(每题 5 分,共 10 分)

1. 简述 DROP、TRUNCATE、DELETE 语句的区别。

2. 简述数据库设计的基本步骤。

四、作图题(每题 5 分,共 10 分)

一个海军基地要建立一个舰队管理信息系统。其中,一个舰队拥有多艘舰艇,一艘舰艇属于一个舰队;一艘舰艇安装多种武器,一种武器可安装于多艘舰艇上,每艘舰艇安装的每种武器都有一个数量;一艘舰艇有多个官兵,一个官兵只属于一艘舰艇。舰队的属性有:舰队编号、基地地点;舰艇的属性有:舰艇编号、舰艇名称;武器的属性有:武器名称、生产时间;官兵的属性有:官兵编号、姓名、年龄。

1. 根据需求画出 E-R 图,并在 E-R 图中注明实体的属性、联系的类型以及实体的码。

2. 将 E-R 图转换成关系模式,并用下画线标出每个关系模式的主码。

五、分析题(共 10 分)

在一个物流管理系统的数据库中,有一个关系模式 R(仓库号,货物编号,存放数量,仓库电话,仓库地址,仓库所在城市,货物名称,货物大小)。

1. 写出该关系模式的主码。

2. 判断此关系模式是否满足 3NF,若不满足请对其进行规范化,以达到 3NF。

六、SQL 综合题(共 30 分)

某数据库中包含学生信息、课程信息以及学生选课信息三张基本表。

学生表:student(sno,sname,sex,age,dept),表中属性列依次是学号、姓名、性别、年龄、系别名称。学生表结构如下。

列　　名	数 据 类 型	长度	完整性约束
sno	CHAR	8	主码
sname	VARCHAR	20	非空
sex	VARCHAR	10	性别只能够取男或女
age	INT	无	年龄大于 16 岁
dept	VARCHAR	10	无

课程表:course(cno,cname,tname,credit),表中属性列依次是课程号、课程名,授课教师名和学分。课程表结构如下。

列　　名	数 据 类 型	长度	完整性约束
cno	CHAR	8	主码
cname	VARCHAR	10	非空
tname	VARCHAR	10	无
credit	NUMBER	无	无

学生选课表:sc(sno,cno,grade),表中属性列依次是学号、课程号和成绩。选课表结构如下。

列　　名	数 据 类 型	长度	完整性约束
sno	CHAR	8	外码(参照 student 表中 sno)
cno	CHAR	8	外码(参照 course 表中 cno)
grade	NUMBER	无	无

主码为(sno,cno)。

1. 用 SQL 语句实现以下基本表的创建。

(1) 学生表(student)的创建。

(2) 课程表(course)的创建。

(3) 学生选课表(sc)的创建。

2. 根据各表结构,用 SQL 语句完成下列操作。

(1) 将课程表(course)中 cname 属性列类型改为 CHAR(20)。

(2) 将所有课程的学分都加 1。

(3) 查询每名学生的学号、选课门数和这名学生的平均成绩。

(4) 查询平均成绩大于 75 分的学生学号及其平均成绩,查询结果按照平均成绩的降序排列。

(5) 查询"日语系"学生的姓名、所修课的课程名称和成绩。

模 拟 试 卷（二）

一、单项选择题（每题 2 分，共 30 分）

1. 在数据管理技术发展所经历的三个阶段中，数据独立性最高的是（　　）。

    A. 人工管理阶段   B. 文件管理阶段

    C. 计算机管理阶段   D. 数据库管理阶段

2. 在 E-R 图中，主要成分包括实体和（　　）。

    A. 节点、记录   B. 属性、联系

    C. 属性、主码   D. 文件、关联

3. 设两个关系 R 和 S，分别包含 18 个元组和 11 个元组，则在 $R \cup S$、$R \cap S$、$R - S$ 中，可能出现的元组数目情况是（　　）。

    A. 21、11、7   B. 18、7、11

    C. 24、5、13   D. 25、9、9

4. 在创建基本表的过程中，下列说法正确的是（　　）。

    A. 在一个数据库中，两个基本表的名字可以相同

    B. 表名和属性列的名字不区分大小写

    C. 在给表命名时，第一个字符必须是字母或数字

    D. 在给表中的属性列命名时，第一个字符必须是字母或数字

5. Oracle 提供了五种约束条件保证数据的完整性和参考完整性，其中主码约束包含该码上的每一列的两种约束是（　　）。

    A. 非空约束和唯一约束   B. 非空约束和检查约束

    C. 唯一约束和检查约束   D. 外码约束和检查约束

6. 集合操作不包括下列（　　）。

    A. 差操作   B. 并操作

    C. 交操作   D. 乘操作

7. 在视图上不能完成的操作是（　　）。

    A. 更新视图   B. 在视图上定义新的表

    C. 查询视图   D. 在视图上定义新的视图

8. 规范化理论是关系数据库进行逻辑设计的理论依据，根据这个理论，关系数据库中的关系必须满足每一个属性都是（　　）。

    A. 长度不变的   B. 不可分解的

    C. 互相关联的   D. 互不相关的

9. 下列不属于数据库物理结构设计阶段应考虑的问题是（　　）。

    A. 用户子模式设计   B. 索引与入口设计

C. 确定数据的存放位置 D. 存取方法的选择

10. 关系代数的五个基本操作是( )。

   A. 并、差、交、选择、笛卡儿积

   B. 并、差、交、投影、选择

   C. 并、差、交、选择、除

   D. 并、差、笛卡儿积、投影、选择

11. 在关系模式中,如果属性 X 和 Y 存在 1:1 的联系,则说明( )。

   A. $X \rightarrow Y$ B. $Y \rightarrow X$

   C. $X \leftrightarrow Y$ D. 以上都不对

12. 关系模式的分解( )。

   A. 不唯一 B. 唯一

   C. 不确定 D. 以上都不对

13. 在 SQL 中,与 NOT IN 等价的操作符是( )。

   A. = ANY B. <> ANY

   C. = ALL D. <> ALL

14. 两个关系在没有公共属性时,其自然连接操作表现为( )。

   A. 结果为空关系 B. 笛卡儿积

   C. 等值连接操作 D. 无意义的操作

15. SQL 的 GRANT 和 REVOKE 语句主要是用来维护数据库的( )。

   A. 完整性 B. 可靠性

   C. 安全性 D. 一致性

二、填空题(每空 1 分,共 10 分)

1. 关系完整性包括_____、_____和_____。

2. 数据库系统的体系结构分为三级模式两级映象,其中三级模式由内到外分别是_____、_____和_____。

3. SQL 的使用方式有两种,一种是_____,另一种是_____。

4. 数据库的物理结构设计,主要包括数据库的_____和_____。

三、简答题(每题 5 分,共 10 分)

1. 简述 E-R 图的含义,以及构成 E-R 图的基本要素。

2. 简述建立索引的目的,并分析是否索引建立得越多越好。

四、作图题(每题 5 分,共 10 分)

假定一个出版社可以联系到多位作者,一个作者同时也可以为多个出版社服务;出版社会定期出版一定数量的图书,每一种图书由一个出版社出版;每一种图书可被多位读者购买,每一位读者也可以购买多种图书。

其中,作者的属性有:作者编号、作者名和联系电话;出版社的属性有:出版社编号和出版社名;图书的属性有:书号、书名和价格;读者的属性有:读者编号和姓名。

1. 根据需求画出 E-R 图,并在 E-R 图中注明实体的属性、联系的类型以及实体的码。

2. 将 E-R 图转换成关系模式,并用下画线标出每个关系模式的主码。

五、分析题(共 10 分)

现有如下关系模式:

教师授课(教师号,姓名,职称,课程号,课程名,学分,教科书名)

其函数依赖集为:

{教师号→姓名,教师号→职称,课程号→课程名称,课程号→学分,课程号→教科书名}

1. 写出该关系模式的主码。

2. 这个关系模式满足第几范式?为什么?

3. 将其分解为满足 3NF 要求的关系模式(分解后的关系模式名自定)。

六、SQL 综合题(共 30 分)

某数据库中包含雇员信息和部门信息两张基本表。

部门信息表:dept(deptno,dname,loc),表中属性列依次是部门号、部门名称和部门地点。部门信息表的结构如下。

列　　名	数 据 类 型	长度	完整性约束
deptno	CHAR	8	主码
dname	VARCHAR	10	唯一
loc	VARCHAR	10	无

雇员信息表:emp(empno,ename,age,sal,deptno),表中属性列依次是雇员编号、雇员姓名、年龄、月薪和部门号。雇员信息表的结构如下。

列　　名	数 据 类 型	长度	完整性约束
empno	CHAR	8	主码
ename	VARCHAR	20	非空
age	INT	无	年龄为 18～55 岁
sal	NUMBER	无	月薪大于 1200 元
deptno	CHAR	8	外码(参照 dept 表中 deptno)

1. 用 SQL 语句实现以下基本表的创建。

(1) 部门信息表(dept)的创建。

(2) 雇员信息表(emp)的创建。

2. 根据各表结构,用 SQL 语句完成下列操作。

(1) 向雇员表中增加性别属性列,列名为 sex,数据类型为 VARCHAR(10)。

(2) 查询年龄为 20～30 岁的员工姓名及年薪(12 个月)。

(3) 查询姓李的员工姓名和年龄。

(4) 查询部门员工平均年龄超过 45 岁的部门人数和平均工资,查询结果按照平均年龄的升序排列,若平均年龄相同则按照部门人数的降序排列。

(5) 创建一个"财务部"的员工视图 emp_fin,包括部门编号、部门地点、雇员编号、雇员姓名及月薪。

附录A

样本数据库

本书涉及的所有案例均来自学生-课程数据库、员工-部门数据库、用户-招聘信息数据库。

1. 学生-课程数据库

该数据库包含学生表（student）、课程表（course）和选课表（sc）。

（1）各表的结构如表 A.1~表 A.3 所示。

表 A.1 学生表（student）

字段名	字 段 类 型	是 否 为 空	说　　明	字 段 描 述
sno	CHAR(8)	NOT NULL	主码	学生学号
sname	VARCHAR2(20)		唯一	学生姓名
sex	CHAR(4)	NOT NULL	非空	性别
age	INT		年龄大于 16 岁	年龄
dept	VARCHAR2(20)			学生所在的系别名称

表 A.2 课程表（course）

字段名	字 段 类 型	是 否 为 空	说　　明	字 段 描 述
cno	CHAR(8)	NOT NULL	主码	课程编号
cname	VARCHAR2(20)	NOT NULL	非空	课程名称
tname	VARCHAR2(20)			授课教师名
cpno	CHAR(8)		外码（参照课程表中的课程编号）	先修课程号
credit	NUMBER			学分

表 A.3 选课表（SC）

字段名	字 段 类 型	是 否 为 空	说　　明	字 段 描 述
sno	CHAR(8)	NOT NULL	外码（参照学生表中的学生编号）	学生学号
cno	CHAR(8)	NOT NULL	外码（参照课程表中的课程编号）	课程编号
grade	NUMBER			选修成绩

其中,(sno,cno)属性组合为主码。

(2)各表中的数据如表 A.4～表 A.6 所示。

表 A.4　学生表中的数据

sno	sname	sex	age	dept
10172001	陈一	男	17	计算机系
10172002	姚二	女	20	计算机系
10172003	张三	女	19	计算机系
10172004	李四	男	22	日语系
10172005	王五	男	22	日语系
10172006	赵六	男	19	日语系
10172007	陈七	女	23	信息系
10172008	刘八	男	21	信息系
10172009	张九	女	18	管理系
10172010	孙十	女	21	管理系

表 A.5　课程表中的数据

cno	cname	tname	cpno	credit
c1	maths	曹老师		3
c2	english	赵老师		5
c3	japanese	刘老师		4
c4	database	杨老师	c1	3
c5	java	陈老师	c1	3
c6	jsp_design	陈老师	c5	2

表 A.6　选课表中的数据

sno	cno	grade
10172001	c1	94
10172001	c2	96
10172001	c4	92
10172002	c1	50
10172002	c2	88
10172002	c4	76
10172002	c5	55
10172003	c1	65
10172003	c2	72
10172003	c3	90
10172003	c4	85
10172003	c5	93
10172003	c6	96
10172004	c2	50
10172004	c3	45
10172005	c2	88
10172005	c3	85
10172007	c1	80
10172007	c2	73
10172007	c3	66
10172007	c4	
10172007	c5	

续表

sno	cno	grade
10172008	c1	82
10172008	c2	77
10172008	c3	85
10172008	c4	87
10172008	c5	82
10172008	c6	94
10172009	c1	85
10172009	c2	
10172010	c1	73
10172010	c2	

2. 员工-部门数据库

该数据库包含员工表(emp)和部门表(dept)。

(1) 各表的结构如表 A.7、表 A.8 所示。

表 A.7 员工表结构

字段名	字段类型	是否为空	说　　明	字段描述
empno	CHAR(8)	NOT NULL	主码	员工编号
ename	VARCHAR2(20)			员工姓名
sex	CHAR(4)			性别
age	NUMBER			年龄
job	VARCHAR2(20)			职位
mgr	CHAR(8)		外码(参照员工表中的员工编号)	主管经理编号
salary	NUMBER			月薪
deptno	CHAR(8)		外码(参照部门表中的部门编号)	部门编号

表 A.8 部门表结构

字段名	字段类型	是否为空	说明	字段描述
deptno	CHAR(8)	NOT NULL	主码	部门编号
dname	VARCHAR2(20)		唯一	部门名称
loc	VARCHAR2(20)			部门所在地点

(2) 各表中的数据如表 A.9 和表 A.10 所示。

表 A.9 员工表中的数据

empno	ename	sex	age	job	mgr	salary	deptno
1001	陈一	男	52	总经理		9500	
2001	姚二	男	47	部门经理	1001	6000	10
2002	张三	男	35	会计	2001	4500	10
2003	李四	女	27	出纳	2001	3500	10
3001	王五	女	38	部门经理	1001	5500	20
3002	赵六	女	27	文员	3001	2500	20
3003	陈七	女	23	文员	3001	1800	20
4001	刘八	男	40	部门经理	1001	6500	30
4002	张九	男	35	业务员	4001	3500	30

续表

empno	ename	sex	age	job	mgr	salary	deptno
4003	孙十	女	24	业务员	4001	2400	30
5001	沈一	男	38	部门经理	1001	6500	40
5002	吴二	女	32	程序员	5001	3500	40
5003	崔三	男	27	程序员	5001	3000	40
5004	刘四	男	19	程序员	5001	1800	40
6001	张五	女	35	部门经理	1001	4000	50
6002	韩六	男	26	维修员	6001	2200	50

表 A.10 部门表中的数据

deptno	dname	loc
10	财务部	上海
20	人力资源部	北京
30	销售部	北京
40	研发部	上海
50	客服部	大连

3. 用户-招聘信息数据库

该数据库包含用户表(userinfo)、招聘信息表(jobinfo)和管理员表(admininfo)。

(1) 各表的结构如表 A.11 至表 A.13 所示。

表 A.11 用户信息表结构

字段名	字段类型	是否为空	说明	字段描述
id	CHAR(17)	NOT NULL	主码	企业用户 ID
uname	VARCHAR2(50)	NOT NULL		用户名
upass	VARCHAR2(50)	NOT NULL		密码
islock	NUMBER	NOT NULL		是否锁定

表 A.12 招聘信息表结构

字段名	字段类型	是否为空	说明	字段描述
id	CHAR(17)	NOT NULL	主码	招聘信息 ID
jobtitle	VARCHAR2(100)	NOT NULL		招聘职位
jobduty	VARCHAR2(100)			任职要求
salary	VARCHAR2(100)			薪资待遇
cpname	VARCHAR2(100)			单位名称
tel	VARCHAR2(100)			联系电话
address	VARCHAR2(100)			工作地点
photo	VARCHAR2(100)			企业照片
userid	CHAR(17)	NOT NULL	外码(参照企业用户信息表中的 ID)	所属用户

表 A.13 管理员信息表结构

字段名	字段类型	是否为空	说明	字段描述
aname	VARCHAR2(50)	NOT NULL	主码	管理员名
apass	VARCHAR2(50)	NOT NULL		密码

（2）各表中的数据如表 A.14 至表 A.16 所示。

表 A.14 用户信息表中的数据

id	uname	upass	islock
20200905123341680	Cathy	123456	0
20200905123400075	天天	123456	1

表 A.15 招聘信息表中的数据

id	jobtitle	jobduty	salary	cpname	tel	address	photo	userid
20200905123606411	客户经理	本科及以上学历：负责运营商、重点企业等大客户关系的维护	1-2.5 万/月	百合通信技术有限公司	123456789	哈尔滨	20200905123606405.jpg	20200905123400075
20200905123650288	物流专员	大专及以上学历，1年及以上工作经验；有运输车队管理经验优先考虑	0.5-0.8 万/月	福祥园物流有限公司	123456789	齐齐哈尔	20200905123650286.jpg	20200905123400075
20200905123823348	Java 开发工程师	本科及以上学历：计算机相关专业；3年以上 Java 开发经验	0.7-1.2 万/月	奔跑者科技有限公司	04199999999	大连	20200905123823346.jpg	20200905123341680
20200905124005580	高级数据产品经理	2年以上数据分析或数据产品工作经验；数学统计、计算机等相关专业	1.5-2.5 万/月	大有网络技术有限公司	01099999999	北京	20200905124005578.jpg	20200905123341680

表 A.16 管理员表中的数据

aname	apass
admin	123456

以上的 SQL 代码如下。

```
/ * 创建学生表 * /
CREATE TABLE student
(sno CHAR(8) PRIMARY KEY,                          / * 主码约束 * /
 sname VARCHAR2(20) UNIQUE,                         / * 唯一约束 * /
 sex CHAR(4) NOT NULL,                              / * 非空约束 * /
 age INT CHECK(age > 16),                           / * 检查约束 * /
 dept VARCHAR2(20));

/ * 创建课程表 * /
CREATE TABLE course
(cno CHAR(8) PRIMARY KEY,                           / * 主码约束 * /
 cname VARCHAR2(20) NOT NULL,                       / * 非空约束 * /
 tname VARCHAR2(20),
 cpno CHAR(8) REFERENCES course(cno),               / * 外码约束 * /
 credit NUMBER);

/ * 创建选课表 * /
CREATE TABLE sc
(sno CHAR(8),
 cno CHAR(8),
 grade NUMBER,
 PRIMARY KEY(sno,cno),                              / * 主码约束 * /
 FOREIGN KEY(sno) REFERENCES student(sno),          / * 外码约束 * /
 FOREIGN KEY (cno) REFERENCES course(cno) );        / * 外码约束 * /

/ * 创建员工表 * /
CREATE TABLE emp
(empno CHAR(8) PRIMARY KEY,                         / * 主码约束 * /
 ename VARCHAR2(20),
 sex CHAR(4) NOT NULL,                              / * 非空约束 * /
 age NUMBER,
 job VARCHAR2(20),
 mgr CHAR(8) REFERENCES emp(empno),                 / * 外码约束 * /
 salary NUMBER,
 deptno CHAR(8) REFERENCES dept(deptno));           / * 外码约束 * /

/ * 创建部门表 * /
CREATE TABLE dept
(deptno CHAR(8) PRIMARY KEY,                        / * 主码约束 * /
 dname VARCHAR2(20) UNIQUE,                         / * 唯一约束 * /
 loc VARCHAR2(20));

/ * 创建用户信息表 * /
```

```
CREATE TABLE userinfo
(id CHAR(17) PRIMARY KEY,                              /*主码约束*/
 uname VARCHAR2(50) NOT NULL,                          /*非空约束*/
 upass VARCHAR2(50) NOT NULL,                          /*非空约束*/
 islock NUMBER NOT NULL);                              /*非空约束*/

/*创建招聘信息表*/
CREATE TABLE jobinfo
(id CHAR(17) PRIMARY KEY,                              /*主码约束*/
 jobtitle VARCHAR2(100) NOT NULL,                      /*非空约束*/
 jobduty VARCHAR2(100),
 salary VARCHAR2(100),
 cpname VARCHAR2(100),
 tel VARCHAR2(100),
 address VARCHAR2(100),
 photo VARCHAR2(100),
 userid CHAR(17) NOT NULL,                             /*非空约束*/
 FOREIGN KEY (userid) REFERENCES userinfo(id) );       /*外码约束*/

/*创建管理员信息表*/
CREATE TABLE admininfo
(aname VARCHAR2(50) PRIMARY KEY,                       /*主码约束*/
 apass VARCHAR2(50) NOT NULL);                         /*非空约束*/

/*学生表的数据插入*/
INSERT INTO student VALUES('10172001','陈一','男',17,'计算机系');
INSERT INTO student VALUES('10172002','姚二','女',20,'计算机系');
INSERT INTO student VALUES('10172003','张三','女',19,'计算机系');
INSERT INTO student VALUES('10172004','李四','男',22,'日语系');
INSERT INTO student VALUES('10172005','王五','男',22,'日语系');
INSERT INTO student VALUES('10172006','赵六','男',19,'日语系');
INSERT INTO student VALUES('10172007','陈七','女',23,'信息系');
INSERT INTO student VALUES('10172008','刘八','男',21,'信息系');
INSERT INTO student VALUES('10172009','张九','女',18,'管理系');
INSERT INTO student VALUES('10172010','孙十','女',21,'管理系');

/*课程表的数据插入*/
INSERT INTO course VALUES('c1','maths','曹老师',null,3);
INSERT INTO course VALUES('c2','english','赵老师',null,5);
INSERT INTO course VALUES('c3','japanese','刘老师',null,4);
INSERT INTO course VALUES('c4','database','杨老师','c1',3);
INSERT INTO course VALUES('c5','java','陈老师','c1',3);
INSERT INTO course VALUES('c6','jsp_design','陈老师','c5',2);

/*选课表的数据插入*/
INSERT INTO sc VALUES('10172001','c1',94);
INSERT INTO sc VALUES('10172001','c2',96);
INSERT INTO sc VALUES('10172001','c4',92);
INSERT INTO sc VALUES('10172002','c1',50);
INSERT INTO sc VALUES('10172002','c2',88);
INSERT INTO sc VALUES('10172002','c4',76);
INSERT INTO sc VALUES('10172002','c5',55);
INSERT INTO sc VALUES('10172003','c1',65);
INSERT INTO sc VALUES('10172003','c2',72);
```

```
INSERT INTO sc VALUES('10172003','c3',90);
INSERT INTO sc VALUES('10172003','c4',85);
INSERT INTO sc VALUES('10172003','c5',93);
INSERT INTO sc VALUES('10172003','c6',86);
INSERT INTO sc VALUES('10172004','c2',50);
INSERT INTO sc VALUES('10172004','c3',45);
INSERT INTO sc VALUES('10172005','c2',88);
INSERT INTO sc VALUES('10172005','c3',85);
INSERT INTO sc VALUES('10172007','c1',80);
INSERT INTO sc VALUES('10172007','c2',73);
INSERT INTO sc VALUES('10172007','c3',66);
INSERT INTO sc VALUES('10172007','c4',null);
INSERT INTO sc VALUES('10172007','c5',null);
INSERT INTO sc VALUES('10172008','c1',82);
INSERT INTO sc VALUES('10172008','c2',77);
INSERT INTO sc VALUES('10172008','c3',85);
INSERT INTO sc VALUES('10172008','c4',87);
INSERT INTO sc VALUES('10172008','c5',82);
INSERT INTO sc VALUES('10172008','c6',94);
INSERT INTO sc VALUES('10172009','c1',86);
INSERT INTO sc VALUES('10172009','c2',null);
INSERT INTO sc VALUES('10172010','c1',73);
INSERT INTO sc VALUES('10172010','c2',null);

/*部门表的数据插入*/
INSERT INTO dept VALUES('10','财务部','上海');
INSERT INTO dept VALUES('20','人力资源部','北京');
INSERT INTO dept VALUES('30','销售部','北京');
INSERT INTO dept VALUES('40','研发部','上海');
INSERT INTO dept VALUES('50','客服部','大连');

/*员工表的数据插入*/
INSERT INTO emp VALUES('1001','陈一','男',52,'总经理',null ,9500,null);
INSERT INTO emp VALUES('2001','姚二','男',47,'部门经理','1001',6000,'10');
INSERT INTO emp VALUES('2002','张三','男',35,'会计','2001',4500,'10');
INSERT INTO emp VALUES('2003','李四','女',27,'出纳','2001',3500,'10');
INSERT INTO emp VALUES('3001','王五','女',38,'部门经理','1001',5500,'20');
INSERT INTO emp VALUES('3002','赵六','女',27,'文员','3001',2500,'20');
INSERT INTO emp VALUES('3003','陈七','女',23,'文员','3001',1800,'20');
INSERT INTO emp VALUES('4001','刘八','男',40,'部门经理','1001',6500,'30');
INSERT INTO emp VALUES('4002','张九','男',35,'业务员','4001',3500,'30');
INSERT INTO emp VALUES('4003','孙十','女',24,'业务员','4001',2400,'30');
INSERT INTO emp VALUES('5001','沈一','男',38,'部门经理','1001',6500,'40');
INSERT INTO emp VALUES('5002','吴二','女',32,'程序员','5001',3500,'40');
INSERT INTO emp VALUES('5003','崔三','男',27,'程序员','5001',3000,'40');
INSERT INTO emp VALUES('5004','刘四','男',19,'程序员','5001',1800,'40');
INSERT INTO emp VALUES('6001','张五','女',35,'部门经理','1001',4000,'50');
INSERT INTO emp VALUES('6002','韩六','男',26,'维修员','6001',2200,'50');

/*管理员信息表的数据插入*/
INSERT INTO admininfo VALUES('admin','123456');
```

用户信息表和招聘信息表中的数据由运行招聘信息管理系统相关的页面功能实现数据插入。

附录B

Oracle 19c数据库的安装和卸载

一、安装 Oracle 19c 数据库

（1）安装 Oracle 19c 之前，需要到 Oracle 官方网站（www.oracle.com）下载相应的数据库软件，根据不同的系统，下载不同的 Oracle 版本，这里选择 Windows x64 系统的版本，如图 B.1 所示。

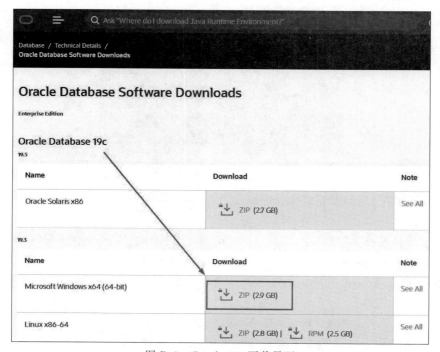

图 B.1　Oracle 19c 下载界面

（2）Oracle 19c 下载完成后，找到下载文件，将压缩包解压后的目录如图 B.2 所示。

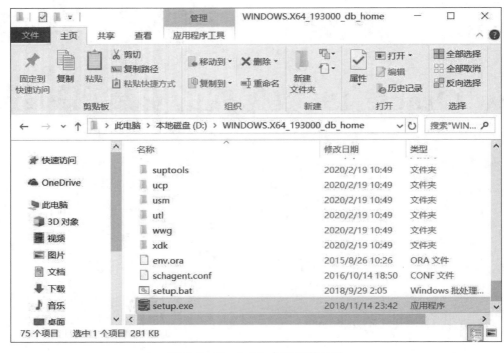

图 B.2　Oracle 19c 解压后的目录

（3）双击 setup.exe 文件，软件会自动加载并初步校验系统是否可以达到数据库安装的最低配置，如图 B.3 所示，如果达到要求，就会直接加载程序并进行下一步的安装。

图 B.3　Oracle 19c 安装初始化

（4）在"选择配置选项"窗口中，选择"创建并配置单实例数据库"单选按钮，单击"下一步"按钮，如图 B.4 所示。

（5）在"选择系统类"窗口中，选择"桌面类"单选按钮，单击"下一步"按钮，如图 B.5 所示。如果选择"服务器类"单选按钮，则可以进行高级的配置。

（6）在"指定 Oracle 主目录用户"窗口中改进安全性，其作用是可以更安全地管理 Oracle，各选项含义如下。

- 使用虚拟账户：用于 Oracle 数据库单实例安装的 Oracle 主目录用户。
- 使用现有 Windows 用户：如果选择该项，则需要指定没有管理权限的用户。

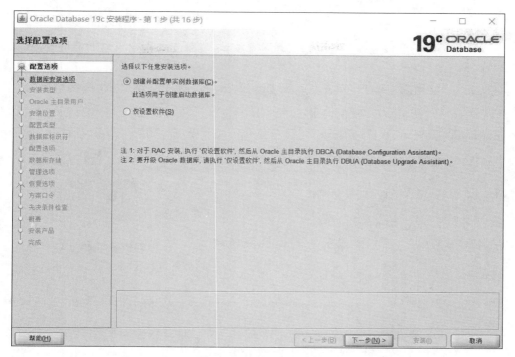

图 B.4　选择安装方式

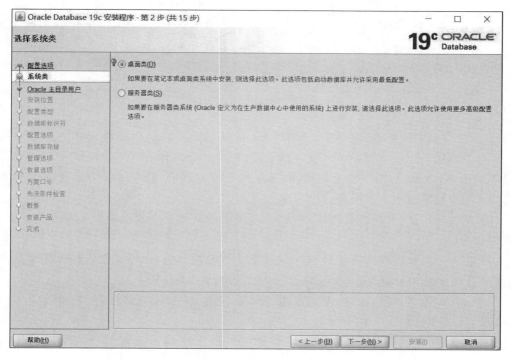

图 B.5　选择安装类型

- 创建新 Windows 用户：创建一个新用户,输入用户名和密码,这个新建的用户没有 Windows 登录权限。
- 使用 Windows 内置账户：微软在开 Windows 时预先为用户设置的能够登录系统的账户。

此处选择"使用虚拟账户"单选按钮,这也是 Oracle 的官方建议之一,然后单击"下一步"按钮,如图 B.6 所示。

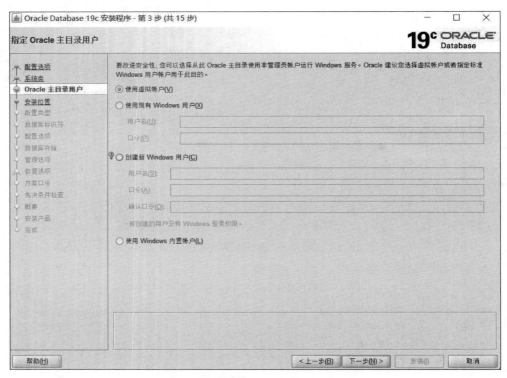

图 B.6　配置主目录用户

(7) 在"典型安装配置"窗口中,选择"Oracle 基目录""数据库版本"和"字符集",并在"口令"和"确认口令"文本框中输入统一的管理口令(例如：Oracle19c),单击"下一步"按钮,如图 B.7 所示。Oracle 为了安全起见,要求密码强度比较高,Oracle 官方建议的标准密码组合为：大小写字母＋数字组合。

(8) 在"执行先决条件检查"窗口中,开始检查目标环境是否满足最低安装和配置要求,如图 B.8 所示。

(9) 在上一步检查没有问题后,会生成安装设置概要信息,可以保存这些设置信息到本地,方便以后查阅。在确认后,单击"安装"按钮,如图 B.9 所示。

(10) 进入"安装产品"窗口,开始安装 Oracle 文件,并显示具体内容和进度,安装时间较长,请耐心等待,如图 B.10 所示。

(11) Oracle 数据库安装完成后,会出现"Oracle Database 的配置已成功"的提醒,如图 B.11 所示。单击"关闭"按钮,结束安装过程。

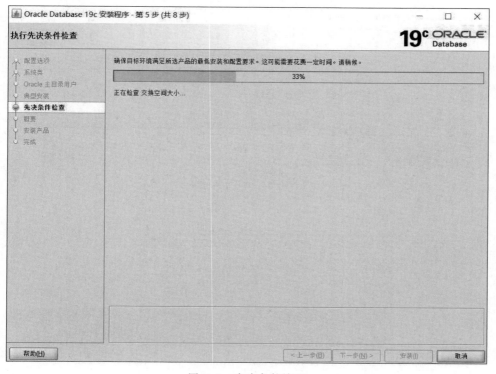

图 B.7　典型安装配置

图 B.8　先决条件检查

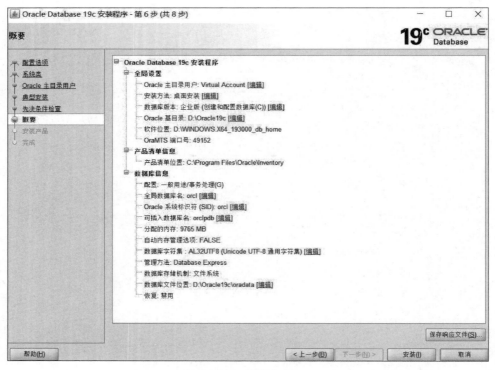

图 B.9 安装概要

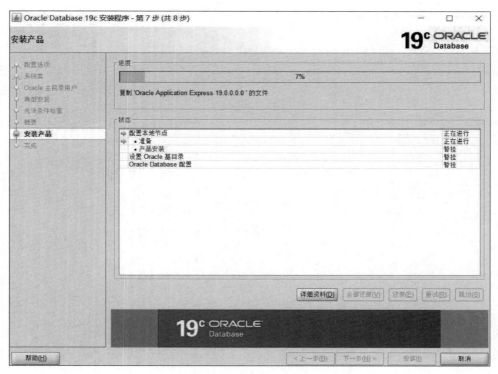

图 B.10 安装过程

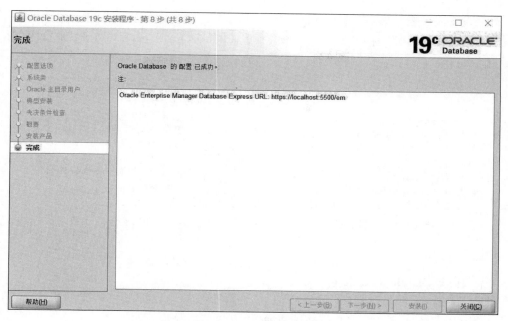

图 B.11　安装结束

二、查看安装情况

（1）Oracle 19c 安装后的目录结构如图 B.12 所示。在数据库实例 oradata\orcl 文件夹中存储物理文件，包括数据文件.DBF、控制文件.CTL、重做日志文件.LOG。

Oracle19c	名称	修改日期	类型	大小
> admin	CONTROL01.CTL	2020/2/19 21:49	CTL 文件	18,288 KB
> audit	CONTROL02.CTL	2020/2/19 21:49	CTL 文件	18,288 KB
> cfgtoollogs	REDO01.LOG	2020/2/19 11:36	文本文档	204,801 KB
checkpoints	REDO02.LOG	2020/2/19 16:00	文本文档	204,801 KB
> diag	REDO03.LOG	2020/2/19 21:49	文本文档	204,801 KB
∨ oradata	SYSAUX01.DBF	2020/2/19 21:49	DBF 文件	552,968 KB
∨ ORCL	SYSTEM01.DBF	2020/2/19 21:49	DBF 文件	911,368 KB
	TEMP01.DBF	2020/2/19 11:29	DBF 文件	32,776 KB
orclpdb	UNDOTBS01.DBF	2020/2/19 21:49	DBF 文件	66,568 KB
pdbseed	USERS01.DBF	2020/2/19 17:00	DBF 文件	5,128 KB

图 B.12　Oracle 19c 安装后的目录结构

（2）查看"服务"管理器中相关的 Oracle 服务。为了提高系统的性能，可以将 Oracle 服务设置为手动启动，根据自己的需求启动相应服务即可，如图 B.13 所示。

OracleJobSchedulerORCL		禁用	NT SERVICE\Orac...
OracleOraDB19Home1MTSRecoveryService		自动	NT SERVICE\Orac...
OracleOraDB19Home1TNSListener		自动	NT SERVICE\Orac...
OracleRemExecServiceV2		手动	本地系统
OracleServiceORCL	正在运行	自动	NT SERVICE\Orac...
OracleVssWriterORCL		自动	NT SERVICE\Orac...

图 B.13　Oracle 服务

（3）查看注册表，具体目录结构如图 B.14 所示。

（4）在"开始"|"所有程序"菜单中增加了 Oracle-OraDB19Home1 选项，如图 B.15 所示。

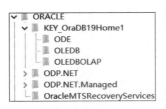

图 B.14　注册表

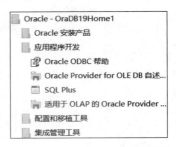

图 B.15　新增 Oracle 下拉菜单

三、卸载 Oracle 19c 数据库

Oracle 19c 数据库可以用命令进行卸载，很方便。卸载步骤如下。

（1）在"服务"窗口中，停止所有以 Oracle 开头的服务。

（2）按照 Oracle 以前版本的卸载方法，在"开始"菜单中执行"程序"|Oracle-OraDB19Home1|"Oracle 安装产品"|Universal Installer 命令，卸载过程中会出现如下错误提示信息，如图 B.16 所示。

图 B.16　卸载过程中的错误提示

（3）此时需要使用命令进行卸载。找到安装目录下的 deinstall.bat 文件，如图 B.17 所示。

图 B.17　选择要删除的 Oracle 产品

（4）双击目录"WINSOWSX64_193000_db_home\deinstall"中的 deinstall. bat 文件，出现卸载等待界面，如图 B. 18 所示。

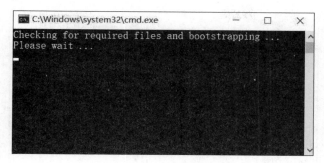

图 B. 18　卸载等待界面

（5）等待几分钟后，进入网络配置检查界面，如图 B. 19 所示。

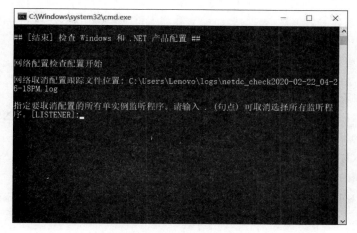

图 B. 19　网络配置检查界面

（6）直接按 Enter 键，进入继续卸载 Oracle 数据库实例的界面，如图 B. 20 所示。

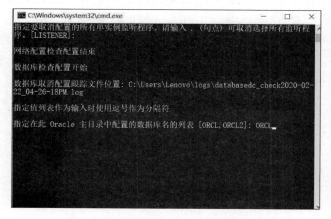

图 B. 20　继续卸载 Oracle 数据库实例

（7）等待一段时间,卸载完成后,运行 regedit 命令,打开"注册表编辑器"窗口,如图 B.21 所示。删除注册表中与 Oracle 相关的内容。

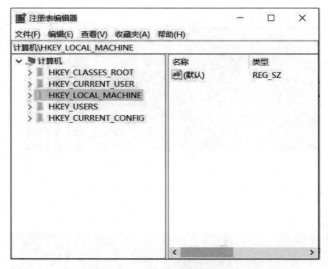

图 B.21 "注册表编辑器"窗口

- 删除 HKEY_LOCAL_MACHINE/SOFTWARE/ORACLE 目录。
- 删除 HKEY_LOCAL_MACHINE/SOFTWARE/ODBC/ODBCINST.INI 中含有 OraDB19Home 的键值。
- 删除 HKEY_LOCAL_MACHINE/SYSTEM/CurrentControlSet/Services 中所有 以 Oracle 开头的键值。
- 删除 HKEY_LOCAL_MACHINE/SYSTEM/CurrentControlSet/Services/Eventlog/ Application 中所有以 Oracle 开头的键值。
- 删除 HKEY_CLASSES_ROOT 目录下所有以 Ora 为前缀的键值(说明: 其中有些 注册表项可能已经在卸载 Oracle 产品时被删除)。

（8）删除环境变量中的 PATH 和 CLASSPATH 中包含 Oracle 的值。

（9）删除"开始"|"程序"菜单中所有 Oracle 的组和图标。

（10）删除所有与 Oracle 相关的目录。只将安装路径下和操作系统目录下的 Oracle 目录删除,这时并不能完全删除; 重新启动计算机后,才能完全删除 Oracle 目录。

至此,Oracle 19c 数据库完全卸载完毕。

附录C

上机实验参考答案

第3章 实 验

实验1 SQL * PLUS 常用命令练习

（1）SHOW USER;

（2）SELECT table_name FROM user_tables;

（3）DESC emp;

（4）HELP INDEX;

（5）? RUN;

（6）SET LINESIZE 200;
SET PAGESIZE 200;

（7）list;

（8）/ , run ,r;

（9）CHANGE/FOM/FROM;

（10）EDIT;

（11）SAVE c:\part1;(默认保存成.sql)
SAVE c:\part1.txt;

（12）GET c:\part1.sql;

（13）START c:\part1.sql;

（14）SPOOL c:\part2.sql;(先创建文本,从想保存的位置开始)
SELECT * FROM emp;(写入想保存的命令,包括结果)
SPOOL OFF;(操作结束的位置)

实验2 数据定义语言

（1）按要求采用不同的约束类型创建科室表和医生表。

① CREATE TABLE dept
  (deptno CHAR(10) PRIMARY KEY,
  dname VARCHAR(15) UNIQUE,
  loc VARCHAR(20));

② CREATE TABLE doctor
  (docno CHAR(10) PRIMARY KEY,
  docname VARCHAR(15) NOT NULL,
  age INT CHECK(age BETWEEN 18 AND 60),
  sal NUMBER,
  deptno CHAR(10) REFERENCES dept(deptno));

(2) 按要求对表的结构进行修改。

① ALTER TABLE doctor ADD birthday DATE;

② ALTER TABLE dept MODIFY dname VARCHAR2(20);

③ ALTER TABLE doctor ADD CONSTRAINT CHK_SAL CHECK(sal BETWEEN 1000 AND 8000);

④ ALTER TABLE doctor DROP COLUMN birthday;

(3) 按要求删除基本表。

DROP TABLE doctor;

实验3　数据操纵语言

(1) 创建教师信息基本表。

CREATE TABLE teacher
(tno CHAR(8) PRIMARY KEY,
tname VARCHAR2(20) NOT NULL,
tsex VARCHAR2(6),
tsal NUMBER CHECK(tsal > 1800),
tdept CHAR(20));

(2) 练习向基本表中插入数据、修改数据和删除数据。

① INSERT INTO teacher VALUES('T001','张老师','女',3000,'计算机系');
  INSERT INTO teacher VALUES('T002','王老师','男',2800,'计算机系');
  INSERT INTO teacher VALUES('T003','李老师',NULL,NULL,'信息系');
  INSERT INTO teacher VALUES('T004','张老师','男',3500,'信息系');
  INSERT INTO teacher VALUES('T005','刘老师','女',2200,'管理系');

② UPDATE teacher SET tdept = '网络工程系' WHERE tdept = '信息系';

③ UPDATE teacher SET tsal = 3300 WHERE tname = '王老师';

④ DELETE FROM teacher WHERE tdept = '计算机系';

⑤ DELETE FROM teacher;

实验4　单表查询

(1) 创建员工信息表。

CREATE TABLE employees
(eno CHAR(8) PRIMARY KEY,
ename VARCHAR2(10) NOT NULL,

```
sex CHAR(6) CHECK(sex = '男' or sex = '女'),
age INT CHECK (age > 18),
job VARCHAR2(20),
sal NUMBER,
dept VARCHAR2(20));
```

（2）向已创建的员工表中插入数据。

```
INSERT INTO employees VALUES('1001','张三','男',20,'销售',1000,'市场部');
INSERT INTO employees VALUES('1002','李四','女',26,'会计',1600,'财务部');
INSERT INTO employees VALUES('1003','王五','女',22,'销售',1000,'市场部');
INSERT INTO employees VALUES('1004','赵六','男',19,NULL,NULL,NULL);
INSERT INTO employees VALUES('1005','张七','女',23,'测试',1400,'技术部');
INSERT INTO employees VALUES('1006','赵八','男',30,'研发',2000,'技术部');
```

（3）按要求完成各种单表信息查询，并验证聚集函数的功能。

① SELECT ename, sex, sal FROM employees;

② SELECT DISTINCT dept FROM employees;

③ SELECT ename, 2020 - age FROM employees WHERE dept = '技术部';

④ SELECT ename, age FROM employees WHERE sal > 1200;

⑤ SELECT ename, sal FROM employees WHERE age NOT BETWEEN 20 AND 25;

⑥ SELECT ename, sex FROM employees WHERE dept IN ('财务部','技术部');

⑦ SELECT ename, age, job FROM employees WHERE ename LIKE '张 %';

⑧ SELECT ename, age FROM employees WHERE job IS NULL;

⑨ SELECT ename FROM employees WHERE dept = '市场部' AND age < 25 AND sex = '男';

⑩ SELECT ename, sal FROM employees WHERE age > 20 ORDER BY sal DESC;

⑪ SELECT COUNT(*) FROM employees WHERE dept = '市场部';

⑫ SELECT MAX(sal) FROM employees;

⑬ SELECT MIN(sal) FROM employees;

⑭ SELECT AVG(age) FROM employees WHERE dept = '技术部';

⑮ SELECT SUM(sal) FROM employees WHERE dept = '市场部';

实验 5　多表连接查询和集合查询

（1）根据样本数据库中的表和数据，进行多表连接查询操作的练习。

① SELECT sname, grade FROM student, sc WHERE student. sno = sc. sno AND cno = 'c4' ORDER BY grade DESC;

② SELECT COUNT(*), AVG(age) FROM student WHERE SEX = '男';

③ SELECT sno, COUNT(cno), AVG(grade) FROM sc GROUP BY sno;

④ SELECT sno, AVG(grade) FROM sc GROUP BY sno HAVING AVG(grade) > 80;

⑤ SELECT sno, grade FROM course, sc WHERE course. cno = sc. cno AND cname = 'java';

⑥ SELECT sname, cname, grade FROM student, sc, course WHERE student. sno = sc. sno AND course. cno = sc. cno AND dept = '计算机系';

（2）根据样本数据库中的表和数据，进行集合查询操作的练习。

① SELECT * FROM student WHERE dept = '计算机系'

```
       UNION
       SELECT * FROM student WHERE dept = '日语系';
```

② SELECT sno FROM student WHERE dept = '信息系'
```
       INTERSECT
       SELECT sno FROM sc WHERE cno = 'c4';
```

③ SELECT * FROM student WHERE dept = '管理系'
```
       MINUS
       SELECT * FROM student WHERE age <= 20;
```

实验 6　嵌套查询

（1）根据样本数据库中的表和数据，进行不相关子查询的练习。

① SELECT sname, age FROM STUDENT WHERE dept = (SELECT dept FROM student WHERE sname = '王五');

② SELECT sno, sname FROM student WHERE sno IN(SELECT sno FROM sc WHERE cno IN(SELECT cno FROM course WHERE cname = 'jsp_design'))

③ SELECT * FROM student WHERE age > ALL(SELECT age FROM student WHERE dept = '计算机系');

④ SELECT sno FROM sc GROUP BY sno HAVING AVG(grade) = (SELECT MAX(AVG(grade)) FROM sc GROUP BY sno);

⑤ SELECT cno FROM course WHERE cno NOT IN(SELECT cno FROM sc WHERE sno IN (SELECT sno FROM student WHERE sname = '李四'));

（2）根据样本数据库中的表和数据，进行相关子查询的练习。

① SELECT sno, grade FROM SC WHERE EXISTS (SELECT * FROM course WHERE course.cno = sc.cno AND cname = 'japanese');

② SELECT sno, sname FROM student WHERE NOT EXISTS(SELECT * FROM sc WHERE student.sno = sc.sno AND cno = 'c2');

③ SELECT sname FROM student WHERE sno IN (SELECT sno FROM sc WHERE NOT EXISTS(SELECT * FROM sc WHERE student.sno = sc.sno AND grade <= 70));

实验 7　视图

（1）CREATE VIEW jp_student AS SELECT sno, sname, age FROM student WHERE dept = '日语系';

（2）SELECT sname FROM jp_student WHERE age > 20;

（3）UPDATE jp_student SET sname = '李子' WHERE sno = '10172004';

（4）DELETE FROM jp_student WHERE sname = '赵六';

（5）DROP VIEW jp_student;

第5章　实　　验

实验 1　用户管理

（1）

```
CREATE USER c##test2
IDENTIFIED BY c##test2
DEFAULT TABLESPACE system
QUOTA 10M ON system;
```

不能立即登录,原因是创建用户后,必须给该用户授权,用户才能连接到数据库,并对数据库中的对象进行操作。只有拥有 CREATE SESSION 权限的用户才能连接到数据库。

（2）

```
CREATE USER c##test3
IDENTIFIED BY c##test3
DEFAULT TABLESPACE users
TEMPORARY TABLESPACE temp
QUOTA 20M ON users
PASSWORD EXPIRE
ACCOUNT LOCK;
```

（3）

```
ALTER USER c##test3
IDENTIFIED BY c##tiger
DEFAULT TABLESPACE system
TEMPORARY TABLESPACE temp
ACCOUNT UNLOCK;
```

（4）

```
CREATE USER c##test4
IDENTIFIED BY c##test4
ACCOUNT LOCK;
```

（5）

```
DROP USER c##test4;
```

实验 2　权限管理

（1）

```
GRANT CREATE SESSION,CREATE TABLE,CREATE VIEW
TO c##test2
WITH ADMIN OPTION;
```

（2）

```
GRANT CREATE TABLE
TO c##test3;
```

（3）

```
REVOKE CREATE VIEW
FROM c##test2;
```

（4）

```
GRANT SELECT,INSERT
ON emp
TO c##test2;
```

（5）

```
REVOKE INSERT
ON emp
FROM c##test2;
```

实验3   角色管理

（1）

```
CREATE ROLE c##emp_role;
```

（2）

```
GRANT SELECT,UPDATE
ON emp
TO c##emp_role;
```

（3）

```
GRANT c##emp_role TO c##test2;
```

（4）

```
REVOKE c##emp_role FROM c##test2;
```

（5）

```
DROP ROLE c##emp_role;
```

第6章   实   验

实验1   数据库的备份

（1）采用交互方式，使用 EXP 逻辑备份。

参考例题 6.4。

（2）使用命令行方式备份。

参考例题 6.5。

（3）使用参数文件方式备份。

参考例题 6.6。

实验2   数据库的恢复

（1）采用交互方式，使用 IMP 逻辑恢复。

参考例题 6.8。

（2）使用命令行方式恢复。

参考例题 6.9。

（3）使用参数文件方式恢复。

参考例题 6.10。

参 考 文 献

［1］ 王珊,萨师煊.数据库系统概论[M].4 版.北京:高等教育出版社,2006.
［2］ 陈志泊.数据库原理及应用教程[M].北京:人民邮电出版社,2017.
［3］ 郑铃利.数据库原理与应用案例教程[M].2 版.北京:清华大学出版社,2013.
［4］ 王珊.数据库系统概论学习指导与习题解析[M].北京:高等教育出版社,2008.
［5］ 王雅轩.实用数据库原理与应用[M].沈阳:辽宁人民出版社,2011.
［6］ 景雨,祁瑞华,杨晨,等.Oracle 数据库从入门到实践[M].北京:清华大学出版社,2019.
［7］ 杨晨,闫薇.Oracle 数据库应用教学做一体化教程[M].北京:清华大学出版社,2013.
［8］ 张红强.Oracle 数据库实例教程[M].天津:天津大学出版社,2009.
［9］ 闫薇.Oracle 数据库应用与安全管理[M].北京:清华大学出版社,2015.

图书资源支持

感谢您一直以来对清华版图书的支持和爱护。为了配合本书的使用，本书提供配套的资源，有需求的读者请扫描下方的"书圈"微信公众号二维码，在图书专区下载，也可以拨打电话或发送电子邮件咨询。

如果您在使用本书的过程中遇到了什么问题，或者有相关图书出版计划，也请您发邮件告诉我们，以便我们更好地为您服务。

我们的联系方式：

地　　址：北京市海淀区双清路学研大厦 A 座 714

邮　　编：100084

电　　话：010-83470236　010-83470237

客服邮箱：2301891038@qq.com

QQ：2301891038（请写明您的单位和姓名）

资源下载：关注公众号"书圈"下载配套资源。

资源下载、样书申请

书　圈

获取最新书目

观看课程直播